热带森林与湿地资源
监测系列丛书

海南岛湿地景观遥感动态
监测与评估研究

Dynamic monitoring and evaluation research of remote sensing
of wetland landscape in Hainan Island

雷金睿　陈宗铸　陈毅青　等著

中国林业出版社

图书在版编目（CIP）数据

海南岛湿地景观遥感动态监测与评估研究 / 雷金睿等著. -- 北京：中国林业出版社，2023.4
（热带森林与湿地资源监测系列丛书）
ISBN 978-7-5219-2149-6

Ⅰ.①海… Ⅱ.①雷… Ⅲ.①遥感技
术—应用—沼泽化地—监测—研究—海南 Ⅳ.
①P942.660.78

中国国家版本馆CIP数据核字(2023)第039345号

审图号：琼S（2022）200号

策划编辑：刘家玲
责任编辑：甄美子
装帧设计：北京八度出版服务机构
————————————

出版发行：中国林业出版社
　　　　　（100009，北京市西城区刘海胡同7号，电话83223120）
电子邮箱：cfphzbs@163.com
网址：www.forestry.gov.cn/lycb.html
印刷：河北京平诚乾印刷有限公司
版次：2023年4月第1版
印次：2023年4月第1次印刷
开本：787mm×1092mm　1/16
印张：17
字数：360千字
定价：99.00元

著者名单

主要著者

雷金睿　　陈宗铸　　陈毅青

其他著者

吴庭天　　李苑菱　　付瑞玉　　陈小花

张　乐　　程　成　　林瑞秀

前言

　　湿地作为水陆相互作用形成的自然综合体，与海洋、森林并称为地球三大生态系统，与人类生存发展息息相关，是自然界最重要的生态景观和人类生存环境之一。湿地具有多种生态功能和价值，有着"地球之肾""生命的摇篮""鸟类的家园"等美誉。特别是在蓄洪抗旱、调节气候、涵养水源、降解污染物、应对气候变化、维持全球碳循环和保护生物多样性等方面，湿地发挥着不可替代的重要作用，是保障国家生态安全和经济社会可持续发展的重要自然资源。

　　海南省地处热带北缘，是我国最典型的海洋省份，地理位置特殊，有着独特的生态系统与自然资源，也是我国拥有湿地类型最多样化、最丰富的地区之一。2020年，自然资源部为全面履行"两统一"职责，开创生态文明建设新局面，印发《自然资源调查监测体系构建总体方案》，其中湿地资源调查是自然资源专项调查的重要内容之一。2012年海南省第二次湿地资源调查结果显示，海南岛湿地总面积为32万 hm²，湿地类型十分丰富，其中自然湿地面积24.20万 hm²，人工湿地7.80万 hm²。2020年，海南省组织实施的海南岛湿地资源现状试点调查项目运用高精度遥感影像获取了海南岛湿地空间分布信息，掌握了海南岛最新的湿地本底数据，调查结果显示近海与海岸湿地面积最大，其次是人工湿地，湖泊湿地和沼泽湿地分布较少，红树林、珊瑚礁和海草床三大典型湿地生态系统分布广泛。总体上，海南岛湿地资源丰富，但分布不均匀，呈现出内陆少沿海多、东多西少、北多南少、小面积湿地斑块众多的分布特点。

　　自1992年我国加入《湿地公约》以来，湿地研究和保护工作日益受到科研单位和政府部门的广泛重视，湿地日益成为地理学、生态学和其他资源环境科学研究的新热点，同时湿地景观研究逐渐成为湿地学科体系中的重要组成部分，是近20多年来发展迅速的研究领域之一，极大地丰富和推进了湿地学科的发展。党的十八大以来，在习近平生态文明思想的科学指引下，海南省委、省政府始终坚持生态立省，高度重视生态环境保护，实行最严格的生态环境保护制度，全省湿地保护工作成效显著。首先，健全湿地资源保护法规制度，推动全省湿地保护工作进入常态化。先后制定出台了《海南省自然保护区条例》《海南省红树林保护规定》等一系列法规条例，对重要湿地资源，特别是红树林资源的保护管理作出专门规定，保护生物物种多样性，促进沿海生态环境改善。2018年7月，海南颁布实施了《海南省湿地保护条例》，着眼于国家生态文明试验区建设，明确湿地保护应遵循的原则、湿地保护的管理体制、湿地保护的管理措施以及相关法律责任等问题，使湿地保护有法可依。2022年6月，《中华人民共和国湿地保护法》正式施行，这是我国首部系统、全面的湿地保护法律，把科学保护湿地的理念原则和有益做法经验上升为法律制度，标志着我国湿地保护工作进入一个新时期，也有力推动了海南省湿地保护工作高质量发展。其次，逐渐加大湿地保护与生态修复力度，以建立自然保护区和湿地公园作为保护湿地资源的重要抓手，不断完善湿地保护体系。目前，海南省已认定国际重要湿地1处、国家重要湿地3处、省级重要湿地9处；划建一大批湿地类型自然保护区、湿地公园或湿地保护小区，基本形成以重要湿地、湿地类型自然保护区和湿地公园为主体，湿地保护小区为补充的湿地分级分类体系，湿地保护率达到37%，将全省具有重要价值及地位的湿地都纳入了保护范围内。近年来，以海口、三亚等重点城市为主的湿地保护和修复也逐渐得到社会各界重视，其中海口将全市近3万hm²湿地纳入保护范围，保护率达到55%，2018年海口市荣获全球首批"国际湿地城市"称号；此外，海口美舍河、五源河入选生态环境部、住房和城乡建设部联合评选的全国黑臭河流生态治理十大案例，海口湿地保护管理体系入选海南省自贸试验区制度创新案例，湿地保护修复经验也积极向全省、全国进行推广。

湿地是自然界中具有较高生产力和丰富生物多样性的生态系统，丰富的生物多样性资源成就了湿地强大的生态系统服务功能。据估计，全球湿地生态系统每年提供的生态系统服务价值高于森林、荒漠和草原生态系统服务价值的总和，占所有自然生物群落价值的43.5%。然而，湿地作为全球生态服务功能价值最高的生态系统的重要性仍被忽视，依然面临着面积萎缩、结构破碎、功能退化等一系列生态问题，景观格局发生显著变化，生态环境恶化程度有增无减，湿地也已成为最脆弱的生态系统之一。比如，20世纪90年代以来，湿地资源的围垦、过度开发利用、环境污染、江河流域水利工程建设、泥沙淤积、城市建设与旅游业的盲目发展等因素，导致海南岛部分湿地生态系统退化，造成水质下降、水资源减少甚至枯竭、生物多样性锐减、湿地功能降低甚至丧失等不良后果。在当前国家生态文明试验区建设和碳达峰碳中和背景下，开展重要湿地生态系统保护修复，恢复湿地生态功能，提升湿地生态系统固碳及适应气候变化能力，是增强湿地稳碳促汇的重要途径，也是系统推进海南林业高质量发展的必由之路。因此，深入和系统开展海南岛湿地生态系统研究，掌握湿地植物群落结构、湿地景观时空演变特征与驱动机制，以及湿地生态系统服务和健康状况，建立完善的湿地生态监测体系，全面跟踪湿地的动态变化情况，为湿地管理、科学研究和合理利用提供及时准确的参考资料，对于当前海南岛湿地保护修复管理面临的难题和挑战，具有重要的理论价值和实践意义。

本书从海南岛湿地景观遥感动态监测和评估管理的角度出发，以景观生态学理论和方法为指导，遥感（RS）、地理信息系统（GIS）为技术支撑，采用资料分析与实地调查、湿地景观遥感解译、景观格局分析、指标与评价方法等系统的研究方法，研究了海南岛湿地植物资源调查与保育、湿地景观遥感监测与分布预测、湿地生态系统综合评估与系统管理三大部分内容，旨在为湿地资源可持续发展、开发利用与保护管理、生态系统服务与健康管理提供对策和建议，也可为政府部门从事湿地生态保护和管理、重要湿地生态健康评估等工作提供科学依据和重要支撑。

本书内容是国家自然科学基金“生境破碎化对琼北火山熔岩湿地植物多样性及其功能的影响机制（32260106）”、海南省科技计划项目“基于多源遥感数据的海南岛湿地动态监测评价研究（KYYS-2018-32）”“海南岛湿地生态脆弱性评价及其驱动机制与保护策略研究（KYYS-2019-12）”，以及海口市重点科技计划项目“海口市城市湿地主要生态功能及其对气候变化的响应（2017053）”等多个项目共同资助的研究成果，部分章节成果已在国内外刊物上先行发表。全书共分为14章，第1章由雷金睿、付瑞玉撰写；第2、第3、第7、第8、第9、第10章由雷金睿撰写；第4章由李苑菱、雷金睿撰写；第5章由付瑞玉、雷金睿撰写；第6章由吴庭天撰写；第11章由李苑菱、吴庭天撰写；第12章由张乐、雷金睿撰写；第13章由雷金睿、李苑菱撰写；第14章由雷金睿、林瑞秀、程成撰写。本书由陈毅青、陈宗铸研究员共同策划和审定，雷金睿负责统稿和校稿。在此，对以上研究人员及参与人员所做的贡献表示衷心的感谢！在项目执行和本书撰写过程中，得到海南省林业科学研究院（海南省红树林研究院）、海南东寨港国家级自然保护区管理局、海口市湿地保护管理中心、海口市湿地保护工程技术研究开发中心、海口畓榃湿地研究所等单位的大力支持与帮助，以及袁浪兴、魏亚情、董书鹏、申益春、卢刚、冯尔辉等专家学者的参与和指导，在此一并表示感谢！

由于作者水平有限、编著时间仓促，加之部分研究内容具有一定的探索性，书中不妥之处仍在所难免，我们诚挚希望各位读者和同仁批评指正、赐教指点，以便我们不断完善和深入研究。

雷金睿

2022年8月8日于海口

目 录

第1章

绪　论

　　中国是世界上记述湿地现象最早的国家，对湿地的认识和记载已有几千年的历史，可以追溯到先秦时期的《山海经》，但直到20世纪20年代，在中国地学丛书中才出现沼泽一词。湿地，即湿润之地，古人通常称之为沼泽，但实际范畴很广。1971年，在国际自然保护联盟（International Union for Conservation of Nature，IUCN）的主持下，在伊朗举行的拉姆萨尔会议上通过了《关于特别是作为水禽栖息地的国际重要湿地公约》（简称《湿地公约》，又称为Ramsar公约），把湿地定义为："包括天然的或人工的、长久的或暂时性的沼泽地、泥炭地或水域地带，还包括静止的或流动的淡水、半咸水、咸水等低潮时水深不超过6m的水域"，同时又规定："可包括邻接湿地的河湖沿岸、沿海区域以及位于湿地范围的岛屿或低潮时水深不超过6m的海水水体。"由此可见，湿地是处于陆地生态系统和水生生态系统之间过渡区域的一种重要的生态系统，为人类提供防止风暴和海岸侵蚀、调节气候、涵养水源、调蓄洪水、美化环境、净化水质、保护生物多样性等重要的生态功能和价值，因此被誉为地球之肾、生命的摇篮、文明的发源地和物种的基因库（Costanza et al，1997；吕宪国等，1998；孟宪民，1999）。它是地球上初级生产力最高、生物多样性最为丰富的生态系统，与人类的生存、繁衍和发展息息相关（Finlayson et al，2005；Copeland et al，2010；吕金霞等，2018；徐晓龙等，2018），也是最重要的生态景观和人类生存环境之一，对地区、区域乃至全球气候变化、生态安全、经济发展和人类生存环境有着重要的影响（倪晋仁等，1998；吕宪国和刘红玉，2004）。

　　湿地广泛分布于世界各地，从冻土地带到热带都有湿地分布。2018年，《湿地公约》发布的第一版《全球湿地展望》估测，全球湿地面积约为12.1亿hm^2，占地球陆地面积的8%左右，其中自然湿地占到约88%（Gardner et al，2018）。我国是世界上湿地资源最丰富的国家之一，湿地总面积仅次于俄罗斯、加拿大和巴西，位居亚洲第一、世界第四（冯文利等，2022）。根据国家林业局2014年1月公布的第二次全国湿地资源调查结果显示，全国湿地总面积5360.26万hm^2，湿地面积占国土面积的比率（即湿地率）

为5.58%。与第一次调查同口径比较，我国湿地面积在十年间减少了339.63万hm²，减少率为8.82%。

在世界范围内，湿地保护工作大致都经历了一个从被忽视到被重视的过程。长期以来，人们把湿地当作荒滩和荒地，进行无度的开发利用，致使大量的湿地资源遭到破坏，尤其大规模的城市化对湿地资源造成严重影响。1970年以来全球有35%的湿地损失，是森林面积减少的3倍（Gardner et al，2018），导致湿地的面积、类型、结构和功能发生了显著变化（Zorrilla-Miras et al，2014；Lin et al，2018），湿地因此成为世界上受威胁最为严重的生态系统之一，制约着区域生态安全（陈昆仑等，2019；李悦等，2019）。湿地被改造成农田，或者被城市建设大量占用，直接导致湿地水文、植被土壤特征的变化，以及伴随的生物地球化学循环的改变；另外，由于城市化过程中的不合理规划和建设，湿地的生态及社会服务功能被大大降低。湿地已经发生或正在发生的这些变化使得湿地生态系统出现剧变的可能性加大，并且这种趋势的扭转难度很大，往往不可逆转。

我国的湿地保护同样面临多方面的压力，比如湿地面积减少、功能退化的趋势仍然没有得到根本遏制和改善，湿地变化的驱动因素还有待深入研究；水土流失未得到有效治理，很多河流、湖泊、沼泽水体污染和水质恶化依然严重；湿地被城市建设侵占，自然湿地减少、人工湿地大量增加的现象依然存在；生物多样性锐减，一些濒危野生动植物种受到严重威胁甚至濒临灭绝；全球气候变暖也给湿地和生物多样性保护带来巨大威胁和挑战；湿地退化影响水资源环境、降低生态系统服务、影响碳循环，导致湿地碳汇流失、二氧化碳排放增加，影响人居生存环境（姜琦刚等，2012）。从总体看，我国湿地保护形势严峻，湿地生态保护与经济社会发展之间的矛盾十分突出，一方面由于我国城市化进程比西方国家晚，2000年城市化水平为36.09%，到2020年根据全国第七次人口普查数据，我国城市化水平达到63.89%，每年城市化率提高约1.4%。人口、经济的双重压力直接导致大量湿地资源的消失，近40年50%的沿海滩涂湿地消失，约13%的湖泊不复存在，一些管理者甚至将湿地视为荒地或未利用地作为城市开发利用的优先对象。另一方面对湿地的过度利用导致湿地长期承泄工农业污水废水，湿地的生态功能严重受损。湿地生态环境的脆弱状况和继续恶化的趋势，必然给经济和社会发展带来极大危害，严重影响可持续发展（刘东云，2012）。

我国政府于1992年正式加入《湿地公约》，并将湿地保护与合理利用列入《中国21世纪议程》《中国生物多样性保护行动计划》《中国湿地保护行动计划》等一系列计划，成为我国实施湿地保护、管理和可持续利用的行动指南，从此湿地研究和保护工作日益受到科研和政府部门的广泛重视（孙广友，2000；崔保山和杨志峰，2006）。党的十八大以来，中共中央、国务院高度重视生态文明建设和环境保护，牢固树立"绿水青山就是金山银山"的理念，坚持尊重自然、顺应自然、保护自然，统筹推进"山水林田湖草沙"一体化保护和系统治理，把湿地保护作为生态文明建设的重要内容。习近平总书记多次就湿地保护发表重要讲话、作出重要指示。2016年11月，习近平总书记在主持召开中央全面深化改革领导小组第二十九次会议时强调，建立湿地保护修复制度，加强海岸线保护与利用，事关国家生态安全；2017年4月，习近平总书记考察广西北海金海湾红树林生态保护区时指出，保护珍稀植物是保护生态环境的重要内容，一定要尊重科学、落实责任，把红树林保护好；2020年3月，习近平总书记在杭州西溪国家湿地公园考察湿地保护利用情况时强调，要坚定不移把保护摆在第一位，尽最大努力保持湿地生态和水环境；2021年10月，习近平总书记在黄河入海口考察时强调，不能让湿地受到污染，也不能打猎、设网捕鸟。近年来，从中央到各级政府在湿地保护方面开展了大量卓有成效的工作，作出了一系列强化湿地保护修复、加强制度建设的决策部署，在湿地保护规划和重点工程建设、财政补贴政策制定实施、法规制度建设、保护体系建设、科研监测、宣传教育和国际合作等方面取得了丰富的成果和长足的进展。截至2022年，全球共有国际湿地城市43个，其中我国13个，位居第一，湿地保护工作成效获得国际认可。我国湿地保护虽然取得了很大成效，但与国际先进水平相比还存在一定差距，依然面临湿地依法保护和管制力度不强、湿地生态修复科学性和系统性有待加强、湿地管理多部门协作机制亟待强化、参与全球湿地生态治理的深度和影响不够等问题的挑战。

海南岛是我国拥有湿地类型最多样化、最丰富的地区之一。据2012年海南省第二次湿地资源调查结果显示，海南岛湿地总面积为32万hm^2，其中自然湿地面积为24.20万hm^2，占湿地总面积的75.62%；人工湿地7.80万hm^2，占24.38%。海南湿地共有滨海湿地、河流湿地、湖泊湿地、沼泽湿地、人工湿地五大类25型，湿地类型十分丰富，红树林和珊瑚礁湿地是海南岛最重要的湿地类型之一。与第一次湿地资源调查（1997年）同口径比较，海南省第二次调查湿地总面积较第一次调查下降了13.14%，其中海岸性咸水湖、永久性淡水湖、珊瑚礁、库塘和永久性河流显著减少，而浅海水域、沙石海滩和河口水域较显著增长（国家林业局，2015）。

海南省委、省政府历来高度重视湿地保护与修复，始终坚持生态立省，加快建设国家生态文明试验区，近年来在湿地保护、退化湿地修复及制度建设方面开展了大量工作，取得了明显成效。2017年9月，为加快建立海南省系统完整的湿地保护修复制度，印发了《海南省湿地保护修复制度实施方案》，提出"建立湿地面积变化和保护率变化的遥感监测平台，健全湿地监测评价体系""建立湿地资源监测网络，提高监测数据质量和信息化水平""健全科技支撑体系，提高科学决策水平"。2018年7月，颁布实施《海南省湿地保护条例》，坚持全面保护的原则，针对海南省湿地保护存在的实际问题，采取有针对性的保护措施，维护湿地生态功能，为全省湿地撑起了一张法治保护伞。

尽管如此，海南省湿地保护工作仍面临严峻形势。长期以来，沿海人民对湿地保护意识薄弱，随着土地经济价值日益凸显，片面追求经济效益最大化，在快速发展的经济活动过程中，容易忽视对湿地资源的保护，再加上对湿地资源的盲目开垦、不合理开发以及对湿地水资源的不合理利用等因素导致湿地面积、结构和功能受到威胁现象屡有发生，使原本脆弱的湿地生态系统加剧退化。据统计，全省人工湿地面积持续扩大，天然湿地面积萎缩，约有35%以上的天然湿地面临着被开垦和改造的威胁，30%的海岸天然湿地面临着被污染的威胁（林宁和潘鄯，2008）。在自然和人为双重因素影响下，湿地景观格局和生态功能也发生着显著变化，面临着湿地景观破碎化加剧、生态功能衰退、生态系统健康下降等一系列湿地生态环境问题，对近岸海域的生态屏障作用削减，严重威胁着海南省生态安全和沿海经济的可持续发展。因此，及时准确地掌握海南湿地资源的分布状况及历史变迁规律，开展湿地景观格局变化及模拟预测、生态系统服务与生态系统健康评价及动态监测研究，对于做好海南省湿地保护和修复工作、维持生态环境和人类社会的可持续发展、筑牢海南自由贸易港生态屏障具有重大意义。

1.1　国内外研究进展

1.1.1　湿地植物资源及其多样性研究

我国湿地资源研究始于20世纪50年代末期的沼泽和湖泊湿地资源调查（崔保山和杨志峰，2006），这期间基本掌握了湿地资源类型、数量和分布特征，为我国湿地资源研究奠定了一定基础。到20世纪80年代末，我国湿地资源研究主要目的是开发湿地，因而内陆沼泽湿地和滨海湿地资源研究受到重视，湿地资源特征、数量与质量以及各要素的相互作用研究得到发展（刘红玉等，2009a；左平等，2005）。1992年我国正式加入《湿地公约》后，湿地研究走向资源保护与合理利用方向。湿地资源评价、湿地生态建设与恢复、人类活动对湿地资源的影响等研究得到快速发展（魏洋，2019）。进入21世纪以来，为了适应国家经济建设和社会发展需要，湿地资源调查与利用不断受到重视，尤其是以湿地植物资源利用为特征的人工湿地研究得到发展，城市湿地资源保护与合理利用研究日益受到重视，从而促使我国湿地资源研究不断向深度和广度发展（杨永兴，2002；刘红玉等，2009b）。

随着全球环境变化和社会经济高速发展，湿地面积不断缩减、生态生境严重退化，影响了植物群落、土壤、水文和湿地生态系统的平衡（Wood et al，2017），已致使湿地生物灭绝率远高于自然灭绝率，导致大量植物物种灭绝和潜在利用价值丧失，同时影响破坏其他关联物种的生存状况（郑世群，2013）。保护湿地植物多样性及湿地资源植物的可持续利用是全球生物多样性保护计划的重要组成部分之一，对现有湿地资源植物进行更好的保护和利用，分析湿地植物多样性特征、掌握其物种组成、数量以及动态时空分布情况是解决当今变化环境下湿地保育和针对性制定政策管理措施的关键研究内容和导向（程志等，2010；陈美玲等，2021）。

中国是世界植物多样性最丰富的国家之一，具有极大的生态保护和研究价值。目前我国湿地植物的数量、分布及区系特征已完成了初步的系统统计，对我国湿地资源植物现状及重要性提供了一定的科学认识（田自强，2011；赵红艳，2017），但不同专家学者借助相异的书籍文献记载、实地考察方式或标本记录方法进行研究，标准选取和物种可获取性相差较大，导致目前我国湿地资源植物种类数量参差不齐，各地区严重缺乏可对比性（Lughadha et al，2018）。其次，在过去的几十年间，我国湿地植物的分布数据持续增加，应进一步采用最新的、长期监测的数据来弥补历史数据中存在的过时、记录不详等相关问题，继续大力开展区域尺度的湿地植物区系的相关研究（Hjarding et al，2015）。迄今针对我国湿地资源植物的相关研究工作十分有限，多以单个自然保护区或省、自治区、直辖市为研究区，且往往针对某一类特定资源植物，较为缺乏整体性、系统性的研究结果，造成我国湿地资源植物的本底和演变情况尚不明晰（袁晓初等，2018；王明阳等，2021；李庞微，2022）。

在湿地植物区系及多样性研究方面，目前国内外对于湿地资源植物物种组成多样性和区系特点研究已相对完善，如Ritter等（2005）对玻利维亚云林六处湿地的植物区系进行了列举与介绍，并与玻利维亚其他39个湿地站点数据进行了对比与研究，结果表明该区域的湿地植物数量较低，且基本没有木本植物，植物特有性低；兰竹虹等（2006）对南中国海地区湿地植物多样性开展了研究，结果显示南中国海近海近岸湿地生境多样性十分复杂，植物种类丰富；巫文香（2014）对广西湿地植物种类及区系特征进行了研究，显示出广西湿地高等植物种类丰富，地理成分复杂多样，且主要以热带成分为主；王立峰等（2021）对茅兰河口国家湿地公园种子植物资源及区系开展了分析，研究表明该区域物种多样性丰富，且有着重大的经济效益，区系组成带有典型的温带性质，地理成分复杂，但特有程度低。

关于湿地生态系统植物多样性变化的影响因素研究，相关学者认为土壤养分、盐分、放牧强度、沙化等环境因子或人为干扰活动作用比较明显。如赵连春等（2018）对秦王川湿地柽柳（*Tamarix chinensis*）的分布与环境因子的关联关系开展了研究，并发现土壤因子是直接影响秦王川湿地柽柳分布整体格局形成的最主要环境因子；李景德（2010）对淮河流域典型河流涡河水生植物分布格局及自然环境因子分析后，发现水体理化性质如水体硝态氮含量等是影响其分布的关键因素；李艳红等（2016）研究发现，艾比湖湿地植物 α 多样性指标的变化主要与土壤养分指标中的全磷、pH、全氮显著相关，其次是全盐指标显著相关；刘俊娟（2017）对丹江湿地植物多样性特征及其环境影响因素的研究同样发现，丹江湿地植物 α 和 β 多样性指数的变化主要受土壤养分影响，其中全磷、有机质、全氮的含量大小的影响显著；与土壤盐分含量关系不显著，但在一定程度上抑制植物多样性指数的变化；毛茜（2020）对不同土地管理强度下的滇池湖滨区植物和鸟类多样性研究发现，四类土地管理强度下水生植物的α 多样性存在显著差异，其中高管理强度湿地和较高管理强度湿地差异显著；Shen 等（2021）对海口羊山湿地的濒危沉水植物水菜花（*Ottelia cordata*）的种群动态及其影响因素研究发现，水体的深度对水菜花的丰富度有显著的负面影响，水体浊度也会影响水菜花生长密度，浊度高时水菜花分布稀疏。此外，湿地植物多样性除了受环境因素和人类活动影响，在地理空间尺度上，气候因素（如热量、降水量等）一直被认为是物种多样性的主要驱动因素。韩大勇等（2022）研究了水热条件对新疆26处湿地公园湿地植物丰富度空间分布格局的影响，发现年平均降水量对湿地植物丰富度的影响主要表现为直接效应，占总效应的92.86%，年平均日照时数对湿地植物丰富度的影响主要是间接效应。

1.1.2 湿地遥感分类及动态监测研究

自20世纪70年代以来，遥感技术因其多光谱、多时相、海量实时信息、监测范围广、提取信息快等优点，被较早应用于湿地领域研究中。美国的鱼类和野生动物保护协会于1975年使用较高分辨率航空影片对湿地资源分布进行解译，获得了较高的解译精度（Ozesmi and Bauer，2002）。80年代美国、法国陆续发射 Landsat-4、Landsat-5 和 SPOT-1 遥感卫星。90年代至今，遥感卫星技术继续不断发展，各国相继发射了一系列搭载较高精度传感器的遥感卫星，运用遥感技术对湿地的研究也更加深入广泛，国外诸多学者在湿地遥感研究方面取得了较多的成果。在国内，由于技术条件限制，湿地遥感研究起步较晚。直到20世纪80年代才开始起步，但随着我国科学技术的快速进步，遥感技术也得到蓬勃发展，逐步被应用于湿地资源调查、分类、动态监测、制图以及定量模型研究等。

目前，覆盖范围较广的 AVHRR、MODIS 等低分辨率遥感数据，适用于大范围的湿地信息提取（Zoffoli et al，2008；成方妍等，2017），如李加林（2006）利用 MODIS 植被指数产品 NDVI 和 EVI 探究江苏沿海互花米草盐沼的季节变化情况；成方妍等

（2017）利用 MODIS 植被指数产品数据 MOD13Q1 提取广西沿海植被分布情况。此外，还有中分辨率遥感数据包括 Landsat TM、ETM+、OLI 和 HJ-1 系列卫星数据等被广泛应用于湿地遥感提取（温庆可等，2011；张东方等，2018）。其中 Landsat 卫星数据容易获取，且历史影像丰富，应用最为广泛，如李雪莹等（2015）利用 Landsat 影像将辽东滨海湿地中自然湿地大致分为河流、滩涂、沼泽三类；马学垚等（2018）利用长江三角洲地形图数据和 Landsat 遥感影像数据，将湿地分成了淡水、盐水沼泽、河口水域和盐化草甸等湿地类型。

随着空间技术和成像技术的进一步发展，中低分辨率的遥感数据已不能满足对湿地类型的精细分类，研究者们越来越多地将高空间分辨率的遥感数据应用于湿地的分类与动态研究，常用的高空间分辨率数据有 SPOT、IKONOS、QuickBird、ALOS、Sentinel、WorldView、高分系列等。比如 Sentinel-2 数据在土地覆被/土地利用分类（何云等，2019；张卫春等，2019）、作物识别（毕恺艺等，2017）、植被监测（方灿莹等，2017）等方面有很多的应用实践案例。近年来，学者们开始挖掘 Sentinel-2 卫星数据在湿地提取上的优势（许盼盼，2018；李鹏等，2019），如许盼盼（2018）基于 Sentinel-2 和 GF-1 数据对盐城滨海湿地地物类型进行三级分类，划分为芦苇群落、互花米草群落和碱蓬群落等湿地植被类别；张磊等（2019）基于 Sentinel-2 卫星数据的多特征变量优选方法，开展浅水水域、泥质海滩、草本沼泽和灌木沼泽等的自然湿地类型提取，实现黄河三角洲自然保护区监测。可以看出，Sentinel-2 卫星遥感数据具有的多个波段为湿地精细分类提供了可能，该数据在湿地监测应用潜力仍可进一步挖掘。

目前大部分湿地分类仅基于地物光谱特征，在遥感影像分类过程中常出现"同物异谱"和"同谱异物"的现象，分类结果中不同湿地类型存在混淆，总体分类精度较低（张树文等，2013）。常用的地物分类方法有目视解译、传统的监督分类和非监督分类。随着计算机自动分类技术逐步应用于信息提取，人工神经网络（Artificial Neural Network，ANN）、支持向量机（Support Vector Machine，SVM）和随机森林（Random Forest，RF）等方法也逐步应用于遥感图像处理中，如湿地边界获取、湿地植被群落提取等。Khatami 等（2016）统计了 15 年间基于像素的分类算法在土地利用分类的整体精度结果，发现随机森林和支持向量机分类方法在土地覆被/利用分类的准确性一般要优于其他算法；Huang 等（2002）提出，除了优化新的分类算法以提高遥感影像分类精度外，还能充分利用影像特征，指出特征变量的选择比分类的算法和样本的数量更能影响分类的精度；李畅等（2012）以湖北洪湖湿地为研究区提出了一种组合多分类器的湿地遥感分类方法，分类基于 Landsat ETM 遥感影像提取波段特征、归一化水体指数、绿度、湿度和纹理分量特征，实验结果表明多分类器分类方法较传统方法提高了湿地分类精度；刘家福等（2018）基于Landsat OLI遥感影像提取黄河口滨海湿地的105个特征变量，采用特征优选的随机森林模型提取滨海湿地信息，研究发现该方法分类精度高和计算速度快，能广泛应用于不同类型滨海湿地提取。在红树林湿地遥感分类方面，张雪红（2016）基于Landsat-8 OLI影像，利用归一化差值湿度指数和修正的归一化差值池塘指数对广西山口国家红树林生态自然保护区的红树林进行提取，成功将红树林与陆生植物区分；Hu等（2018）通过合成每个像素位置一段时间内的Landsat图像分位数，再由这些时间剖面计算光谱–时间变异性指标，采用随机森林算法制作中国1990年、1995年、2000年、2005年、2010年和2015年的红树林地图。但由于红树类型间具有相似的光谱反射特性，仍然会发生错分和漏分现象。近年来，大多数研究发现主动激光雷达数据获取的冠层高度、被动光学数据的光谱和纹理信息相融合可以有效克服单数据源的不足（Chadwick，2011；Wang et al，2019；Zhu et al，2020），从而提高红树林种间类型识别精度。

利用遥感技术进行湿地监测上能够克服传统湿地调查耗时耗力的缺点，大大提高湿地资源信息获取的工作效率和数据精度。近几十年，我国的3S技术发展越来越快，将其运用在更多更广泛领域，国内利用遥感技术对湿地长时间序列的动态监测研究也越来越多。如Zuo等（2013）基于湿地分类体系对我国的滨海湿地进行分类研究发现，从1970年到2007年我国天然滨海湿地从$5.74 \times 10^6 hm^2$下降到$5.09 \times 10^6 hm^2$，而人工湿地从$2.40 \times 10^4 hm^2$增加到$2.74 \times 10^5 hm^2$，分析结果说明天然湿地面积萎缩主要是由人类活动影响；苏立英（2015）利用TM影像，以5年为周期研究扎龙湿地景观动态变化，并发现该地区主要为四类景观动态类型；陈云海和穆亚超（2015）基于Landsat遥感影像对黑河干流中游湿地信息进行了提取；孟吉庆和臧淑英（2019）以呼伦湖1984—2015年7期Landsat遥感数据为基础，应用非监督分类和人工目视解译的方法，分析呼伦湖湿地动态变化；Zhang等（2022）利用1990—2020年长时序的密集时间序列Landsat数据研究了青藏高原东部三江源的玛曲湿地演变特征及其驱动因素，结果表明玛曲湿地面积总体呈现波动减少特征，总面积减少了约23.35%，其中沼泽类型减少最多；夏阳等（2022）采用面向对象方法，利用1989年、2000年、2010年和2020年江西省60景Landsat TM/ETM/OLI遥感影像数据，提取得到了4个时期江西省各类型湿地分布，研究结果表明江西省湿地总面积总体在减少，丧失的湿地主要被开发为耕地。

总之，遥感在湿地资源调查和动态监测中的应用越来越广泛，遥感技术不仅用于湿地分布、类型和面积的调查，还越来越多地用于湿地生物资源的分布、长势和空间格局变化的研究，也为大区域的湿地景观动态变化研究提供了可能。未来研究应当融合多源数据，实现多元方法的综合集成，综合利用多时相遥感影像新特征开展湿地遥感信息提取，尤其是专家知识信息库、人工智能技术、集成学习等方法的融合，推动湿地遥感信息提取不断向精细化、自动化和智能化方向发展。

1.1.3 湿地景观格局及其驱动力研究

景观是指由不同类型相互作用的生态系统所组成的异质性地理空间单元，它是人类活动和生存的基本场所，也是生态过程发生和发展的载体（肖笃宁，2010）。作为景观格局的基本组成要素，斑块是多种生态过程作用以及人类活动改变湿地生境产生的空间结果，能直接反映生态系统的结构和功能的变化，可以利用遥感手段大范围快速提取景观格局的斑块结构、数量空间动态变化信息，选取合适的景观格局指数将景观格局进行定量化统计比较，进行生态系统的安全状况及其变化驱动要素分析（陈文波，2002）。1939年，德国的植物学家特罗尔（Troll）首次提出了景观生态学，是以景观为研究对象，主要研究景观的格局和功能动态变化及相互作用机制，人类活动影响以及景观的合理利用与保护的一门地理学与生态学交叉的宏观学科（邬建国，2000；郭晋平，2007）。

随着景观生态学的发展，湿地景观格局的动态变化及其驱动机制逐渐成为湿地地理学和生态学长期研究的热点。湿地景观格局是指不同大小、形状和类型的湿地景观斑块的空间布局，是不同尺度上各种生态水文过程耦合作用的结果（徐晓龙等，2018）。如Maingi等（2001）基于Landsat MSS等遥感数据对塔纳河下游湿地11年期间的湿地景观格局变化进行了研究；Liang等（2004）结合遥感和GIS技术利用景观指数对河南省黄河沿岸湿地景观格局变化进行了分析；董洪芳等（2012）使用3S技术和景观统计软件研究了2000年和2009年两个时期黄河三角洲景观格局变化；同时王永丽等（2012）利用遥感技术与景观指数相结合的方式也对黄河三角洲景观格局的变化进行了研究，结果表明湿地景观格局变化的驱动力主要是人类活动的干扰；袁力等（2008）在RS和GIS技术支持下，利用三期遥感影像结合景观格局指数、土地利用综合程度指数研究扎龙湿地景观格局的时空演变规律，探讨了土地利用转移驱动力和自然生态过程的关系；姜玲玲等（2008）利用2000年和2006年TM遥感数据，使用景观异质性和景观空间结构指数对大连地区湿地的景观格局和动态变化进行了定量分析；宫兆宁等（2011）基于Landsat TM遥感影像数据以北京湿地为研究区，分析其20多年的景观格局变化特征，结果表明北京湿地面积呈先增加后减少再小幅度增加的趋势；张绪良等（2012）基于Landsat假彩色合成数据，提取了1986年、1995年和2010年胶州湾滨海湿地空间属性数据，通过对景观斑块指数、多样性指数和破碎度指数的定量化研究分析了胶州湾湿地景观格局变化特征以及在此基础上的环境效益；曾光等（2018）基于Landsat TM遥感影像利用景观指数对山西湿地景观格局变化特征进行分析，结果表明人类活动的干扰，使得人工湿地面积增加而河流湿地面积持续减少。

湿地作为陆生生态系统与水生生态系统之间过渡性生态系统，极易受到气候变化和人类活动干扰，其中自然驱动因子是湿地景观发生变化的内在动机（李娜娜，2020）。比如随着湿地生态系统面积的日益萎缩和功能退化，国内外诸多学者开始对湿地景观变化进行深入分析，发现影响全球湿地变化的主要因素是气候的改变（Berberoglu et al，2004）；Zhang 等（2022）对青藏高原玛曲高寒湿地近30年的研究也表明，气温升高、降水量减少，蒸发量加大造成地表旱化，植被覆盖度下降。湿地变化的驱动因子以气温和降水为主，是造成玛曲湿地不断退化的主要自然驱动机制，湿地总面积与生长季气温的关联程度最大。而社会经济等人类活动因素则是湿地景观格局发生重塑的外在动力。比如 Han 等（2007）结合3S系统对扎龙湿地进行研究，结果显示出气候变化是扎龙湿地退化的一个主要驱动因素，而根据景观分析结果显示出研究区景观破碎加剧主要是由于人类活动导致；Gong 等（2010）分析了1990—2000年中国湿地的变化，结果表明中国湿地退化的主要原因是人类活动的影响；任春颖等（2007）基于现有地形图以及卫星影像，借助RS和GIS技术分析了向海保护区建立前后湿地资源的变化情况，结果显示气候变化是湿地萎缩的自然因素，而人类活动是湿地萎缩的主导因素；王泉泉等（2019）对滇西北高原湿地景观变化与人为、自然因子的相关性研究发现，社会经济因子对滇西北高原湿地面积和景观多样性指数变化的解释度高达63.50%；夏阳等（2022）对江西省4个时期各类型湿地分布及影响因素的研究表明，江西省湿地的破碎化程度较大，主要影响因素为渔业产值、第一产业产值、城市绿化覆盖面积等。相关研究认为，在相对较短的时间范围内，自然因素对湿地景观变化产生的作用具有一定的累积性效应，而社会经济因素对湿地景观变化的作用过程和影响则相对明显且易于识别（刘红玉等，2003）。

1.1.4 湿地景观生态安全研究

生态安全是可持续发展的基础，由国际应用系统分析研究所（International Institute for Applied Systems Analysis，IIASA）于1989年在建立全球生态安全监测系统时首次提出（Rapport et al，1995），目前研究主要包括生态安全分析、评价、监控、预警、调控、维护与管理等内容（Luijten et al，2001）。自19世纪70年代末，国外对生态安全的研究先后经历了安全定义的扩展、环境变化与安全的经验性研究、综合性研究及内在关系研究等4个阶段（崔胜辉等，2005；Saroinsong et al，2007）。在国内，学者们也从多个角度开展并推动了生态安全研究（刘红玉，2005），其中湿地景观生态安全逐渐成为生态安全研究的重要内容之一（韩文权等，2005）。

　　近年来，研究学者关于湿地景观生态安全研究方面做了大量研究工作。湿地生态安全分析从景观随时间的动态变化过程出发，通过专业判断和统计分析，建立景观格局与生态影响类型和强度之间的经验联系，准确地显示出各种生态影响的空间分布和梯度变化特征，综合分析各种已有的和潜在的因素及其累积性后果，进而为湿地生态安全保护提供更可靠的决策依据。如李悦等（2019）基于"压力－状态－响应（Pressure-State-Response，PSR）"模型构建了青岛市湿地生态安全评价指标体系，结果表明青岛市湿地生态安全处于低水平的安全状态，人口增长、区域开发、水耗增加是湿地压力的主要来源。随着遥感和GIS技术的不断发展，不少学者利用遥感和GIS技术，定量或定性地进行了区域湿地景观生态安全变化研究，为区域的可持续发展及生态环境保护提供理论依据（谭洁等，2017；魏帆等，2018），如于蓉蓉等（2012）以胶州湾大沽河口湿地为研究区，利用TM遥感影像为数据源提取了1986年、2002年和2010年研究区自然湿地、人工湿地、非湿地三大景观类型的空间信息，运用景观格局指数原理和方法构建生态安全指数，定量分析研究区景观生态安全状况及驱动机制，结果表明研究期内人类活动对景观干扰愈加明显，景观干扰指数与生态安全指数存在负相关性，研究区各景观损失度上升，生态安全指数下降，其中以自然湿地中河流与河口湿地和芦苇湿地景观的恶化程度最大。基于面积因素构建的各景观生态安全度依次为：非湿地＞人工湿地＞自然湿地；韩振华等（2010）以1990年和2005年遥感影像为基本信息源，在GIS技术支持下，在对辽河三角洲湿地景观格局分析的基础上，采用破碎度、分离度、优势度等景观格局指数和景观类型脆弱度为评价指标研究辽河三角洲湿地景观生态安全，研究表明研究区主要湿地景观类型水稻田、苇田、滩涂的干扰程度有所增加，生态安全度均有所下降，表明人类对自然湿地生态系统的干扰越来越明显；陈昆仑等（2019）利用景观格局指数构建湖泊湿地景观生态安全评价模型评估了1995—2015年武汉湖泊系统景观生态安全格局的演化特征，并对其驱动因素进行了分析，结果表明武汉城市湖泊湿地景观生态安全呈现不断恶化趋势，城市建成区的迅速扩展、湖泊由农业生产对象转化为可利用发展用地、房地产事业成为支柱产业是湖泊系统遭受填占最主要的动力，直接危害了其景观生态安全。

　　总体来说，应用景观生态学方法研究湿地景观生态安全，揭示景观结构与功能关系并进一步分析区域生态环境的变化趋势及其内在因素，不但为湿地及其生物多样性的保护和资源开发提供了科学依据，而且丰富和发展了我国生态安全研究的理论与方法。

1.1.5 湿地生态系统服务评估研究

20世纪70年代初，"关键环境问题研究（Study of Critical Environmental Problems，SCEP）"报告中首次使用了生态系统服务功能一词，并列出了自然生态系统的"环境服务功能"。随后Ehrlich（1977）等又提出了"全球生态系统公共服务功能"的概念，后来逐渐演化出"自然服务功能"，最后由Ehrlich（1981）将其确定为"生态系统服务"（谢高地等，2006）。Costanza等（1997）认为生态系统服务是人类直接或间接地从生态系统中获取的利益。欧阳志云（1999）提出生态系统服务是生态系统与生态过程所形成及所维持的人类赖以生存的自然环境条件与效用，即通过生态系统的功能直接或间接得到的产品和服务。千年生态系统评估（Millennium Ecosystem Assessment，MA）对生态系统服务定义为人类从生态系统获取的各种福利，并明确地将生态系统服务分为供给服务、调节服务、支持服务和文化服务四大类，目前已得到学术界的广泛认可和应用，为评估湿地生态系统服务价值提供了基本的框架（Program，2005）。

湿地生态系统服务是指湿地系统及其物种所提供的能够满足和维持人类生活需要的条件和过程，即人类从湿地生态系统中获得的益处（官冬杰等，2019）。湿地生态系统服务定量化评估方法主要从价值化和非价值化两个角度考虑（宋豫秦和张晓蕾，2014；程敏等，2016；李妍妍等，2018），其中非价值化评估（主要指物质量法和能值法）是价值化评估（经济学方法）的基础。不同生态系统服务评估对象，评价角度不同，对应的评价方法也不同。

非价值化方法主要包括生态系统服务评估模型法、实地调查法和能值分析法。其中生态系统服务评估模型法使用最为广泛，它通过模拟生态学过程和机理，实现对生态系统服务的定量评估，并实现生态系统服务的空间化表达。现常用于生态系统服务价值评估的模型主要有InVEST（Integrated Valuation of Ecosystem Services and Trade-offs）、SolVES（Social Values for Ecosystem Services）、TESSA（Toolkit for Ecosystem Service Site-based Assessment）、MIMES（Multi-scale Integrated Models of Ecosystem Services）、BGS ESM（Ecosystem Services Modelling）等模型（Langan et al，2018；徐昔保等，2018；Sun et al，2019）。比如，基于水热耦合平衡假设（Donohue et al，2012），Hu等（2020）使用InVEST评估了洞庭湖的水资源供给服务；Cunha等（2018）使用InVEST模型中的娱乐模块评估了葡萄牙北海岸的文化服务价值；Zhou等（2020）使用SolVES模型评估了湿地公园的文化服务价值。受模型结构及适用性的限制，直接针对湿地生态系统服务评估的模型比较少，大多数模型在湿地生态系统服务评估中的应用需要对模型参数进行修正，以提高评估结果的精确。尽管如此，生态系统服务评估模型仍是大尺度湿地生态系统服务动态评估的较好选择。

价值化评估方法主要包括单位面积价值当量因子法（当量因子法）、价值核算法和 Meta 分析法等。

（1）单位面积价值当量因子法（当量因子法）是指将不同土地利用/覆盖类型，按照价值系数折算成相应的价值。使用价值当量因子法可以快速动态评估生态系统服务价值。基于不同土地利用类型的生态系统服务价值系数，Costanza 等（1997）评估了全球的生态系统服务价值，但是评估结果中湿地的估计偏高，耕地的估计偏低。不同研究区域需要根据研究区本身实际情况，对单位面积生态服务价值表进行修正。比如 Xie 等（2017）根据我国的实际情况，对 Costanza 提出的价值系数进行了修正，得到我国不同陆地生态系统单位面积生态服务价值表；Badamfirooz 和 Mousazadeh（2019）修正了 Costanza 的价值系数表，动态评估了 1975—2013 年伊朗安扎利国际湿地的生态系统服务价值；李妍妍等（2018）修正了谢高地的生态系统价值当量因子表，动态评估了拉萨河源头麦地卡湿地保护区 1988—2015 年不同湿地类型所对应的不同生态系统服务价值；雷金睿等（2020）利用 1980—2018 年 5 期土地利用数据，综合运用价值当量因子法对海南岛土地利用与生态系统服务价值的时空动态变化进行了研究，其中得出 2018 年海南岛湿地生态系统服务价值为 443.65 亿元，单位面积价值达 29.33 万元 /hm²。但因该方法所需数据量少，比较适用于大尺度和全球尺度湿地价值评估，难以精准评估不同区域生态系统服务价值的差异性。

（2）价值核算法，包括市场价值法、替代成本法、机会成本法、恢复和防护费用法、影子工程法、旅行费用法、享乐价格法、随机效用模型、条件价值法等。Mahlatini 等（2020）使用市场价值法评估了津巴布韦的 Songore 湿地生态系统服务的直接使用价值，并评估了湿地生态系统服务对农户家庭总收入的贡献。根据生态系统服务类型的不同，可以综合选取多种价值核算方法共同参与湿地生态系统服务价值的评估计算（Chen et al，2009；Natuhara，2013；Jiang et al，2016；Tang and Gao，2016）。比如 Ibarra 等（2013）选取了替代成本法、市场价值法等方法评估了城市湿地的潜在生态系统服务（水质改善、碳储存和地方生物多样性）的价值，为城市建设和环境政策制定提供参考；江波等（2015）综合使用了市场价值法、替代成本法、旅行费用法、工业制氧法和条件价值法对青海湖的生态系统服务价值进行了评估，为青海湖生态补偿标准的制定提供了数据参考。同时，结合不同时期的遥感解译数据，可以实现湿地生态系统服务价值的动态评估。但是价值核算只能计算部分生态系统服务的价值，对于无法货币化的生态系统服务则难以评估（Jiang et al，2016）。

（3）Meta 分析法（Meta-Analysis）是一种定量其他评价效应的大小，并进行综合分析评价的方法，具有较高的统计效率及验证其他假设的功能，是一种较为精确的价值转移方法（孙宝娣等，2016）。而Meta分析价值转移法通过构建价值转移函数，来控制生态系统特征、自然和社会经济环境以及价值评估方法等方面的差异，从而实现将已有的湿地生态系统服务价值评估结果转移到待研究湿地（Sharma et al，2015；张玲等，2015），被广泛运用于受评估时间和评估成本等因素的限制难以通过实地调查来获取数据的湿地生态系统服务评估（李庆波等，2018）。比如杨玲等（2017）通过Meta分析对青岛市近海与海岸湿地、河流湿地、人工湿地和沼泽湿地的生态系统服务价值进行了快速评估；杨鑫等（2022）通过Meta分析构建了张掖黑河湿地生态系统服务价值数据库和价值转移模型，对张掖黑河不同类型湿地价值进行了有效评估。

综上所述，我国对于湿地生态系统服务功能价值评价的研究已经取得了长足的发展，但仍然存在一些局限性，如服务功能分类不统一、评价体系不完善、评价方法过于简单等，并且现有研究多集中静态分析湿地生态系统服务价值，动态研究即分析服务价值变化文献较少。此外，虽然相关学者对我国丰富的湿地生态系统进行了广泛的研究，但是单个湿地的研究成果难以体现出湿地给人们带来的福祉和效益的整体、真实水平，至今很少有研究将不同的湿地价值研究成果联系起来进行系统性、综合性的研究。

1.1.6 湿地生态系统健康评价研究

湿地生态系统健康是指整个湿地系统内在物质循环上能够保持健康的运行，并且能量流动未曾受到任何损害，最关键的是生态组分能够较为完整的保存，在面临长期或突发的自然干扰时能够保持自身的稳定性，即使人为的扰动也能保持自身具备的弹性使其保持绝对的稳定性，在整体功能上的表现具有多样性的特征，虽然形式较为复杂，但是有足够的活力（Keiter，1998）。湿地生态系统健康评价能够为湿地科学治理提出较为明确方向，它的目的就是能够诊断出自然因素和人类活动所引起的湿地系统的破坏或退化程度，以此作为发出点进行预警和研究，使管理者和决策者以此作为依据更好地制定相关对策，实现目标上有据可依，采取有效措施对湿地加以利用，并实施好对区域湿地保护，建立起较为有效的管理系统。

在国外，由于经济发展的客观影响，一些国家产生了较早的针对湿地生态健康的研究，构建了较为完善而全面的评价体系（陈展等，2009）。国外比较成熟的是美国环境保护局（Environmental Protection Agency，EPA）提出的景观评估、快速评估和集中现场评估3个层次的湿地健康评价方法（Reiss and Brown，2007），并确立相应的评价指标体系。Petesse等（2016）通过对亚马孙河平原区湖泊湿地生态系统进行研究，结果表明生物完整性受到季节的影响较大；De Keyser等（2003）对达科他州的46个季节性湿地的植物群落进行了采样，并运用聚类分析和主成分分析法确定了生态系统健康的评价等级，对46个湿地进行了生态健康评价；Kim等（2015）通过生境评价指数（QHEI）、营养污染指数（NPI）和生物完整性指数（IBI）等不同方向对纳克东河流域的生态系统健康进行评价，并运用主成分分析法对纳克东河的主要生境压力进行了分析，结果表明中下游地区的生态系统健康受到了危害，生活污水处理厂和城市污水的营养富集（氮和磷）是生态系统遭受危害的主要原因。

国内在湿地健康评价上的研究起步相对比较晚，并且目前仍然局限在对单一湿地的评价上，而流域水平或景观水平上的评价也受到了严重的阻碍，到如今我国仍然还没有形成能够对省或全国这样水平上的某一类型湿地展开较为系统完整的整体评价。近年来，湿地生态系统健康研究已经得到社会各界的关注，同时也开始逐渐引起有关政府部门的重视，对于开展湿地保护修复具有重要参考价值。如王瑜等（2019）以松花江流域为研究背景，针对大型底栖动物的群落结构展开系统研究，得出了种类总数、敏感种百分比等28个参数，并从中选取Hilsenhoff指数、Marglef指数等一些核心参数构建了以松花江流域为基础的B-IBI评价体系，并结合水体相关指标对生态系统进行了综合评价，结果显示松花江流域生态系统健康状况受损严重；孙雪等（2019）通过遥感数据以及海河南系子牙河流域湿地的相关经济、人口的统计数据，构建基于PSR模型的海河南系子牙河流域湿地生态系统健康评价指标体系，结果表明子牙河流域湿地健康指数为0.723（Ⅳ级），处于疾病状态；廖静秋等（2014）在对滇池流域的相关研究中利用了层次分析法（Analytic Hierarchy Process，AHP），对滇池流域的水生态系统进行了全面的健康评估，结果表明滇池全流域的水生态系统的发展处于较为严峻的状态，各样点的健康评价指标证明了其健康状态较国内其他流域处于中下水平；易凤佳等（2017）运用PSR模型定量评价了汉江流域整体及上中下游湿地生态健康状况，结果显示汉江上游流域湿地生态健康为健康，中游流域湿地生态健康状况为亚健康，下游区域湿地生态健康状况则为脆弱状态，汉江流域湿地整体景观生态健康状况为亚健康；宋创业等（2016）运用层次分析法，从环境影响、植物结构等方面构建评价指标体系，并对比了人工恢复湿地与自然湿地的相关情况，结果表明人工恢复芦苇湿地的生态修复能力弱于自然湿地；徐浩田等（2017）构建了凌河口湿地生态系统健康评价指标体系，采用综合评价法对1995—2014年5个时期湿地的生态健康情况进行综合评价，结果表明1995年和2000年凌河口湿地生态系统状态为比较健康，2005年、2009年和2014年处于亚健康的状态，并进一步通过湿地生态系统健康预测模型研究表明未来20年凌河口湿地生态健康处于一般病态，并有向病态发展的趋势，生态健康面临愈来愈严重的威胁，对湿地进行保护和管理刻不容缓，应及时采取措施对该研究区进行生态系统保护。

由此可见，对湿地生态系统健康进行有效评价是开展湿地资源保护与修复的重要前提和基础，最终目的是退化湿地的恢复和管理，并实现湿地健康的可持续性，更好地服务于人类福祉。

1.2 研究内容和技术框架

1.2.1 研究内容

本研究在对海南岛湿地资源保护情况及受威胁状况进行充分分析的基础上，选取典型的重要湿地开展植物资源及其多样性状况调查，分析湿地植物的物种组成、群落结构和物种多样性以及湿地植物与环境因子的相关关系，并对典型湿地濒危植物的潜在适宜生境进行预测，为海南岛湿地植被的保护、恢复和重建提供科学依据。其次，以长时间序列的 Landsat TM/OLI 卫星遥感影像为基础数据源，基于遥感目视解译法对海南岛湿地空间分布进行信息提取，分析湿地景观格局动态变化及其驱动力，并进一步分析湿地景观生态安全格局及预测未来情景下湿地景观的空间分布。基于上述基础数据，构建海南岛湿地生态系统服务功能和生态系统健康评价体系，评估湿地生态系统服务价值及生态健康状况，最后探讨提出加强湿地保护管理有效性的方法对策，为提升湿地生态健康监管水平与合理利用湿地资源提供科学依据。研究内容主要有三大部分：

（1）第一部分，海南岛湿地植物资源调查与保育。以海南岛8处典型的湿地自然保护区和湿地公园（五源河、美舍河、东寨港、响水河、潭丰洋、三十六曲溪、铁炉溪、南丽湖）作为调查对象，通过全面踏查和样方调查等方式，对区域内的湿地植物资源及其多样性状况开展实地调查研究，并对湿地水质和土壤环境进行监测分析，综合分析重要湿地植物的物种组成、群落结构、区系地理和物种多样性，以及与环境因子的相关关系。同时，以湿地濒危植物水菜花（*Ottelia cordata*）为研究对象，基于实地采集的水菜花真实分布点数据，运用生态位物种分布模型，基于最大熵模型分析水菜花种群潜在适宜生境分布及未来气候变化情景（SSP1–2.6、SSP2–4.5、SSP3–7.0 和 SSP5–8.5）下水菜花种群历史和未来的适宜生境分布，为水菜花种群数量及栖息地恢复和保育提供科学参考。

（2）第二部分，海南岛湿地景观遥感监测与分布预测。首先对覆盖研究区1990年、1995年、2000年、2005年、2010年 Landsat-5 TM 和 2015年、2020年 Landsat-8 OLI 共7期遥感影像数据进行预处理工作，借鉴《湿地公约》中湿地分类系统和相关技术标准，结合研究区实际情况提出海南岛湿地景观分类标准，采用遥感解译分类方法提取海南岛30年来的湿地景观空间分布信息。基于景观生态学原理，借助ArcGIS、Fragstats等软件，采用景观动态变化、空间转移矩阵、空间质心模型、空间统计分析和景观格局指数等方法，对海南岛30年来各湿地类型的动态变化、景观格局与冷热点演变规律进行分析，研究自然和人为因素对湿地景观的驱动机制，并定量评估海南岛湿地景观生态安全时空分异特征。运用MaxEnt最大熵模型模拟不同时段的海南岛湿地景观适宜分布区，定量分析影响湿地景观分布的主要气候因素，并预测未来SSP1–2.6模式下2050年和2070年海南岛湿地景观潜在分布情况，为气候变化背景下海南湿地保护和湿地适应性管理提供对策依据。

（3）第三部分，海南岛湿地生态系统综合评估与系统管理。根据海南岛各湿地类型的分布信息，首先通过Meta分析构建海南岛湿地生态系统服务价值数据库和价值转移模型，对全岛不同类型湿地的生态服务价值进行有效评估，并对价值的影响因素开展综合分析。基于"压力–状态–响应（PSR）"模型构建包含人口经济、开发利用、自然威胁、水环境、土壤环境、气候状况、生物多样性、景观多样性、湿地管理、湿地保护、湿地宣教共11个因素31个指标的海南岛湿地生态系统健康评价指标体系，通过遥感数据提取、实地调查采样、统计年鉴和调查问卷等数据获取方式，对海南岛8处典型重要湿地的生态系统健康状况开展综合评价。最后基于海南省湿地保护现状和存在的问题，运用湿地保护与管理的理论和原则，将湿地保护与公共管理理论结合起来，从湿地保护管理的体制机制、立法规章、科研监测、宣传监督以及考核评价等方面探讨提出加强湿地保护管理有效性的方法对策，提升海南省湿地综合管理水平。

1.2.2 研究思路与技术框架

本书针对海南岛湿地面临的主要生态环境问题与技术需求，着眼于建立湿地监测评价体系和湿地遥感监测平台，健全科技支撑体系，从湿地植被与景观格局演变、湿地生态系统服务与健康、可持续发展与管理的角度出发，以长时间序列遥感动态监测为主线，采用植物生态学、景观生态学、湿地科学、3S技术、土地变化科学、生态系统服务与健康评估模型等多学科及交叉学科的系统研究方法，综合利用实地调查、遥感影像、土地利用、实验检测、社会经济统计与文献资料等数据，开展海南岛重要湿地植物资源及其多样性研究，阐明湿地景观格局演变特征及其驱动机制，并进一步预测未来情景下湿地景观的空间分布。同时建立海南岛湿地生态系统服务功能和生态系统健康评价体系，为提升湿地生态系统健康监管水平与合理利用湿地资源提供决策依据，以实现湿地保护与合理利用、环境效益与经济效益的可持续发展和系统管理目标。

技术框架如图1-1所示。

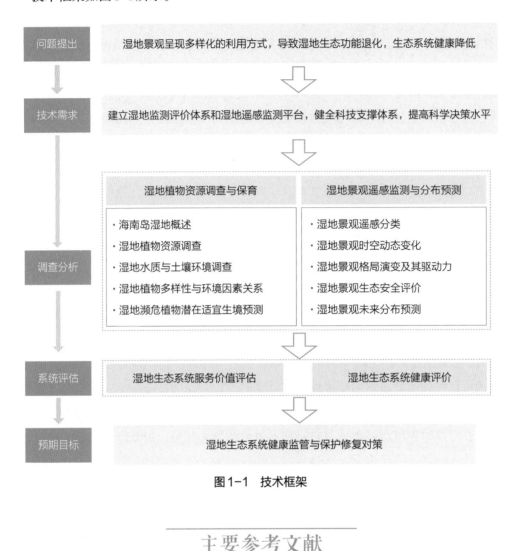

图1-1　技术框架

主要参考文献

毕恺艺, 牛铮, 黄妮, 等, 2017. 基于Sentinel-2A时序数据和面向对象决策树方法的植被识别[J]. 地理与地理信息科学, 33(5): 16-20+27+127.

陈昆仑, 齐漫, 王旭, 等, 2019. 1995—2015年武汉城市湖泊景观生态安全格局演化[J]. 生态学报, 39(5): 1725-1734.

陈美玲, 肖立辉, 安树青, 等, 2021. 江苏淮安市湿地现状、问题与保护对策[J]. 湿地科学与管理, 17(4): 68-72.

陈文波, 肖笃宁, 李秀珍, 2002. 景观指数分类、应用及构建研究[J]. 应用生态学报, 13(1): 121-125.

陈云海, 穆亚超, 2015. 甘肃黑河干流中游湿地现状及保护对策[J]. 湿地科学与管理, 3(1): 34-37.

陈展, 尚鹤, 姚斌, 2009. 美国湿地健康评价方法[J]. 生态学报, 29(9): 5015-5022.

成方妍, 刘世梁, 尹艺洁, 等, 2017. 基于MODIS NDVI的广西沿海植被动态及其主要驱动因素[J]. 生态学报, 37(3): 788-797.

程敏, 张丽云, 崔丽娟, 等, 2016. 滨海湿地生态系统服务及其价值评估研究进展[J]. 生态学报, 36(23): 7509-7518.

程志, 郭亮华, 王东清, 等, 2010. 我国湿地植物多样性研究进展[J]. 湿地科学与管理, 6(2): 53-56.

崔保山, 杨志峰, 2006. 湿地学[M]. 北京: 北京师范大学出版社.

崔胜辉, 洪华生, 黄云凤, 等, 2005. 生态安全研究进展[J]. 生态学报(4): 861–868.

董洪芳, 王永丽, 于君宝, 等, 2012. 黄河三角洲滨海湿地的景观格局空间演变分析[J]. 地理科学, 32(6): 717–724.

方灿莹, 王琳, 徐涵秋, 2017. 不同植被红边指数在城市草地健康判别中的对比研究[J]. 地球信息科学学报, 19(10): 1382–1392.

冯文利, 王学雷, 史良树, 等, 2022. 我国湿地资源保护与权属管理现状的调研思考[J]. 中国土地(3): 8–11.

宫兆宁, 张翼然, 宫辉力, 等, 2011. 北京湿地景观格局演变特征与驱动机制分析[J]. 地理学报, 66(1): 77–88.

官冬杰, 周李磊, 李秋彦, 等, 2019. 重庆市湿地生态系统服务约束关系[J]. 中国环境科学, 39(4): 1753–1764.

郭晋平, 周志翔, 2007. 景观生态学[M]. 北京: 中国林业出版社.

国家林业局, 2015. 中国湿地资源海南卷[M]. 北京: 中国林业出版社.

韩大勇, 牛忠泽, 伍永明, 等, 2023. 水热条件共同驱动新疆湿地植物丰富度空间分布格局[J]. 干旱区地理, 46(1): 86–93.

韩文权, 常禹, 胡远满, 等, 2005. 景观格局优化研究进展[J]. 生态学杂志, 24(12): 1487–1492.

韩振华, 李建东, 殷红, 等, 2010. 基于景观格局的辽河三角洲湿地生态安全分析[J]. 生态环境学报, 19(3): 701–705.

何云, 黄翀, 李贺, 等, 2019. 基于Sentinel-2A影像特征优选的随机森林土地覆盖分类[J]. 资源科学, 41(5): 992–1001.

江波, 张路, 欧阳志云, 2015. 青海湖湿地生态系统服务价值评估[J]. 应用生态学报, 26(10): 3137–3144.

姜玲玲, 熊德琪, 张新宇, 等, 2008. 大连滨海湿地景观格局变化及其驱动机制[J]. 吉林大学学报(地球科学版)(4): 670–675.

姜琦刚, 李远华, 邢宇, 等, 2012. 青藏高原湿地遥感调查及生态地质环境效应研究[M]. 北京: 地质出版社.

兰竹虹, 陈桂珠, 廖岩, 等, 2006. 南中国海地区湿地植物多样性研究[J]. 生态科学, 25(1): 13–16.

雷金睿, 陈宗铸, 陈小花, 等, 2020. 1980—2018年海南岛土地利用与生态系统服务价值时空变化[J]. 生态学报, 40(14): 4760–4773.

李畅, 刘鹏程, 2012. 多特征和多分类器组合的湿地遥感影像分类[J]. 计算机工程与应用, 48(33): 9–13.

李加林, 2006. 基于MODIS的沿海带状植被NDVI/EVI季节变化研究——以江苏沿海互花米草盐沼为例[J]. 海洋通报(6): 91–96.

李景德, 2010. 淮河流域典型河流涡河水生植物分布格局及环境因子分析[D]. 长沙: 湖南农业大学.

李娜娜, 2020. 四川省湿地景观格局时空演变与驱动力研究[D]. 成都: 四川农业大学.

李庞微, 2022. 中国湿地资源植物多样性及重要资源植物分布格局[D]. 哈尔滨: 哈尔滨师范大学.

李鹏, 黎达辉, 李振洪, 等, 2019. 黄河三角洲地区GF-3雷达数据与Sentinel-2多光谱数据湿地协同分类研究[J]. 武汉大学学报(信息科学版), 44(11): 1641–1649.

李庆波, 敖长林, 袁伟, 等, 2018. 基于中国湿地CVM研究的Meta分析[J]. 资源科学, 40(8): 1634–1644.

李雪莹, 王方雄, 姚云, 等, 2015. 基于GIS的庄河市滨海湿地景观格局变化及其驱动力分析[J]. 水土保持通报, 35(2): 159–162.

李妍妍, 王景升, 税燕萍, 等, 2018. 拉萨河源头麦地卡湿地景观格局及功能动态分析[J]. 生态学报, 38(24): 8700–8707.

李艳红, 李发东, 马雯, 2016. 艾比湖湿地植物多样性特征及其影响因素研究[J]. 生态科学, 35(3): 78–84.

李悦, 袁若愚, 刘洋, 等, 2019. 基于综合权重法的青岛市湿地生态安全评价[J]. 生态学杂志, 38(3): 847–855.

林宁, 潘都, 2008. 海南省湿地生态系统存在的问题及其管理对策[J]. 海南大学学报(自然科学版)(2): 135–140.

廖静秋, 曹晓峰, 汪杰, 等, 2014. 基于化学与生物复合指标的流域水生态系统健康评价——以滇池为例[J]. 环境科学学报, 34(7): 1845–1852.

刘东云, 2012. 天津湿地景观格局动态变化研究[D]. 北京: 北京林业大学.

刘红玉, 李玉凤, 曹晓, 等, 2009a. 我国湿地景观研究现状、存在的问题与发展方向[J]. 地理学报, 64(11): 1394–1401.

刘红玉, 林振山, 王文琴, 2009b. 湿地资源研究进展与发展方向[J]. 自然资源学报, 24(12): 2204–2212.

刘红玉, 吕宪国, 张世奎, 2003. 湿地景观变化过程与累积环境效应研究进展[J]. 地理科学进展, 22(1): 60–70.

刘红玉, 2005. 中国湿地资源特征、现状与生态安全[J]. 资源科学, 27(3): 54–60.

刘家福, 李林峰, 任春颖, 等, 2018. 基于特征优选的随机森林模型的黄河口滨海湿地信息提取研究[J]. 湿地科学, 16(2): 97–105.

刘俊娟, 2017. 丹江湿地植物多样性特征及其环境影响因素[J]. 西南农业学报, 30(12): 2811-2819.

吕金霞, 蒋卫国, 王文杰, 等, 2018. 近30年来京津冀地区湿地景观变化及其驱动因素[J]. 生态学报, 38(12): 4492-4503.

吕宪国, 黄锡畴, 1998. 我国湿地研究进展——献给中国科学院长春地理研究所成立40周年[J]. 地理科学, 18(4): 293-299.

吕宪国, 刘红玉, 2004. 湿地生态系统保护与管理[M]. 北京: 化学工业出版社.

马学垚, 杜嘉, 梁雨华, 等, 2018. 20世纪60年代以来6个时期长江三角洲滨海湿地变化及其驱动因素研究[J]. 湿地科学, 16(3): 303-312.

毛茜, 2020. 不同土地管理强度下的滇池湖滨区植物和鸟类多样性研究[D]. 昆明: 云南大学.

孟吉庆, 臧淑英, 等, 2019. 呼伦湖湿地遥感变化监测及驱动分析[J]. 安徽农业科学, 47(2): 43-47+59.

孟宪民, 1999. 湿地与全球环境变化[J]. 地理科学, 19(5): 385-391.

欧阳志云, 王如松, 赵景柱, 1999. 生态系统服务功能及其生态经济价值评价[J]. 应用生态学报, 10(5): 635-640.

任春颖, 张柏, 张树清, 等, 2007. 向海自然保护区湿地资源保护有效性及其影响因素分析[J]. 资源科学(6): 75-82.

宋创业, 胡慧霞, 黄欢, 等, 2016. 黄河三角洲人工恢复芦苇湿地生态系统健康评价[J]. 生态学报, 36(9): 2705-2714.

宋豫秦, 张晓蕾, 2014. 论湿地生态系统服务的多维度价值评估方法[J]. 生态学报, 34(6): 1352-1360.

苏立英, 于万辉, 张玉红, 等, 2015. 扎龙湿地景观动态变化特征[J]. 地理学报, 70(1): 131-142.

孙宝娣, 崔丽娟, 李伟, 等, 2016. 湿地价值评估尺度转换方法——Meta分析研究概述[J]. 湿地科学与管理, 12(1): 58-62.

孙广友, 2000. 中国湿地科学的进展与展望[J]. 地球科学进展, 15(6): 666-672.

孙雪, 于格, 刘汝海, 等, 2019. 海河南系子牙河流域湿地生态系统健康评价研究[J]. 中国海洋大学学报(自然科学版), 49(11): 120-132.

谭洁, 赵赛男, 谭雪兰, 等, 2017. 1996—2016年洞庭湖区土地利用及景观格局演变特征[J]. 生态科学, 36(6): 89-97.

田自强, 2011. 中国湿地及其植物与植被[M]. 北京: 中国环境科学出版社.

王立峰, 王英, 许安娜, 等, 2021. 茅兰河口国家湿地公园种子植物资源及区系分析[J]. 国土与自然资源研究(3): 78-81.

王明阳, 胡泓, 陈刚, 等, 2021. 潍坊市4座湿地公园的维管植物资源现状[J]. 湿地科学, 19(2): 191-207.

王泉泉, 王行, 张卫国, 等, 2019. 滇西北高原湿地景观变化与人为、自然因子的相关性[J]. 生态学报, 39(2): 726-738.

王永丽, 于君宝, 董洪芳, 等, 2012. 黄河三角洲滨海湿地的景观格局空间演变分析[J]. 地理科学, 32(6): 717-724.

王瑜, 李黎, 林岿璇, 等, 2019. 松花江流域大型底栖动物生物完整性指数构建及其适用性[J]. 中国环境监测, 35(4): 20-30.

魏帆, 韩广轩, 张金萍, 等, 2018. 1985—2015年围填海活动影响下的环渤海滨海湿地演变特征[J]. 生态学杂志, 37(5): 1527-1537.

魏洋, 2019. 宁波市北仑区湿地植物资源调查和保护对策研究[D]. 杭州: 浙江农林大学.

温庆可, 张增祥, 徐进勇, 等, 2011. 环渤海滨海湿地时空格局变化遥感监测与分析[J]. 遥感学报, 15(1): 183-200.

邬建国, 2000. 景观生态学——格局、过程、尺度与等级[M]. 北京: 高等教育出版社.

巫文香, 2014. 广西湿地植物种类及区系特征研究[D]. 桂林: 广西师范大学.

夏阳, 方朝阳, 黄琪, 等, 2022. 四个时期江西省湿地动态及其影响因素研究[J]. 湿地科学, 20(3): 348-356.

肖笃宁, 2010. 景观生态学[M]. 北京: 科学出版社.

谢高地, 肖玉, 鲁春霞, 2006. 生态系统服务研究: 进展、局限和基本范式[J]. 植物生态学报, 30(2): 191-199.

徐浩田, 周林飞, 成遣, 2017. 基于PSR模型的凌河口湿地生态系统健康评价与预警研究[J]. 生态学报, 37(24): 8264-8274.

徐昔保, 杨桂山, 江波, 2018. 湖泊湿地生态系统服务研究进展[J]. 生态学报, 38(20): 7149-7158.

徐晓龙, 王新军, 朱新萍, 等, 2018. 1996—2015年巴音布鲁克天鹅湖高寒湿地景观格局演变分析[J]. 自然资源学报, 33(11): 1897-1911.

许盼盼, 2018. 基于高时空分辨率数据的湿地精细分类研究[D]. 北京: 中国科学院大学(中国科学院遥感与数字地球研究所).

杨玲, 孔范龙, 郗敏, 等, 2017. 基于Meta分析的青岛市湿地生态系统服务价值评估[J]. 生态学杂志, 36(4): 1038-1046.

杨鑫, 海新权, 杨玉婷, 2023. 基于Meta分析的张掖黑河湿地生态系统服务价值评估[J]. 生态与农村环境学报, 39(1): 60-68.

杨永兴, 2002. 国际湿地科学研究的主要特点、进展与展望[J]. 地理科学进展, 21(2): 111–120.

易凤佳, 黄端, 刘建红, 等, 2017. 汉江流域湿地变化及其生态健康评价[J]. 地球信息科学学报, 19(1): 70–79.

于蓉蓉, 谢文霞, 赵全升, 等, 2012. 基于景观格局的胶州湾大沽河口湿地生态安全[J]. 生态学杂志, 31(11): 2891–2899.

袁力, 赵雨森, 龚文峰, 等, 2008. 基于RS和GIS扎龙湿地土地利用景观格局演变的研究[J]. 水土保持研究, 15(3): 49–53.

袁晓初, 张弯弯, 王发国, 等, 2018. 广东省湿地维管植物资源现状及保护利用[J]. 植物科学学报, 36(2): 211–220.

曾光, 高会军, 朱刚, 2018. 近40年来山西省湿地景观格局变化分析[J]. 干旱区资源与环境, 32(1): 103–108.

张东方, 杜嘉, 陈智文, 等, 2018. 20世纪60年代以来6个时期盐城滨海湿地变化及其驱动因素研究[J]. 湿地科学, 16(3): 313–321.

张磊, 宫兆宁, 王启为, 等, 2019. Sentinel–2影像多特征优选的黄河三角洲湿地信息提取[J]. 遥感学报, 23(2): 313–326.

张玲, 李小娟, 周德民, 等, 2015. 基于Meta分析的中国湖沼湿地生态系统服务价值转移研究[J]. 生态学报, 35(16): 5507–5517.

张树文, 颜凤芹, 于灵雪, 等, 2013. 湿地遥感研究进展[J]. 地理科学, 33(11): 1406–1412.

张卫春, 刘洪斌, 武伟, 2019. 基于随机森林和Sentinel–2影像数据的低山丘陵区土地利用分类——以重庆市江津区李市镇为例[J]. 长江流域资源与环境, 28(6): 1334–1343.

张绪良, 张朝晖, 徐宗军, 等, 2012. 胶州湾滨海湿地的景观格局变化及环境效应[J]. 地质论评, 58(1): 190–200.

张雪红, 2016. 基于决策树方法的Landsat 8 OLI影像红树林信息自动提取[J]. 国土资源遥感, 28(2): 182–187.

赵红艳, 2017. 中国湿地维管束植物种类及其区系特征研究[D]. 桂林: 广西师范大学.

赵连春, 赵成章, 王小鹏, 等, 2018. 秦王川湿地柽柳分布与环境因子的关系[J]. 生态学报, 38(10): 3422–3431.

郑世群, 2013. 福建戴云山国家级自然保护区植物多样性及评价研究[D]. 福州: 福建农林大学.

左平, 宋长春, 钦佩, 2005. 从第七届国际湿地会议看全球湿地研究热点及进展[J]. 湿地科学, 3(1): 66–74.

BADAMFIROOZ J, MOUSAZADEH R, 2019. Quantitative assessment of land use/land cover changes on the value of ecosystem services in the coastal landscape of Anzali International Wetland [J]. Environmental Monitoring and Assessment, 191(11): 694.

BERBEROGLU S, YILMAZ K T, ÖZKAN C, 2004. Mapping and monitoring of coastal wetlands of Cukurova Delta in the Eastern Mediterranean region[J]. Biodiversity and Conservation, 13(3): 615–633.

CHADWICK J, 2011. Integrated LiDAR and IKONOS multispectral imagery for mapping mangrove distribution and physical properties[J]. International Journal of Remote Sensing, 32(21): 6765–6781.

CHEN Z M, CHEN G Q, CHEN B, et al, 2009. Net ecosystem services value of wetland: environmental economic account[J]. Communications in Nonlinear Science and Numerical Simulation, 14(6): 2837–2843.

COPELAND H E, TESSMAN S A, GIRVETZ E H, et al, 2010. A geospatial assessment on the distribution, condition, and vulnerability of Wyoming's wetlands [J]. Ecological Indicators, 10(4): 869–879.

COSTANZA R, D'ARGE R, DE GROOT R, et al, 1997. The value of the world's ecosystem services and natural capital[J]. Nature, 387(6630): 253–260.

CUNHA J, ELLIOTT M, RAMOS S, 2018. Linking modelling and empirical data to assess recreation services provided by coastal habitats: the case of NW Portugal[J]. Ocean & Coastal Management, 162: 60–70.

DE KEYSER E S, KIRBY D R, ELL M J, 2003. An index of plant community integrity: development of the methodology for assessing prairie wetland plant communities[J]. Ecological Indicators, 3(2): 119–133.

DONOHUE R J, RODERICK M L, MCVICAR T R, 2012. Roots, storms and soil pores: incorporating key ecohydrological processes into Budyko's hydrological model [J]. Journal of Hydrology, 436–437: 35–50.

FINLAYSON M, CRUZ R D, DAVIDSON N, et al, 2005. Ecosystems and human well–being: wetlands and water synthesis[R]. Washington DC: World Resources Institute.

GARDNER R, FINLAYSON M, DAVIDSON N, et al, 2018. Global wetland outlook: State of the world's wetlands and their services to people[J]. Gland, Switzerland: Ramsar Convention Secretariat.

GONG P, NIU Z G, CHENG X, et al, 2010. China's wetland change (1990—2000) determined by remote sensing[J]. Science

China Earth Sciences, 53(7): 1036–1042.

HAN M, SUN Y, XU S, 2007. Characteristics and driving factors of marsh changes in Zhalong wetland of China[J]. Environmental Monitoring and Assessment, 127(1): 363–381.

HJARDING A, TOLLEY K A, BURGESS N D, 2015. Red List assessments of East African chameleons: a case study of why we need experts[J]. Oryx, 49(4): 652–658.

HU L J, LI W Y, XU B, 2018. Monitoring mangrove forest change in China from 1990 to 2015 using Landsat–derived spectral–temporal variability metrics[J]. International Journal of Applied Earth Observation and Geoinformation, 73: 88–98.

HU W, LI G, GAO Z, et al, 2020. Assessment of the impact of the Poplar Ecological Retreat Project on water conservation in the Dongting Lake wetland region using the InVEST model[J]. Science of the Total Environment, 733: 139423.

HUANG C, DAVIS L S, TOWNSHEND J R G, 2002. An assessment of support vector machines for land cover classification[J]. International Journal of Remote Sensing, 23(4): 725–749.

IBARRA A A, ZAMBRANO L, VALIENTE E L, et al, 2013. Enhancing the potential value of environmental services in urban wetlands: an agro–ecosystem approach[J]. Cities, 31: 438–443.

JIANG B, WONG C P, CUI L, et al, 2016. Wetland economic valuation approaches and prospects in China[J]. Chinese Geographical Science, 26(2): 143–154.

KEITER R B, 1998. Ecosystems and the law: toward an integrated approach[J]. Ecological Applications, 8(2):332–341.

KHATAMI R, MOUNTRAKIS G, STEHMAN S V, 2016. A meta–analysis of remote sensing research on supervised pixel–based land–cover image classification processes: General guidelines for practitioners and future research[J]. Remote Sensing of Environment, 177: 89–100.

KIM J Y, AN K G, 2015. Integrated ecological river health assessments, based on water chemistry, physical habitat quality and biological integrity[J]. Water, 7(11): 6378–6403.

LANGAN C, FARMER J, RIVINGTON M, et al, 2018. Tropical wetland ecosystem service assessments in East Africa: a review of approaches and challenges[J]. Environmental Modelling & Software, 102: 260–273.

LIANG G F, DING S Y, 2004. Impacts of human activity and natural change on the wetland landscape pattern along the Yellow River in Henan Province[J]. Journal of Geographical Sciences, 14(3): 339–348.

LIN W P, GEN J W, XU D, et al, 2018. Wetland landscape pattern changes over a period of rapid development (1985—2015) in the Zhoushan Islands of Zhejiang province, China[J]. Estuarine, Coastal and Shelf Science, 213: 148–159.

LUGHADHA E N, WALKER B E, CANTEIRO C, et al, 2018. The use and misuse of herbarium specimens in evaluating plant extinction risks[J]. Philosophical Transactions of the Royal Society B: Biological Sciences, 374(1763): 20170402.

LUIJTEN J C, KNAPP E B, JONES J W, 2001. A tool for community–based assessment of the implications of development on water security in hillside watersheds[J]. Agricultural Systems, 70: 603–622.

MAHLATINI P, HOVE A, MAGUMA L F, et al, 2020. Using direct use values for economic valuation of wetland ecosystem services: a case of Songore wetland, Zimbabwe[J]. GeoJournal, 85: 41–51.

MAINGI J K, MARSH S E, 2001. Assessment of environmental impacts of river basin development on the riverine forests of eastern Kenya using multi–temporal satellite data[J]. International Journal of Remote Sensing, 22(14):2701–2729.

NATUHARA Y, 2013. Ecosystem services by paddy fields as substitutes of natural wetlands in Japan[J]. Ecological Engineering, 56: 97–106.

OZESMI S L, BAUER M E, 2002. Satellite remote sensing of wetlands[J]. Wetlands Ecology and Management, 10(5): 381–402.

PETESSE M L, SIQUEIRA–SOUZA F K, DE CARVALHO FREITAS C E, et al, 2016. Selection of reference lakes and adaptation of a fish multimetric index of biotic integrity to six amazon floodplain lakes[J]. Ecological Engineering, 97: 535–544.

RAPPORT D J, GAUDET C L, CALOW P, 1995. Evaluating and monitoring the health of large–scale ecosystems[M]. Neidelberg: Springer–Verlag.

REISS K C, BROWN M T, 2007. Evaluation of Florida Palustrine wetlands: application of USEPA Levels 1, 2, and 3 assessment methods[J]. Ecohealth, 4(2): 206–218.

RITTER N P, CROW G E, 2005. A floristic and biogeographical analysis of the wetlands of the Bolivian cloud forest[J]. Rhodora, 107(929): 1–33.

SAROINSONG F, HARASHINA K, ARIFIN H, et al, 2007. Practical application of a land resources information system for agricultural landscape planning[J]. Landscape and Urban Planning, 79: 38–52.

SHARMA B, RASUL G, CHETTRI N, 2015. The economic value of wetland ecosystem services: evidence from the Koshi Tappu Wildlife Reserve, Nepal[J]. Ecosystem Services, 12: 84–93.

SHEN Y C, LEI J R, SONG X Q, et al, 2021. Annual population dynamics and their influencing factors for an endangered submerged macrophyte (*Ottelia cordata*) [J]. Frontiers in Ecology and Evolution, 9: 688304.

SUN F, XIANG J, TAO Y, et al, 2019. Mapping the social values for ecosystem services in urban green spaces: Integrating a visitor–employed photography method into SolVES[J]. Urban Forestry & Urban Greening, 38: 105–113.

TANG X, GAO R, 2016. Quantitative evaluation on wetland ecosystem service function in Chao Lake[J]. Agricultural Science & Technology, 17(11): 2489–2492+2504.

WANG D Z, WAN B, QIU P H, et al, 2019. Mapping height and aboveground biomass of mangrove forests on Hainan Island using UAV–LiDAR sampling[J]. Remote Sensing, 11(18): 2156.

WOOD S E, WHITE J R, ARMBRUSTER C K, 2017. Microbial processes linked to soil organicmatter in a restored and natural coastal wetland in Barataria Bay, Louisiana[J]. Ecological Engineering, 106: 507–514.

XIE G D, ZHANG C X, ZHEN L, et al, 2017. Dynamic changes in the value of China's ecosystem services[J]. Ecosystem Services, 26: 146–154.

ZHANG B, NIU Z, ZHANG D, et al, 2022. Dynamic changes and driving forces of alpine wetlands on the Qinghai–Tibetan Plateau based on long–term time series satellite data: a case study in the Gansu Maqu wetlands[J]. Remote Sensing, 14(17): 4147.

ZHOU L L, GUAN D J, HUANG X Y, et al, 2020. Evaluation of the cultural ecosystem services of wetland park[J]. Ecological Indicators, 114: 106286.

ZHU Y H, LIU K, LIU L, et al, 2020. Estimating and mapping mangrove biomass dynamic changes using WorldView–2 images and digital surface models[J]. IEEE Journal of Selected Topics in Applied Earth Observations and Remote Sensing, 13: 2123–2134.

ZOFFOLI M L, KANDUS P, MADANES N, et al, 2008. Seasonal and interannual analysis of wetlands in South America using NOAA–AVHRR NDVI time series: the case of the Parana Delta Region[J]. Landscape Ecology, 23(7): 833–848.

ZORRILLA–MIRAS P, PALOMO I, GÓMEZ–BAGGETHUN E, et al, 2014. Effects of land–use change on wetland ecosystem services: a case study in the Doñana marshes (SW Spain) [J]. Landscape and Urban Planning, 122: 160–174.

ZUO P, LI Y, LIU C A, et al, 2013. Coastal wetlands of China: changes from the 1970s to 2007 based on a new wetland classification system[J]. Estuaries and Coasts, 36(2): 390–400.

第一部分

海南岛湿地植物资源调查与保育

海南岛湿地景观遥感动态监测与评估研究

第2章

海南岛湿地概述

2.1 自然地理

2.1.1 地理位置

海南岛地处北纬18°10′～20°10′，东经108°37′～111°03′，岛屿轮廓形似一个椭圆形大雪梨，长轴呈东北至西南向，长约290km，西北至东南宽约180km，面积3.39万km²，是我国仅次于台湾岛的第二大岛。海岸线总长1944km，有大小港湾68个，周围−10～−5m的等深地区达2330.55km²，相当于陆地面积的6.8%。海南岛北与广东雷州半岛相隔的琼州海峡宽约18海里，是海南岛与大陆之间的"海上走廊"，也是北部湾与南海之间的重要海运通道（图2-1）。

2.1.2 地形地貌

海南岛四周低平，中间高耸，呈穹隆山地形，以五指山、鹦哥岭为隆起核心，向外围逐级下降，由山地、丘陵、台地、平原构成环形层状地貌，梯级结构明显。海南岛的山脉海拔多在500～800m，属丘陵性低山地形。海拔1000m以上的山峰81座，海拔超过1500m的山峰有五指山、鹦哥岭、霸王岭、吊罗山等。这些大山大体上分为三大山脉，五指山山脉位于岛中部，主峰海拔1867m，是海南岛最高的山峰；鹦哥岭山脉位于五指山西北，主峰海拔1811m；霸王岭山脉位于岛西部，主峰海拔1560m。海岸主要为火山玄武岩台地的海蚀堆积海岸、由溺谷演变而成的小港湾或堆积地貌海岸、沙堤围绕的海积阶地海岸。海岸生态以热带红树林海岸和珊瑚礁海岸为特点。

雷琼地区（雷州半岛和海南岛）是我国新生代以来火山活动最强烈、最频繁和持续最长的地区之一，其大地构造位置属于中国东南大陆古新世开始发育的陆缘裂谷——雷-琼裂谷（或称雷-琼坳陷），其中火山活动伴随裂谷的发育而发展。该地区

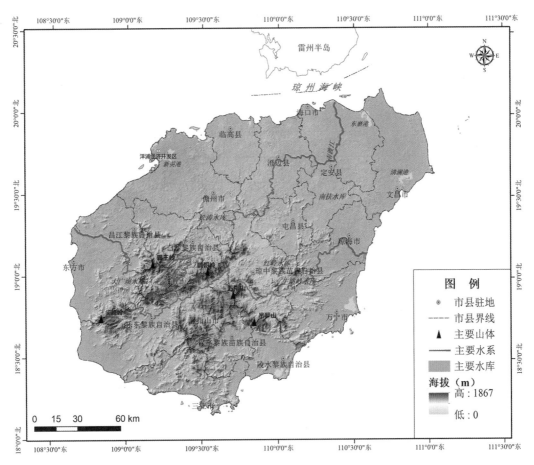

图2-1　海南岛地理位置示意图

的火山岩横跨琼州海峡，广泛分布于琼北、雷南地区，并共同组成了中国第四纪十大火山群之一——雷琼火山群。在火山喷发后，大量的火山岩浆冷却形成具有强透水性的蜂窝状孔隙的火山岩，在丰沛降水量的气候环境下，雨水从火山熔岩下渗，在低地以涌泉的形式流出地表，形成河溪、湖泊、田洋、水库、池塘、森林沼泽、洪泛湿地等诸多类型的火山熔岩湿地景观（申益春等，2019）。

2.1.3　土壤类型

海南岛土壤垂直带谱明显，地带性土壤为砖红壤。在山地的东坡，基带为砖红壤，随着海拔的升高而递变为山地赤红壤和山地黄壤。海南岛的北部丘陵台地土壤为典型山地红色砖红壤；东南部土壤主要为黄色砖红壤；而西南部为褐色砖红壤和典型的热带干旱地区土壤——燥红土。此外，海南岛还有一些地带性不明显的土壤类型，例如水稻土、潮砂土、滨海盐土、滨海砂土和火山灰土等，分布在不同的地貌部位上。

2.1.4 河流水系

海南岛地势中部高四周低，比较大的河流大都发源于中部山区，组成辐射状水系。全岛独流入海的河流共154条，其中集水面积超过100km²的有38条。南渡江、昌化江、万泉河为海南岛三大河流，集水面积均超过3000km²，三大河流流域面积约占全岛面积的47.0%。南渡江发源于白沙南峰山，斜贯岛中北部，流经白沙、琼中、儋州、澄迈、屯昌、定安等市县至海口入海，全长331km，流域面积7176km²；昌化江发源于琼中，横贯岛中西部，流经琼中、五指山、乐东、东方等市县至昌江昌化港入海，全长230km，流域面积5070km²；万泉河上游分南北两支，均发源于琼中，两支流经琼中、万宁等市、县至琼海龙江合口咀合流，至博鳌港入海，主流全长163km，流域面积3683km²。海南岛上自然形成的湖泊较少，人工水库居多，著名的有松涛水库、牛路岭水库、大广坝水库、石碌水库、万宁水库、长茅水库和南扶水库等。

2.1.5 气候情况

海南岛地处热带北缘，属热带季风海洋性气候，素来有"天然大温室"的美称。基本特征为：四季不分明，夏无酷热，冬无严寒，气温年较差小，年平均气温高；干季、雨季明显，冬春干旱，夏秋多雨，多热带气旋；光、热、水资源丰富，风、旱、寒等气候灾害频繁。年平均气温22.5～25.6℃，年日照时数1780～2600h，太阳总辐射量4500～5800MJ/m²，年降水量1500～2500mm（西部沿海约1000mm）。海南岛雨季一般出现在5～10月，干季为11月至翌年4月，雨季降水约占年降水量的80%。

2.1.6 动植物资源

海南的植被生长快，植物种类繁多，是热带雨林、热带季雨林的原生地，森林覆盖率高达62.1%。据统计，海南岛记录并能考证实物或标本的维管植物共有243科1895属6036种，包括野生种4579种（含特有植物483种和珍稀濒危植物512种）、外来逸生及归化植物163种（含外来入侵种57种）、外来引种的纯栽培植物1294种（杨小波等，2015；陈玉凯等，2016）。热带森林植被类型复杂，垂直分带明显，且具有混交、多层、异龄、常绿、干高、冠宽等特点，主要分布于五指山、尖峰岭、霸王岭、吊罗山、黎母山等林区。热带森林以生产珍贵的热带木材而闻名，属于特类木材的有花梨、坡垒、子京、荔枝、母生5种，一类材34种，二类材48种，三类材119种。

海南陆生脊椎动物有698种，其中两栖类46种、爬行类113种、鸟类455种、兽类84种，23种为海南特有种。根据2021年新版《国家重点保护野生动物名录》，海南省有国家重点保护陆生野生动物162种，包括30种国家一级重点保护野生动物和132种国家二级重点保护野生动物。其中国家一级重点保护野生动物海南特有种 3 种：海南长臂猿、海南山鹧鸪、海南孔雀雉；国家一级重点保护野生动物海南特有亚种 3 种：穿山甲、大灵猫、坡鹿；国家二级重点保护野生动物海南特有种 9 种：海南麂、海南兔、海南画眉、霸王岭睑虎、海南睑虎、周氏睑虎、海南脆蛇蜥、鳞皮小蟾、乐东蟾蜍。

根据 2012 年海南省第二次湿地资源调查，初步统计海南有湿地维管植物 247 种，其中蕨类植物 11 种、被子植物 236 种。湿地脊椎动物 177 种，隶属 27 目 72 科 134 属，其中鱼类 14 目 45 科 72 属 86 种、两栖类 1 目 5 科 8 属 15 种、爬行类 1 目 6 科 13 属 13 种、水鸟 8 目 12 科 36 属 58 种、兽类 3 目 4 科 5 属 5 种，此外还记录有 100 种大型底栖动物，隶属 14 目 47 科 79 属。

2.1.7　水产与盐场资源

海南的海洋水产资源具有海洋渔场广、品种多、生长快和渔汛期长等特点，是国内发展热带海洋渔业的理想之地。海南岛近海已有记录的鱼类 800 多种，南海北部大陆架海已有记录的鱼类 1000 多种，南海诸岛海域已有记录的鱼类 500 多种。海南省海洋渔场面积近 30 万 km^2，可供养殖的沿海滩涂面积 2.57 万 hm^2，海洋水产在 800 种以上。许多珍贵的海特产品种已在浅海养殖，可供人工养殖的浅海滩涂愈 2.5 万 hm^2，养殖经济价值较高的有鱼、虾、贝、藻类等 20 多种。

海南岛也是理想的天然盐场，在三亚至东方沿海数百里的弧形地带上，许多港湾滩涂都可以晒盐。已建有莺歌海、东方、榆亚等大型盐场，其中莺歌海盐场最为著名，年产盐量 30 万 t，也是我国第三大盐场。

2.2 ｜ 社会经济

2.2.1　行政区划

海南省，简称"琼"，是我国最南端的省级行政区，也是我国最大的经济特区、自由贸易试验区和全国唯一的自由贸易港。行政区域包括海南岛、西沙群岛、中沙群岛、南沙群岛的岛礁及其海域，是全国面积最大的省，陆地（包括海南岛和西沙、中沙、南沙群岛）总面积 3.54 万 km^2，海域面积约 200 万 km^2。海南省辖市县 19 个，其中地级市 4 个（包括海口市、三亚市、三沙市和儋州市）、县级市 5 个、县 4 个、民族自治县 6 个。

2.2.2　人口民族

根据 2020 年第七次全国人口普查结果，海南省 19 个市县总人口为 1008.12 万人，其中城镇人口为607.60万人,占60.27%;农村人口为400.52万人,占39.73%。其中省会海口市达到287.34万人,占28.50%,三亚市达到103.14万人,占10.23%。分区域看,东部地区人口为591.47万人,占58.67%;中部地区人口为115.27万人,占11.43%;西部地区人口为301.38万人,占29.90%。

海南省汉族、黎族、苗族、回族是世居民族,黎族是海南岛上最早的居民。世居的黎、苗、回族,大多数聚居在中部、南部的琼中、保亭、白沙、陵水、昌江、乐东等自治县和三亚市、东方市、五指山市;汉族人口主要聚集在东北部、北部和沿海地区。海南省人口中,汉族人口为849.82万人,占84.30%;各少数民族人口为158.30万人,占15.70%。

2.2.3 经济发展

2020年,海南省地区生产总值5566.24亿元,按不变价格计算,比2019年增长3.5%。分产业看,第一产业增加值1135.98亿元,增长2.0%;第二产业增加值1072.24亿元,下降1.0%;第三产业增加值3358.02亿元,增长5.6%,一、二、三产业结构比例约为1:1:3。人均地区生产总值为55131元,城乡人均可支配收入为27904元。2020年海南省服务业增长势头强劲,新兴服务业态贡献突出,2020年海南省服务业(第三产业)增加值比2019年增长5.7%,对整体经济增长的贡献作用达到95.8%。

2.2.4 生态环境

根据2020年海南省生态环境状况公报,海南省18个市县(不含三沙市)的生态环境状况指数(EI)介于71.84~91.07,平均为80.91。全年环境空气质量优良率达到99.5%,其中城市(镇)$PM_{2.5}$年均浓度为$13\mu m/m^3$,PM_{10}年均浓度为$25\mu m/m^3$。城市(镇)水源地水质达标率保持100.0%。

海南省地表水环境质量总体优良,水质优良(Ⅰ~Ⅲ类)比例为90.1%,劣Ⅴ类比例为0.7%。与2019年相比,海南省地表水水质总体保持稳定。海南省地表水水质空间差异较为明显,上游中部山区水质明显好于下游。在开展监测的52条主要河流110个断面、23座主要湖库32个点位中,90.9%河流断面、87.0%湖库点位水质符合或优于可作为集中式生活饮用水源地的国家地表水Ⅲ类标准,南渡江、昌化江、万泉河三大河流干流、主要大中型湖库及大多数中小河流的水质保持优良状态,但个别湖库和中小河流局部河段水质受到一定污染,主要污染指标为化学需氧量、高锰酸盐指数、总磷。主要入海河流入海河口断面水质良好。开展监测的18个市县30个城市(镇)集中式生活饮用水水源地水质达标率为100%,均符合国家集中式饮用水源地水质要求。

海南岛近岸海域水质总体为优，绝大部分近岸海域处于清洁状态，Ⅰ、Ⅱ类海水占99.88%，95.6%的功能区测点符合水环境功能区管理目标的要求。其中水质劣于Ⅲ类的点位出现在万宁小海、三亚榆林港、洋浦港、文昌木兰头等近岸海域，主要污染指标为活性磷酸盐、无机氮、粪大肠菌群。

2.2.5　湿地文化

湿地文化是指人类在依托湿地生存和生活，以及进行社会生产实践活动过程中所创造的物质财富和精神财富的总和（马广仁，2016），也是一个国家和民族文化的重要组成部分。人类在逐水而居，依赖湿地生存，与湿地斗争、恐惧湿地、认识湿地、利用湿地的过程中，在种植水稻、栽培荷花、养殖鱼虾、疏洪利水、造舟建桥、修渠引水的过程中，在欣赏"长河落日圆""海上生明月"的美景过程中，在心痛湿地的破坏和消失、思考湿地的保护与持续利用的过程中，精神得到了升华，产生和发展了湿地文化。

海南湿地文化最主要的特色是具有海洋特质的文化，是在近海及海岸湿地的改造过程中形成的，其中最明显的是海南岛东西部湿地文化的差异。在岛东部，如文昌、琼海、万宁和陵水一带，从古代起基本以南海出洋，在文化特征上显示出外向、开放、冒险和包容的特征。岛西部，如儋州、昌江、东方和乐东一带，由于其沿岸潮间带较宽，拥有丰富的海洋生物资源及其海盐资源，形成了以海为田的海洋农业文化，如滩涂采集养殖、盐田等，二者都是对妈祖等海神信仰崇拜，充分体现了其滨海湿地文化（齐建文等，2014）。例如，儋州千年古盐田由于古盐民们对海洋、红树林的利用和对盐田的管理（图2-2），使该区域的村落、盐田、海洋、红树林紧密地联系在一起，形成人地和谐良好的"海洋–盐田–村落–红树林"四素文化景观生态格局，具有生产、生态及美学价值的多功能盐田湿地文化景观（高悦和赵书彬，2016）。

在海南岛中部地区，聪慧的先民根据所处的生存环境，积极发挥创造力，开发出与之相适应的人工湿地与新型农耕模式，集中体现了农耕文化"应时、取宜、守则、和谐"的精髓，成为湿地农耕文化中最为宝贵的财富。例如，五指山牙胡梯田是黎族传统农耕文化中的代表，这种模式既可涵养土地，又可防治病虫害，改变了古老的刀耕火种农耕生产方式，留下了宝贵的梯田稻作系统农业文化遗产（图2-3）。此外，生活在中部山区的黎苗同胞，至今仍保留着"稻田养鱼"的农业模式，延续着"饭稻羹鱼"的传统农耕文化主题。这些承载着先人智慧的人工湿地如同农耕史上的朵朵奇葩，形成了一道道难以复刻的文脉印记（马广仁，2016）。

图2-2　儋州千年古盐田湿地景观

图2-3　五指山牙胡梯田

2.3 ｜ 湿地资源保护现状

作为我国唯一的热带岛屿省份，海南绵长的海岸线，独特的气候，多样的地形地貌，星罗棋布的岛屿、珊瑚礁，纵横交错的河流、湖泊，孕育了极为丰富的湿地资源，具有类型多样性、典型热带性等特点。据第二次海南省湿地资源调查结果显示，海南共有湿地面积 32 万 hm^2，其中自然湿地 24.2 万 hm^2，人工湿地 7.8 万 hm^2，湿地率达到 9.1%。湿地类型包括 5 类 25 型，主要是近海与海岸湿地、人工湿地和河流湿地，以上湿地类共占海南省湿地资源总面积的 99.8%；还有零星的沼泽湿地和湖泊湿地类型分布。其中近海与海岸湿地面积大，囊括了浅海水域、潮下水生层、珊瑚礁、岩石海岸、沙石海滩、淤泥质海滩、红树林、河口水域、三角洲/沙洲/沙岛、海岸性咸水湖等 10 种湿地型，具有典型热带特点。海南的滨海湿地堪称我国滨海湿地的天然博物馆，其中最具代表性的有红树林、海草床和珊瑚礁。其中红树林湿地连片面积大、分布广，是我国红树植物的分布中心，主要集中分布在一些港湾内，如东寨港、清澜港、儋州湾等。新村港、黎安港及会文冯家湾一带的海草床是海南省内现今海草种类最多、连片面积最大的海草床，具有重要的生态价值和科研价值。海南省是我国记录的珊瑚物种数量最多的省份之一，珊瑚礁湿地面积占海南湿地总面积的 1.65%，主要分布在以文昌至琼海、儋州至临高及三亚等岸段。

海南省湿地具有生态区位重要、类型多样、生态功能突出、生物物种丰富、湿地景观优美等特点。近年来，海南省委、省政府将湿地保护提高到生态文明建设的高度，不断加强湿地保护力度，出台相关法规制度，持续开展退塘还湿、新造红树林、科学监测等专项保护行动，湿地保护工作取得明显成效，为海南经济社会发展及自由贸易港建设持续筑牢绿色屏障。

2.3.1 健全湿地保护法规体系

1988 年海南建省以来，加快健全湿地资源保护相关法规，依法推动湿地资源严格保护。早在 1991 年 9 月 20 日，海南就制定出台了《海南省自然保护区条例》，以自然保护区的形式对部分重要湿地进行保护。其中红树林湿地是最具热带特色的湿地类型，被誉为"海岸卫士"，在提高沿海地区生态承载能力、保护生物多样性、维护生态平衡、保障生态安全方面发挥着重要的作用。在 1998 年 9 月 24 日，海南省颁布实施了《海南省红树林保护规定》，明令禁止砍伐红树林及其他破坏行为；并于 2004 年、2011 年、2017 年、2020 年，海南省人大多次对该规定进行了修订和修正，对红树林资源的保护管理作出专门规定，保护生物物种多样性，促进沿海生态环境改善。2006 年 12 月

18日，海南发布了《海南省省级重点保护野生植物名录》，率先将19种真红树植物和3种半红树植物列入了省级重点保护物种名录，加强了对珍稀及有代表性红树植物的保护。2018年7月1日，《海南省湿地保护条例》正式施行，该条例不仅划定了湿地等级、保护范围，更明确了湿地保护的法律责任，包括将湿地保护工作纳入各级行政区域生态文明建设目标评价考核范围内，建立健全湿地保护成效奖惩机制和终身追责机制，对破坏湿地的有关行为最高罚款50万元。2022年6月1日，施行的《中华人民共和国湿地保护法》，聚焦湿地保护修复的完整性、原真性和稳定性，逐步建立起覆盖全面、体系协调、功能完备的湿地保护法律制度，为全社会强化湿地保护和修复提供了法律保障，也有力推动了海南省湿地保护工作向高质量发展。

2.3.2 完善湿地保护地管理体系

《海南省湿地保护条例》规定，建立湿地分级保护制度，海南省湿地按照其生态区位、生态系统功能和生物多样性等重要程度，分为国家重要湿地（含国际重要湿地）、省级重要湿地、市县级重要湿地和一般湿地。对国家重要湿地、省级重要湿地、市县级重要湿地，通过设立自然保护区、水产种质资源保护区、海洋特别保护区、湿地公园、湿地保护小区、多用途管理区等方式加强保护，完善湿地保护管理机构，建立健全管理制度。对一般湿地，市县政府应当根据湿地实际情况，采取必要的保护措施，保持湿地的自然特性和生态特征，防止湿地生态功能退化。

海南省坚持把湿地分级保护制度作为保护湿地资源的重要途径。近年来，以建立保护区和湿地公园作为保护湿地资源的重要抓手，不断完善湿地保护管理体系，健全湿地保护管理机构，纳入生态保护红线和实施分级分区管控。目前，海南省已列入国际重要湿地名录1处，即海南东寨港国家级自然保护区（图2-4）；国家重要湿地名录3处，即海南省海口市美舍河国家重要湿地、海南省东方市四必湾国家重要湿地、海南省儋州市新盈红树林国家重要湿地；省级重要湿地名录（第一、二批）9处（表2-1）。

图2-4 国际重要湿地——海南东寨港国家级自然保护区

已建立9个湿地类型的国家级或省级自然保护区，12个国家级或省级湿地公园（表2-2和图2-5），以及一大批市县级湿地自然保护区、湿地公园和湿地保护小区，将海南省具有重要价值及地位的湿地都纳入了保护范围内，构建了完善的分级分类保护、多种形式补充的湿地保护地管理体系。

表2-1　海南重要湿地名录

重要湿地级别	数量	重要湿地名录
国际重要湿地	1处	海南东寨港国家级自然保护区
国家重要湿地	3处	海南省海口市美舍河国家重要湿地、海南省东方市四必湾国家重要湿地、海南省儋州市新盈红树林国家重要湿地
省级重要湿地（第一批）	7处	海南东寨港国家级自然保护区、海南清澜红树林省级自然保护区、海南东方黑脸琵鹭省级自然保护区、海南新盈红树林国家湿地公园、海南南丽湖国家湿地公园、海南海口五源河国家湿地公园、海南海口美舍河国家湿地公园
省级重要湿地（第二批）	2处	海南昌江海尾国家湿地公园、海南陵水红树林国家湿地公园

表2-2　海南省省级以上湿地自然保护区和湿地公园

序号	名称	保护类型	保护级别	主要湿地类型	面积(hm²)
1	海南东寨港国家级自然保护区	自然保护区	国家级	红树林、潮下水生层、浅海水域	3421.48
2	海南铜鼓岭国家级自然保护区	自然保护区	国家级	浅海水域、珊瑚礁、岩石海岸	4395.70
3	海南三亚珊瑚礁国家级自然保护区	自然保护区	国家级	珊瑚礁、沙石海滩	8464.80
4	海南大洲岛海洋生态国家级自然保护区	自然保护区	国家级	浅海水域、岩石海岸	7341.59
5	海南文昌清澜红树林省级自然保护区	自然保护区	省级	红树林、浅海水域	2915.50
6	海南东方黑脸琵鹭省级自然保护区	自然保护区	省级	红树林、浅海水域、沙石海滩	1429.52
7	海南临高白蝶贝省级自然保护区	自然保护区	省级	浅海水域、珊瑚礁	34304.34
8	海南省文昌麒麟菜省级自然保护区	自然保护区	省级	浅海水域、沙石海滩、岩石海岸	6499.73
9	海南省琼海麒麟菜省级自然保护区	自然保护区	省级	浅海水域、珊瑚礁、沙石海滩	2500.00
10	海南海口五源河国家湿地公园	湿地公园	国家级	浅海水域、永久性河流	1300.80
11	海南海口美舍河国家湿地公园	湿地公园	国家级	永久性河流、灌丛沼泽、火山熔岩	468.44
12	海南三亚河国家湿地公园（试点）	湿地公园	国家级	红树林、永久性河流、河口水域	1843.25
13	海南新盈红树林国家湿地公园	湿地公园	国家级	红树林、沙石海滩	507.05

（续）

序号	名称	保护类型	保护级别	主要湿地类型	面积(hm²)
14	海南南丽湖国家湿地公园	湿地公园	国家级	库塘、草本沼泽	3063.48
15	海南昌江海尾国家湿地公园（试点）	湿地公园	国家级	沙石海滩、草本沼泽、灌丛沼泽、库塘	336.95
16	海南陵水红树林国家湿地公园（试点）	湿地公园	国家级	红树林、水产养殖场、潟湖	958.23
17	海南海口响水河省级湿地公园	湿地公园	省级	永久性河流、灌丛沼泽、库塘	330.96
18	海南海口三江红树林省级湿地公园	湿地公园	省级	红树林、河口水域、永久性河流	889.06
19	海南海口三十六曲溪省级湿地公园	湿地公园	省级	永久性河流、灌丛沼泽	278.49
20	海南海口铁炉溪省级湿地公园	湿地公园	省级	永久性河流、灌丛沼泽	474.58
21	海南海口潭丰洋省级湿地公园	湿地公园	省级	灌丛沼泽、淡水泉、库塘、稻田	662.30

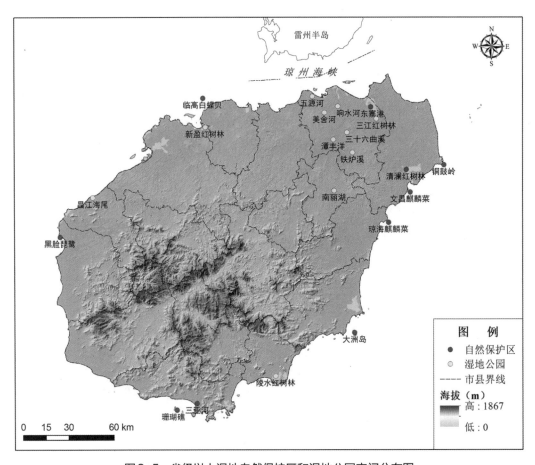

图2-5　省级以上湿地自然保护区和湿地公园空间分布图

2.3.3　积极开展湿地保护修复工作

2017 年 9 月，海南省政府印发了《海南省湿地保护修复制度实施方案》，要求实行湿地面积总量管控，建立海南省湿地保护修复制度，使湿地资源得到有效保护，退化湿地资源得到全面恢复，现有湿地功能得到明显改善，破坏湿地资源的违法行为得到有效遏制，湿地保护与管理能力得到进一步提高，构建湿地资源监测网络，形成比较完善的湿地保护与修复制度体系。因此，海南近年来加大湿地保护与生态修复力度，对海南省湿地情况开展摸底调查，把湿地保护面积纳入生态红线区域内，严格限制改变湿地的用途；制定湿地保护修复专项行动实施方案，通过严控污染源、退塘还湿（林）等举措，对市县重点湿地开展生态修复。在加快湿地生态修复保护力度下，海南省以红树林湿地为主的湿地面积在逐年增加。据省林业局统计，2016—2021 年，海南省共退塘还湿 2777hm²，其中新造红树林面积约 1400hm²，成为建省以来海南岛红树林面积增长最快的 6 年。2022 年 10 月，出台了《海南省红树林保护修复专项行动计划实施方案（2022—2025 年）》，提出 2020—2025 年海南营造和修复红树林 5235hm²，其中营造红树林 2035hm²，修复现有红树林 3200hm²；2020—2021 年已营造红树林 823.3hm²，2022—2025 年计划营造红树林 1211.7hm²；在全省有红树林分布的区域开展薇甘菊、鱼藤、藤壶等外来有害生物、本土有害生物的调查和风险评估，系统修复红树林生态系统。在《海南省林业高质量发展"十四五"规划》中，海南还将重点推进红树林等重要湿地生态系统保护与修复工程，不断扩大湿地保护面积，提高湿地保护体系建设水平。

2.3.4　开展资源调查和科学研究及监测

开展湿地资源调查、摸清湿地资源家底、把握湿地资源动态，是所有湿地保护工作的基础，可为湿地科学保护提供翔实可靠的数据信息支持，为湿地保护管理决策提供依据。

早在 1997 年，海南省林业部门就组织开展了海南省第一次湿地资源调查，在许多新技术和新手段还处于摸索阶段的当时，调查团队走遍山海林田，记录下了海南第一份湿地资源调查结果，初步掌握了单块面积 100hm² 以上湿地的基本情况。2012 年，海南省开展了第二次湿地资源调查，调查采用 3S 技术与现地核查相结合的方法，调查出了 8hm² 以上的各类湿地类型、面积、分布、保护和受威胁状况等，并建立了海南省湿地资源数据库，准确掌握了湿地资源及其生态变化情况。2020 年，中国地质调查局海口海洋地质调查中心再次组织实施了海南岛湿地资源现状试点调查项目，此次调查使用高分辨率高精度遥感影像，圈定 0.04hm² 及以上的湿地图斑，并通过抽样调查及野外验证，调查了海南岛湿地资源类型、分布、面积及典型区生态现状，为支撑自然资源调查监测体系构建、服务海南生态文明试验区建设提供了最新的湿地本底数据。

在红树林资源调查研究方面，作为我国红树林资源保护的重点省区，海南红树林质量相对高，群落保存较为完整，具有典型的热带性、古老性、多样性和珍稀性。1996—1998年，在海南省开展了红树林资源调查，初步掌握了海南省红树林资源状况。2003—2004年，全国红树林资源调查在海南试点实施。2019年，海南组织开展全省红树林现状和潜在恢复区域的专项调查，摸清了红树林资源现状，结果显示海南省（不含三沙市）红树林面积为5724hm²。同时，组织开展了多种形式的科学研究活动，取得了一批重要成果，如濒危红树植物繁育与恢复、红树林天空地一体化监测、滨海湿地生态功能价值评价、红树林外来树种生态效益评估、团水虱防控等，这些科研成果对海南的红树林保护发挥了重要作用，加强了红树林资源监测。2020年5月，印发《海南省红树林湿地监测指标和监测方案》（试行），省财政向7个红树林保护地各下拨15万元林业改革发展资金，用于开展红树林监测工作。

2.3.5　广泛开展宣传教育和国际交流合作

为提高全社会对湿地资源，特别是红树林资源的保护意识，海南省各级林业部门与各主流媒体、非政府组织等机构密切配合，在全国爱鸟周、野生动植物日、世界湿地日、观鸟节等时间节点开展形式多样的宣传活动，让社会公众了解湿地、关注湿地。1998年，海南省启动中德海南热带林保护和恢复项目，加强红树林保护和恢复、环境教育、保护区管理、能力培训等方面交流与合作。2003年，与香港嘉道理农场暨植物园、香港观鸟会合作开展海南冬季红树林鸟类资源调查，经过多年的调查和汇总，基本掌握了海南冬季鸟类资源状况。2013—2018年，实施联合国开发计划署（UNDP）–全球环境基金（GEF）海南湿地保护体系项目，该项目是全球环境基金（GEF）中国湿地保护体系项目7个子项目之一。5年间，该项目在成立海南省红树林湿地保护体系联盟、推动海口羊山多用途管理区以及金沙湾蜂虎保护小区、下塘水鸟湿地保护小区建设方面充分发挥了国际项目的重要优势，在弘扬湿地生态文明理念、加强湿地保护能力建设等方面得到了国家、省有关部门和专家的充分肯定。近年来，海口、三亚等城市成功创建五源河、美舍河、三亚河等国家湿地公园（图2-6），2018年海口市荣获全球首批国际湿地城市，各地通过建立湿地科普馆、湿地博物馆、湿地学校、湿地自然教育、观鸟活动等形式，大力开展湿地保护科普及宣传教育。

图2-6　海口五源河国家湿地公园（上）和美舍河国家湿地公园（下）

2.4 | 湿地受威胁状况

2014年1月，国家林业局公布的第二次全国湿地资源调查结果显示，全国湿地总面积5360.26万hm²，与第一次调查同口径比较，湿地面积减少了339.63万hm²，在10年间减少的面积已经接近海南省的总面积。作为国家重要生态资源的湿地，湿地保护面临着湿地面积萎缩、功能有所减退、受威胁压力持续增大、保护空缺较多等问题，造成其重要的生物多样性保持、水源涵养、气候调节等功能大幅丧失，对我国的生物多样性维持、农业生产安全、自然灾害防护等构成严重威胁。从长期来看，湿地资源面临的威胁呈增长态势，人类活动和改变湿地用途是主要原因，湿地保护与经济社会发展的矛盾十分突出。

在海南省重点调查湿地中，主要受到9类湿地威胁因子影响（表2-3），其中过度捕捞和采集及污染的威胁面积最大，分别为3.01万hm^{2}和2.03万hm^2，占受威胁湿地面积的39.22%和26.54%，受威胁的湿地主要为东海岸、西海岸、松涛水库和三亚珊瑚礁等面积较大的调查湿地。泥沙淤积、围垦及基建的威胁面积较少，三者合计虽然仅占受威胁面积的不到10%，但是此类威胁对湿地的影响是不可逆转的，其对湿地的威胁程度较高。

表2-3　各威胁因子面积及比例

威胁因子	面积（hm^2）	比例（%）	代表湿地
基建和城市化	4360	5.69	洋浦港、青皮林、亚龙湾青梅港、三亚河
围垦	1300	1.70	洋浦港、清澜港、东海岸、西海岸、东寨港
泥沙淤积	1220	1.59	东寨港、清澜港、亚龙湾青梅港
污染	20325	26.54	三亚珊瑚礁、东寨港、清澜港、松涛水库、黎安港
过度捕捞和采集	30115	39.22	三亚珊瑚礁、琼海麒麟菜、临高白蝶贝、东寨港
非法狩猎	5000	6.53	甘什岭、尖峰岭、吊罗山、番加、尖岭、大田
水利工程和引排水的负面影响	6140	8.02	番加、松涛水库、上溪、牛路岭
外来物种入侵	4925	6.43	尖峰岭、吊罗山、番加、松涛水库、美舍河、潭丰洋、昌江海尾
其他	3200	4.19	洋浦港、东海岸、西海岸

注：资料引自《中国湿地资源：海南卷》（2015）。

（1）基建和城市化。城市扩张、沿海房地产、海湾及港口的开发对海岸湿地造成不利影响，如青皮林自然保护区、亚龙湾青梅港红树林自然保护区、三亚河国家湿地公园等。

（2）围垦。主要是通过围垦建立水产养殖场对红树林湿地、滨海湿地等造成直接影响，如清澜港、东寨港自然保护区周边区域等湿地。

（3）泥沙淤积。由于河流中上游地区的水土流失，在河流的入海口，常会形成泥沙淤积。尽管其也是形成湿地的来源之一，但过度的泥沙淤积会对河口湿地，特别是对红树林湿地造成影响。如东寨港红树林、清澜港红树林和亚龙湾青梅港红树林等都遭到不同程度泥沙淤积的影响。

（4）污染。城市的发展导致了社会代谢产物（如废水、废气、固体废弃物和PM$_{2.5}$等）的增加，生活污染和工业污染物排放量也随之增加，从而加剧了湿地生态系统处理"废物"的负荷，直接威胁着湿地生态系统的健康。如东寨港水体严重富营养化导致团水虱大面积爆发，侵害红树林根系，导致大片树木出现根部坏死，东寨港红树林生态系统一度面临崩溃。此外，清澜港、黎安港等河口水域也受到水体污染、水体富营养化等影响，对生态系统造成潜在威胁。

（5）过度捕捞和采集。生物被过度捕捞，可能会引发其他生物的增殖或其他种种问题；另外，以那些被过度捕捞的生物为食的动物很可能就会饿死。食物链中一种或两种鱼类的损失，就会扰乱整条食物链，同时妨碍能量的正常流动。如三亚珊瑚礁、琼海麒麟菜、临高白蝶贝、海南东寨港等自然保护区的浅海水域都存在不同程度过度捕捞现象。

（6）非法狩猎。在自然保护区等重点湿地存在非法狩猎等情况，特别是内陆湿地保护区内，湿地动物都集中在面积较小的湿地中，极易成为捕捞对象，对保护区湿地动物的保护造成很大压力。如尖峰岭、甘什岭、吊罗山、番加和尖岭等自然保护区。

（7）水利工程和引排水的负面影响。海南如松涛水库、牛路岭水库、迈湾和天角潭水利枢纽工程在保障居民生产生活的同时，也导致泥沙淤积、水质恶化、鱼类生物多样性及资源丧失等负面影响。

（8）外来物种入侵。湿地入侵的外来物种主要有凤眼莲（*Eichhornia crassipes*）、大薸（*Pistia stratiotes*）、福寿螺（*Pomacea canaliculata*）以及有害鱼类等。凤眼莲和大薸都是漂浮在水面生长的浮水植物，生长极为迅速，繁殖力和侵占性强，遮挡阳光，挤占本土植物的生存空间（图2-7），如松涛水库、海口美舍河和潭丰洋、昌江海尾湿地公园等地；福寿螺生长快、食性广、繁殖快，会直接采食多种水生植物；在多处河流和库塘湿地分布有罗非鱼（*Oreochromis mossambicus*）等有害鱼类，对本土鱼类的种群繁殖造成威胁。

图2-7　外来入侵植物凤眼莲（左）和大薸（右）

虽然人类活动是威胁海南湿地生态系统健康维持的关键因素，但在全球变化的背景下，海水酸化、海平面上升和海洋灾害气候等自然因素也可能对海南岛湿地生态系统造成不利影响（周梦瑶等，2015）。例如，大气二氧化碳浓度的升高会引起海水酸化，这将直接影响到贝类、石珊瑚、浮游有孔虫、球石藻、翼足类以及珊瑚礁钙质藻等钙化物种的钙化速率（贺仕昌等，2014）。全球气候变化导致冰川融化速率加快、海平面上升，这也将显著改变滨海湿地生态系统的结构和功能，促使大部分海岸带生态系统向内陆地区迁移，更加剧了城市生态系统与湿地生态系统的矛盾。此外，在海平面上升、海浪、风暴潮等因素的作用下，海南岛部分岸线受到海岸侵蚀的影响较为明显，这也直接破坏了滨海湿地生态系统的基质，引起生态系统群落组成的改变和养分流失，威胁滨海湿地生态系统健康，从而导致滨海生态系统的功能退化，使得陆地生态系统失去了有效的生态屏障。

主要参考文献

陈玉凯，杨小波，李东海，等，2016. 海南岛维管植物物种多样性的现状[J]. 生物多样性，24(8): 948–956.

高悦，赵书彬，2016. 海南儋州古盐田文化景观初探[J]. 广东园林，38(3): 44–47.

国家林业局，2015. 中国湿地资源：海南卷[M]. 北京：中国林业出版社.

贺仕昌，张远辉，陈立奇，等，2014. 海洋酸化研究进展[J]. 海洋科学，38(6): 85–93.

马广仁，2016. 中国湿地文化[M]. 北京：中国林业出版社.

齐建文，但维宇，但新球，等，2014. 中国湿地文化分区研究[J]. 中南林业调查规划，33(2): 60–64.

申益春，卢刚，刘寿柏，等，2019. 海口羊山火山熔岩湿地中的植物分布特征[J]. 湿地科学，17(5): 493–503.

杨小波，李东海，陈玉凯，等，2015. 海南植物图志（1–14卷）[M]. 北京：科学出版社.

周梦瑶，宋垚彬，李文兵，等，2015. 海南湿地保护现状及主要威胁因素探析[J]. 杭州师范大学学报(自然科学版)，14(6): 602–640.

第3章

湿地植物资源调查

　　湿地生态系统具有很高的生物多样性，各种生物在生态系统中分别扮演了生产者、消费者和分解者的角色，形成了复杂的食物网。湿地生物能够适应湿生或水生环境或在其生活史中的某一阶段依赖这样的潮湿或水生环境。湿地的生产者包括了草本植物、乔木、灌木、苔藓及浮游植物等，形成的湿地植物群落既有草地、灌丛和森林等类型，又有不同的淹水状况。湿地植物资源是湿地重要的资源之一，湿地植物是发挥湿地生态服务功能的基础和前提，也是维持湿地生态平衡的重要组成部分。海南岛湿地资源丰富、分布广泛，被誉为我国湿地的天然博物馆，其中不但有滨海湿地、河流湿地等珍贵类型，又有红树林湿地、热带火山熔岩湿地等稀有独特的湿地资源。近年来，海南岛北部的火山熔岩湿地受到广泛关注，它是我国唯一的独具特色的热带火山熔岩湿地。由于亿万年前火山爆发导致地下熔岩如玄武岩的不透水性，丰富的地下水以泉水的形式流出形成淡水泉、河流、沼泽、湖泊、水稻田、池塘等类型各异的火山熔岩湿地（曾凯娜等，2022）。该区域湿地生态系统作为典型的群落交错区，环境异质性与物种多样性都很高，相继发现了邢氏水蕨（*Ceratopteris shingii*）等新种（Zhang et al，2020），中国新记录波缘水蕹（*Aponogeton undulates*）（何松等，2021）以及虾子草（*Nechamandra alternifolia*）、异叶石龙尾（*Limnophila heterophylla*）和菖蒲（*Acorus calamus*）等多个海南新记录种（张荣京等，2015），还包括广泛分布的水菜花（*Ottelia cordata*）和野生稻（*Oryza rufipogon*）等国家二级重点保护野生植物，具有重要的种质资源保育研究价值。本章内容将以海南岛北部典型重要湿地区域为调查对象，开展湿地植物资源调查，分析湿地植物种类组成及其区系地理成分，以为区域湿地生物多样性保护和资源合理利用提供科学参考。

3.1 研究区域与研究方法

3.1.1 研究区域

海南岛湿地植物资源调查综合考虑海南省级以上湿地自然保护区和湿地公园的分布、类型、湿地代表性及典型性等因素，选取海南岛北部的五源河、美舍河、东寨港、响水河、潭丰洋、三十六曲溪、铁炉溪、南丽湖8处典型的重要湿地为调查对象（图3-1和表3-1），基本涵盖了红树林、永久性河流、潟湖、火山熔岩湿地、灌丛-草本沼泽以及水库和坑塘等海南岛典型湿地类型。

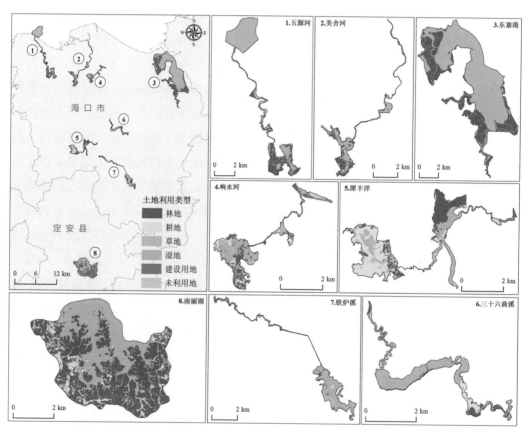

图3-1　8处湿地及其土地利用分布图

表3-1　8处湿地的基本信息

序号	名称	中心点位置	面积（hm²）	主要湿地类型
1	海南海口五源河国家湿地公园	北纬19.96154，东经110.25015	1300.80	浅海水域、永久性河流

（续）

序号	名称	中心点位置	面积（hm²）	主要湿地类型
2	海南海口美舍河国家湿地公园	北纬19.94622，东经110.31620	468.44	永久性河流、灌丛沼泽、火山熔岩湿地
3	海南东寨港国家级自然保护区	北纬19.96848，东经110.58589	3421.48	红树林、浅海水域
4	海南海口响水河省级湿地公园	北纬19.94691，东经110.36301	330.96	永久性河流、灌丛沼泽、水库和坑塘
5	海南海口潭丰洋省级湿地公园	北纬19.76939，东经110.32277	662.30	灌丛沼泽、淡水泉、火山熔岩湿地、水库和坑塘、稻田
6	海南海口三十六曲溪省级湿地公园	北纬19.82302，东经110.42816	278.49	永久性河流、灌丛沼泽
7	海南海口铁炉溪省级湿地公园	北纬19.69945，东经110.46610	474.58	永久性河流、灌丛沼泽
8	海南南丽湖国家湿地公园	北纬19.48077，东经110.35695	3063.48	水库和坑塘、草本沼泽

3.1.2　研究方法

本研究首先依据无人机高分辨率遥感影像数据、土地利用类型及植物分布历史资料，掌握湿地植物群落及其分布的基本情况（图3-2），包括：建群种、群落类型（如单建群种群落、多建群种群落）、群落结构及其特征等。如果这些资料缺乏，则需进行预调查。根据湿地资源分布现状，提前布设野外调查路线和调查样点，通过样方调查与样线调查相结合的方式对研究区域内的植物进行调查（表3-2～表3-4），调查方法及内容主要为：

（1）湿地植物种调查。具体调查方法：划定调查区域后，对区域内所有的植物种类进行资料收集整理，通过实地调研现场对比核实。如资料无法收集或资料不全，可对区域内植物进行块状划分，逐块进行调查，现场记录。当场准确辨识的植物进行准确登记，若现场无法鉴别，应采集植株标本或特征拍照等手段进行记录，方便内业整理。湿地范围内出现的植物种类，统计后列出植物名录，指出植物的保护等级，如发现特有种、罕见种、濒危种、对环境变化有指示意义的指示种等需要特别标明；疑难物种拍摄细节照片并采集标本带回，记录标本信息，以备鉴定。标本鉴定工具书主要有:《中国植物志》（1959）、《广东植物志》（2009）、《海南植物物种多样性编目》（2012）、《中国热带雨林地区植物图鉴：海南植物》（2014）、《海南植物图志》（2015）及其他相关资料。

（2）湿地植被的分布区类型。按世界种子植物科的分布区类型（吴征镒等，2004）和中国种子植物属分布区类型（吴征镒等，2006；吴征镒等，2011）统计湿地植物

图3-2　8处湿地无人机航拍图

区系种子植物科属的分布区类型构成。非本地植物类别的确定参考《海南植物图志》（2015）。

（3）植被利用和破坏情况。湿地植被的利用情况和保护现状调查通常以主要管理部门现有的相关统计资料为依据，搜集参考国内外的相关研究成果、管理经验教训，结合现场调研、实地访问、调查采样并记录调查区域内的植物生长情况，对比资料数据对湿地区域植被数量和种类所发生的变化趋势进行综合评价。在进行实地调查的过程中，以现有资料为基础对湿地植被生长区域的生长现状进行综合观察统计，对比分析植被生长区的破坏情况。

表3-2　重点调查湿地植物群落调查样方记录表（乔木层）

湿地名称						
调查单元序号			样方序号			
海拔（m）			经度		纬度	
积水状况			小生境			
植物群系		主林层		样方面积（m²）		
序号	植物名称		冠幅（cm）	高度（m）	胸径（cm）	备注

调查日期：　　年　　月　　日　　　　调查人：　　　　记录人：

注：1. 野外调查植物群系不能现地判确时，应通过计算群落物种重要值的方法来确定。

　　2. 经纬度采用度－分－秒格式记录。

　　3. 主林层填写乔木、灌木、草本、蕨类或苔藓。

表3-3　重点调查湿地植物群落调查样方记录表（灌木层）

湿地名称						
调查单元序号			样方序号			
海拔（m）			经度		纬度	
积水状况			小生境			
植物群系		主林层		样方面积（m²）		
序号	植物名称		冠幅（cm）	高度（m）	胸径（cm）	备注

调查日期：　　年　　月　　日　　　　调查人：　　　　记录人：

注：1. 野外调查植物群系不能现地判确时，应通过计算群落物种重要值的方法来确定。

　　2. 经纬度采用度－分－秒格式记录。

3.主林层填写乔木、灌木、草本、蕨类或苔藓。

表3-4　重点调查湿地植物群落调查样方记录表（草本层）

湿地名称						
调查单元序号			样方序号			
海拔（m）		经度			纬度	
积水状况			小生境			
植物群系		主林层		样方面积（m²）		
序号	植物名称	平均盖度（%）	平均高度（cm）		株数	

调查日期：　　　年　　月　　日　　　　调查人：　　　　　记录人：

注：1.野外调查植物群系不能现地判断时，应通过计算群落物种重要值的方法来确定。
　　2.经纬度采用度－分－秒格式记录。
　　3.主林层填写乔木、灌木、草本、蕨类或苔藓。

3.2 | 结果与分析

3.2.1　植物科属组成

海南岛8处重要湿地共调查到维管植物542种（详见附表），隶属于123科402属，其中蕨类植物12科13属18种，裸子植物1科1属1种，双子叶植物90科320属438种、单子叶植物20科68属85种；按生活型分，乔木、灌木、草本和藤本4种生活型的物种数分别153、122、207、60种（表3-5），表明海南岛湿地植物以草本为主。

在不同重要湿地中（表3-6），植物丰富度最高的是美舍河湿地，为229种，隶属于86科194属，其余依次为五源河（204种）、潭丰洋（198种）、响水河（194种）、东寨港（128种）、三十六曲溪（113种）、南丽湖（111种），铁炉溪最少（78种）。常见的乔木有椰子（*Cocos nucifera*）、厚皮树（*Lannea coromandelica*）、桉树（*Eucalyptus robusta*）、木麻黄（*Casuarina equisetifolia*）、楝（*Melia azedarach*）、对叶榕（*Ficus hispida*）、波罗蜜（*Artocarpus heterophyllus*）等，灌木有潺槁木姜子（*Litsea glutinosa*）、大青（*Clerodendrum cyrtophyllum*）、酒饼簕（*Atalantia buxifolia*）、粗叶悬钩子（*Rubus alceaefolius*）、小果叶下珠（*Phyllanthus reticulatus*）等，草本有飞机草（*Eupatorium odoratum*）、南美蟛蜞菊（*Sphagneticola trilobata*）、含羞草（*Mimosa pudica*）、白花鬼针草（*Bidens pilosa*）、海芋（*Alocasia odora*）等，藤本主要有绿萝（*Epipremnum aureum*）、五爪金龙（*Ipomoea cairica*）、鸡屎藤（*Paederia foetida*）、光叶

蛇葡萄（*Ampelopsis glandulosa*）、小叶海金沙（*Lygodium microphyllum*）等。

表3-5 湿地植物的物种组成及生活型

植物类群	物种组成			生活型组成			
	科	属	种	乔木	灌木	草本	藤本
蕨类植物	12	13	18	—	—	14	4
裸子植物	1	1	1	—	—	1	—
双子叶植物	90	320	438	146	118	123	51
单子叶植物	20	68	85	7	4	69	5
合计	123	402	542	153	122	207	60

表3-6 各重要湿地的植物物种组成及生活型

湿地名称	物种组成			生活型组成			
	科	属	种	乔木	灌木	草本	藤本
五源河	73	180	204	46	52	81	25
美舍河	86	194	229	57	54	92	26
东寨港	54	111	128	53	34	31	10
响水河	76	170	194	55	35	84	20
潭丰洋	77	173	198	57	48	68	25
三十六曲溪	55	99	113	41	26	38	8
铁炉溪	45	70	78	30	23	20	5
南丽湖	48	98	111	52	30	24	5

3.2.2 植物来源类型组成

在调查到的542种维管植物中（表3-7），其中本地种431种，占总物种数的79.52%；特有种5种，分别为海南苏铁（*Cycas taiwaniana*）、降香（*Dalbergia odorifera*）、海南鼠李（*Rhamnus hainanensis*）、方枝蒲桃（*Syzygium tephrodes*）和海南梧桐（*Firmiana hainanensis*），占总物种数的0.92%；栽培种56种，占总物种数的10.33%；逸生种16种，占总物种数的2.95%；归化种2种，占总物种数的0.37%；入侵种32种，占总物种数的5.90%。

其中，南丽湖湿地本地种占其区域总物种数的比例最高，为85.59%，三十六曲溪的本地种所占比例最低，为73.45%。在特有种及重点保护植物分布方面，美舍河湿地分布有海南特有种4种，分别为海南苏铁、降香、海南鼠李、方枝蒲桃，以及国家二级重点保护植物野生龙眼（*Dimocarpus longan*）、野生稻、邢氏水蕨、龙舌草（*Ottelia alismoides*）和土沉香（*Aquilaria sinensis*）等；潭丰洋湿地分布有海南特有种2种，为海南鼠李和海南梧桐，并有1种珍稀濒危植物水角（*Hydrocera triflora*），以及国家二级重点保护植物海南梧桐、邢氏水蕨、水菜花和野生稻等；东寨港湿地分布有国家二级重点保护植物水椰（*Nypa fruticans*），也是世界重要孑遗植物，在热带植物区系、古生物学、海洋地质考古学以及古植物学等方面，都具有重要的科学价值；响水河湿地分布有国家二级重点保护植物水菜花、野生稻、邢氏水蕨、龙舌草和七指蕨（*Helminthostachys zeylanica*）以及珍稀濒危植物水角等。各湿地公园均分布有多种栽培植物，主要为观赏性植物或园艺作物。响水河湿地和东寨港湿地均含有1种归化种，其余均无归化种。外来入侵种类最多的为五源河湿地，共25种；其次为美舍河和响水河湿地，均为21种；铁炉溪湿地最少，仅有8种。

表3-7　各重要湿地的植物来源组成

类型	种数（占比，%）								
	合计	五源河	美舍河	东寨港	响水河	潭丰洋	三十六曲溪	铁炉溪	南丽湖
1.本地种	431 (79.52)	156 (76.47)	176 (76.86)	101 (78.91)	150 (77.32)	165 (83.33)	83 (73.45)	63 (80.77)	95 (85.59)
2.特有种	5 (0.92)		4 (1.75)			2 (1.01)			
3.栽培种	56 (10.33)	17 (8.33)	18 (7.86)	10 (7.80)	15 (7.73)	13 (6.57)	11 (9.73)	6 (7.69)	5 (4.50)
4.逸生种	16 (2.95)	6 (2.94)	10 (4.37)	2 (1.56)	7 (3.61)	5 (2.53)	2 (1.77)	1 (1.28)	
5.归化种	2 (0.37)			1 (0.78)	1 (0.52)				
6.入侵种	32 (5.90)	25 (12.25)	21 (9.17)	14 (10.94)	21 (26.29)	13 (6.57)	17 (15.04)	8 (10.24)	11 (9.91)
6.1 外来栽培的逸生种	2 (0.37)	1 (0.49)	1 (0.44)		1 (0.52)				
6.2 外来归化种	30 (5.54)	24 (11.76)	20 (8.73)	14 (10.94)	20 (25.77)	13 (6.57)	17 (15.04)	8 (10.24)	11 (9.91)
合计	542 (100)	204 (100)	229 (100)	128 (100)	194 (100)	198 (100)	113 (100)	78 (100)	111 (100)

3.2.3　种子植物区系地理成分

在属水平上对记录到的种子植物的地理成分划分如表3-8所示。在全部植物的分布区类型中，世界广布属有 20 个，占总属数的 5.40%。热带分布属共 327 个，占总属数的 88.38%，其中热带广布属最多 137 个，占 37.03%，如红树属（*Rhizophora*）、龙血树属（*Dracaena*）、合萌属（*Aeschynomene*）、斑鸠菊属（*Vernonia*）等；其次旧世界热带分布属 63 个，占 17.03%，如樟属（*Cinnamomum*）、楝属（*Melia*）、蒲桃属（*Syzygium*）、鹊肾树属（*Streblus*）等；热带亚洲至热带大洋洲分布占 13.78%，如芭蕉属（*Musa*）、假鹰爪属（*Desmos*）、麒麟叶属（*Epipremnum*）；热带亚洲分布占 8.65%，如幌伞枫属（*Heteropanax*）、滑桃树属（*Trewia*）、杧果属（*Mangifera*）；热带亚洲至热带非洲分布占 6.22%，如木棉属（*Bombax*）、使君子属（*Quisqualis*）、杨桐属（*Adinandra*）等；东亚及热带南美间断分布占 5.68%，如槟榔青属（*Spondias*）、番石榴属（*Psidium*）、美人蕉属（*Canna*）等。从属的分布区类型看，热带分布属在湿地植物区系中占绝对优势，热带性质十分显著。

温带分布属共 23 个，占总属数的 6.22%。其中北温带广布属 9 个，占 2.43%，如胡颓子属（*Elaeagnus*）、蓼属（*Persicaria*）、桑属（*Morus*）、忍冬属（*Lonicera*）等；东亚和北美间断分布属 6 个，占 1.62%，如楤木属（*Aralia*）、勾儿茶属（*Berchemia*）、枫香树属（*Liquidambar*）等；东亚分布属 5 个，包含沿阶草属（*Ophiopogon*）、山麦冬属（*Liriope*）、田麻属（*Corchoropsis*）、梧桐属（*Firmiana*）、五加属（*Eleutherococcus*）；旧世界温带分布属 2 个，分别为锦葵属（*Malva*）、马甲子属（*Paliurus*），分别分布于三十六曲溪和潭丰洋湿地；地中海区、西亚至中亚分布属仅 1 个，为木犀榄属（*Olea*），仅在美舍河湿地分布。

表3-8　湿地种子植物区系地理分布区类型

类型	属数（占比，%）								
	合计	五源河	美舍河	东寨港	响水河	潭丰洋	三十六曲溪	铁炉溪	南丽湖
1.世界广布	20 (5.40)	9 (5.45)	8 (4.44)	5 (4.72)	11 (6.83)	9 (5.49)	7 (7.61)	2 (3.22)	3 (3.22)
2.热带广布	137 (37.03)	63 (38.18)	65 (36.11)	44 (41.51)	65 (40.37)	60 (36.59)	32 (34.78)	24 (38.71)	36 (38.71)
3.东亚及热带南美间断	21 (5.68)	11 (6.67)	15 (8.33)	6 (5.66)	8 (4.97)	6 (3.66)	7 (7.61)	2 (3.23)	5 (5.38)
4.旧世界热带	63 (17.03)	28 (16.97)	34 (18.89)	23 (21.70)	26 (16.15)	35 (21.34)	10 (10.87)	12 (19.35)	14 (15.05)
5.热带亚洲至热带大洋洲	51 (13.78)	24 (14.55)	23 (12.78)	15 (14.15)	20 (12.42)	20 (12.20)	17 (18.48)	14 (22.58)	18 (19.35)
6.热带亚洲至热带非洲	23 (6.22)	8 (4.85)	8 (4.44)	6 (5.66)	7 (4.35)	10 (6.10)	6 (6.52)	4 (6.45)	8 (8.62)

（续）

类型	属数（占比，%）								
	合计	五源河	美舍河	东寨港	响水河	潭丰洋	三十六曲溪	铁炉溪	南丽湖
7.热带亚洲	32 (8.65)	18 (10.91)	15 (8.33)	5 (4.72)	11 (6.83)	16 (9.76)	5 (5.43)	1 (1.61)	6 (6.45)
8.北温带广布	9 (2.43)	2 (1.21)	5 (2.78)	1 (0.94)	7 (4.35)	3 (1.83)	3 (3.26)	2 (3.23)	2 (2.15)
9.东亚和北美间断	6 (1.62)	2 (1.21)	3 (1.67)	1 (0.94)	4 (2.48)	3 (1.83)	3 (3.26)	1 (1.61)	1 (1.07)
10.旧世界温带	2 (0.54)					1 (0.61)	1 (1.08)		
12.地中海区、西亚至中亚	1 (0.27)		1 (0.56)						
14.东亚分布	5 (1.35)		3 (1.67)		2 (1.24)	1 (0.61)	1 (1.08)		
合计	370 (100)	165 (100)	180 (100)	106 (100)	161 (100)	164 (100)	92 (100)	62 (100)	93 (100)

3.2.3.1 五源河

五源河湿地共调查到种子植物165属，其中热带成分152属，占总属数的92.12%，热带成分中热带广布分布属最多，共63属，占38.18%；其余依次为旧世界热带分布28属，占16.97%；热带亚洲至热带大洋洲分布24属，占14.55%；热带亚洲分布18属，占10.91%；东亚热带及热带南美间断分布11属，占6.67%；热带亚洲至热带非洲分布8属，占4.85%。温带分布属共4个，其中北温带广布属2个，占1.21%；东亚和北美间断分布属1个，占1.21%。

3.2.3.2 美舍河

美舍河湿地共调查到种子植物180属，其中热带成分160属，占总属数的88.89%，热带成分中热带广布分布属最多，共65属，占36.11%；其余依次为旧世界热带分布34属，占18.89%；热带亚洲至热带大洋洲分布23属，占12.78%；热带亚洲分布15属，占8.33%；东亚热带及热带南美间断分布15属，占8.33%；热带亚洲至热带非洲分布8属，占4.44%。温带分布属共12个，其中北温带广布属5个，占2.78%；东亚和北美间断分布属、东亚分布属均为3个，各占1.67%；地中海区、西亚至中亚分布属1个，占0.56%。

3.2.3.3 东寨港

东寨港湿地共调查到种子植物106属，其中热带成分99属，占总属数的93.40%，热带成分中热带广布分布属最多，共44属，占41.51%；其余依次为旧世界热带分布23属，占21.70%；热带亚洲至热带大洋洲分布15属，占14.15%；东亚及热带南美间断分布和热带亚洲至热带非洲分布均为6属，分别占5.66%；热带亚洲分布5属，占4.72%。温带分布属共2个，分别为北温带广布属、东亚和北美间断分布属。

3.2.3.4　响水河

响水河湿地共调查到种子植物161属，其中热带成分137属，占总属数的85.10%，热带成分中热带广布分布属最多，共65属，占40.37%；其余依次为旧世界热带分布26属，占16.15%；热带亚洲至热带大洋洲分布20属，占12.42%；热带亚洲分布11属，占6.83%；东亚及热带南美间断分布8属，占4.97%；热带亚洲至热带非洲分布7属，占4.35%。温带分布属共13个，其中北温带广布属7个，占4.35%；东亚和北美间断分布属4个，占2.48%；东亚分布属2个，占1.24%。

3.2.3.5　潭丰洋

潭丰洋湿地共调查到种子植物164属，其中热带成分147属，占总属数的89.63%，热带成分中热带广布分布属最多，共60属，占36.59%；旧世界热带分布，35属，占21.34%；其余依次为热带亚洲至热带大洋洲分布，20属，占12.20%；热带亚洲分布，16属，占9.76%；热带亚洲至热带非洲分布，10属，6.10%；东亚及热带南美间断分布，6属，占3.66%。温带分布属共8个，其中北温带广布属、东亚和北美间断分布属均为3个，各占1.83%；旧世界温带分布属、东亚分布属各1个，各占0.61%；地中海区、西亚至中亚分布属1个，占0.61%。

3.2.3.6　三十六曲溪

三十六曲溪湿地共调查到种子植物92属，其中热带成分77属，占总属数的83.69%，热带成分中热带广布分布属最多，共32属，占34.78%；其余依次为热带亚洲至热带大洋洲分布17属，占18.48%；旧世界热带分布10属，占10.87%；东亚及热带南美间断分布7属，占7.76%；热带亚洲至热带非洲分布6属，6.52%；热带亚洲分布5属，占5.43%。温带分布属共8个，其中北温带广布属3个，占3.26%，其余依次为东亚和北美间断分布属均为3个，各占3.26%；旧世界温带分布属东亚分布属均为1个，各占1.08%；地中海区、西亚至中亚分布属1个，占1.08%。

3.2.3.7　铁炉溪

铁炉溪湿地共调查到种子植物62属，其中热带成分57属，占总属数的91.94%，热带成分中热带广布分布属最多，共24属，占38.71%；其余依次为热带亚洲至热带大洋洲分布14属，占22.58%；旧世界热带分布12属，占19.35%；热带亚洲至热带非洲分布4属，占6.45%；东亚及热带南美间断分布2属，占3.23%；热带亚洲分布1属，占

1.61%。温带分布属共3个，其中北温带广布属2个，占3.23%；东亚和北美间断分布属
1个，占1.61%。

3.2.3.8 南丽湖

南丽湖湿地共调查到种子植物93属，其中热带成分86属，占总属数的92.47%，热
带成分中热带广布分布属最多，共36属，占38.71%；其余依次为热带亚洲至热带大洋
洲分布18属，占19.35%；旧世界热带分布14属，占15.05%；热带亚洲至热带非洲分
布8属，占8.62%；热带亚洲分布6属，占6.45%；东亚及热带南美间断分布5属，占
5.38%。温带分布属共3个，其中北温带广布属2个，占2.15%；东亚和北美间断分布属
1个，占1.07%。

3.3 | 本章小结

本章内容以海南岛8处典型的重要湿地为调查对象，通过样点调查与样线调查相结
合的方式对研究区域内的植物资源进行全面调查，分析了湿地植物科属组成、植物物
种来源及其区系地理成分。其主要研究结论如下：

（1）海南岛8处重要湿地共调查到维管植物542种，隶属于123科402属，其中乔
木、灌木、草本和藤本4种生活型的物种数分别153、122、207、60种，植物丰富度最
高的是美舍河湿地，为229种，其余依次为五源河（204种）、潭丰洋（198种）、响水
河（194种）、东寨港（128种）、三十六曲溪（113种）、南丽湖（111种），铁炉溪最少
（78种）。

（2）在维管植物中，共有本地种431种，占总物种数的79.52%；特有种5种，分
别为海南苏铁（*Cycas taiwaniana*）、降香（*Dalbergia odorifera*）、海南鼠李（*Rhamnus
hainanensis*）、方枝蒲桃（*Syzygium tephrodes*）和海南梧桐（*Firmiana hainanensis*），占
总物种数的0.92%；栽培种562种，占总物种数的10.33%；逸生种16种，占总物种数
的2.95%；归化种2种，占总物种数的0.37%；入侵种32种，占总物种数的5.90%。

（3）在植物分布区系类型中，植物区系成分较为复杂多样。其中世界广布属有20
个，占总属数的5.40%；热带分布属共327个，占总属数的88.38%，表明热带分布属在
海南岛湿地植物区系中占绝对优势，热带性质十分显著。

主要参考文献

何松, 胡艳华, 刘琴, 等, 2021. 波缘水蕹, 中国水蕹科一新记录种[J]. 热带亚热带植物学报, 29(3): 311–316.
吴德邻, 胡启明, 陈忠毅, 等, 2009. 广东植物志（1–10卷）[M]. 广州: 广东科技出版社.

吴征镒, 路安民, 汤彦承, 等, 2004. 中国被子植物科属综论[M]. 北京: 科学出版社.

吴征镒, 孙航, 周浙昆, 等, 2011. 中国种子植物区系地理[M]. 北京: 科学出版社.

吴征镒, 周浙昆, 孙航, 等, 2006. 种子植物分布区类型及其起源和分化[M]. 昆明: 云南科技出版社.

邢福武, 陈红锋, 秦新生, 等, 2014. 中国热带雨林地区植物图鉴: 海南植物（1–3 卷）[M]. 武汉: 华中科技大学出版社.

邢福武, 2012. 海南植物物种多样性编目[M]. 武汉: 华中科技大学出版社.

杨小波, 李东海, 陈玉凯, 等, 2015. 海南植物图志（1–14 卷）[M]. 北京: 科学出版社.

曾凯娜, 孙浩然, 申益春, 等, 2022. 海南羊山湿地的传粉网络及其季节动态[J]. 植物生态学报, 46(7): 775–784.

张荣京, 赵哲, 卢刚, 2015. 羊山湿地发现海南植物新分布[J]. 西北植物学报, 35(4): 842–844.

中国植物志编委会, 1959. 中国植物志[M]. 北京: 科学出版社.

ZHANG R, YU J H, SHAO W, et al, 2020. *Ceratopteris shingii*, a new species of Ceratopteris with creeping rhizomes from Hainan, China[J]. Phytotaxa, 449(1): 23–30.

第4章

湿地水质与土壤环境监测评价

湿地作为陆地生态系统和水生生态系统的过渡区域，湿地水文、土壤、大气成分和小气候相互作用构成了湿地生态的特有环境，而构成这一环境任一因素的改变，都会导致湿地生态系统的变化（郭雪莲，2020）。湿地的水环境和土壤环境监测是对湿地生态系统进行健康评价的重要基础性监测之一。湿地的水质受湿地生态系统的物理、化学和生物过程的影响，因此在设置采样点、采样时间及选择监测指标时，要结合湿地的水文过程和特点，考虑对目标湿地水质监测的基本需求及针对性需求。湿地土壤是湿地发生物理化学转换的中介，是植物获得营养物质的最初场所。通过对湿地土壤的监测，可以对湿地的地球化学循环机理有进一步的理解，同时监测湿地土壤对分析其他自然要素具有指示意义。

4.1 研究方法

本研究以海南岛五源河、美舍河、东寨港、响水河、潭丰洋、三十六曲溪、铁炉溪、南丽湖8处重要湿地为调查对象，利用无人机高分辨率遥感影像，根据不同湿地类型和面积，均匀布设满足监测要求的采样点，并利用GPS进行野外定位采样。于2019年在每处湿地各设置3处采样点区域，分别采集水质样品和土壤样品（图4–1）。

4.1.1 水质监测方法

4.1.1.1 水样采集

湿地水质监测样点布设参考《地表水环境质量监测技术规范》（HJ 91.2—2022）、《环境水质监测质量保证手册（第二版）》等有关要求执行，并结合湿地资源特征进行设置。水质采样和保存过程依据《水质采样方案设计技术规定》（HJ 495—2009）、《水质采样技术指导》（HJ 494—2009）以及《水质样品的保存和管理技术规定》（HJ 493—2009）进行采集、保存与送检（表4–1）。每个点周边取3个样品，混合取平均值。

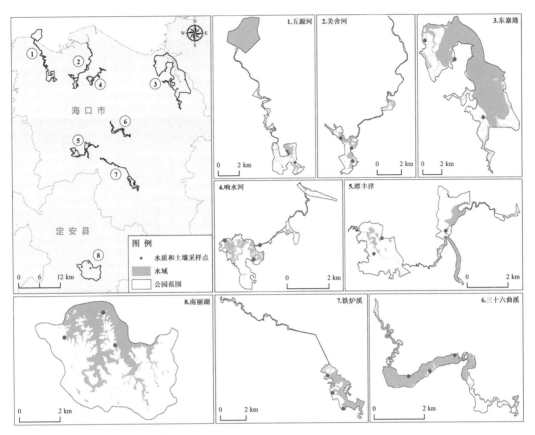

图4-1　湿地水质与土壤采样点分布

表4-1　水样采集与保存方法

序号	分析项目	采样容器	保存剂及容量	保存期	最少采样量
1	化学需氧量	玻璃瓶	硫酸，使样品pH≤2，0~5℃保存	5天	100mL
2	五日生化需氧量	棕色玻璃瓶	采满，不留顶空，0~5℃避光保存	24小时	1000mL
3	氨氮	玻璃瓶、塑料瓶均可	硫酸，使样品pH≤2，0~5℃保存	7天	250mL
4	总磷	玻璃瓶	0~5℃保存	24小时	500mL
5	总氮	玻璃瓶、塑料瓶均可	硫酸，使样品pH≤2	7天	250mL
6	总有机碳	棕色玻璃瓶	采满，不留顶空；硫酸，使样品pH≤2，0~5℃保存	7天	250mL

4.1.1.2　水质监测指标与方法

根据《重要湿地监测指标体系》（GB/T 27648—2011）和《全国湿地资源调查与监测技术规程（试行）》，湿地水质监测指标包括：①富营养化指标：氨氮（NH₃-N）、总氮（TN）、总磷（TP）、溶解性总固体（TDS）、总有机碳（TOC）；②反映有机污染类指标：五日生化需氧量（BOD_5）、化学需氧量（COD）、溶解氧（DO）；③反映无机盐离子状况指标：pH、盐度等。其中水温、pH、溶解氧和盐度是现场监测项目，其余采样保存带回实验室分析检测（表4-2）。

表4-2　水质监测分析方法

序号	类别	监测指标	监测方法	监测依据
1	地表水	水温	温度计或颠倒温度计测定法	GB/T 13195—1991
2	地表水	pH	便携式pH计法	《水和废水监测分析方法》（第四版）（2002年）
3	地表水	溶解氧	便携式溶解氧仪法	《水和废水监测分析方法》（第四版）（2002年）
4	地表水	溶解性总固体	重量法	《水和废水监测分析方法》（第四版）（2002）
5	地表水	盐度	盐度计法	HJ/T 51—1999
6	地表水	化学需氧量	重铬酸盐法	HJ 828—2017
7	地表水	五日生化需氧量	稀释与接种法	HJ 505—2009
8	地表水	氨氮	纳氏试剂分光光度法	HJ 535—2009
9	地表水	总磷	连续流动-钼酸铵分光光度法	HJ 670—2013
10	地表水	总氮	碱性过硫酸钾消解紫外分光光度法	HJ 636—2012
11	地表水	总有机碳	燃烧氧化-非分散红外吸收法	HJ 501—2009
12	海水	水温	表层水温表法	GB 17378.4(25.1)—2007
13	海水	pH	pH计法	GB 17378.4(26)—2007
14	海水	盐度	盐度计法	GB 17378.4(29.1)—2007
15	海水	溶解氧	碘量法	GB 17378.4(31)—2007
16	海水	化学需氧量	碱性高锰酸钾法	GB 17378.4(32)—2007
17	海水	五日生化需氧量	五日培养法	GB 17378.4(33.1)—2007
18	海水	总有机碳	过硫酸钾氧化法	GB 17378.4(34.2)—2007
19	海水	氨氮	次溴酸盐氧化法	GB 17378.4(36.2)—2007
20	海水	总磷	过硫酸钾氧化法	GB 17378.4(40)—2007
21	海水	总氮	过硫酸钾氧化法	GB 17378.4(41)—2007

4.1.2　土壤监测方法

4.1.2.1　土样采集

湿地土壤监测样点布设根据调查的目的，按照《土壤环境监测技术规范》（HJ/T

166—2004）的要求，针对不同湿地类型选择土壤样地进行取样分析。本研究使用环刀法采集湿地土壤表层0～20cm土样1kg，每个点周边取3个样品，混合取平均值。将新鲜土样装入布袋，带回送检。

4.1.2.2 土壤监测指标与方法

监测内容主要为湿地土壤理化性质测定和湿地土壤重金属含量有机质测定。土壤监测指标有：土温、pH、盐度、含水率、容重、全氮、全磷、全钾、有机质、重金属含量［包括镉（Cd）、铅（Pb）、铬（Cr）、铜（Cu）、锌（Zn）等］。其中土温是现场监测项目，其余采样保存带回实验室分析检测（表4–3）。

表4-3 土壤监测分析方法

序号	监测指标	监测方法	监测依据
1	pH	玻璃电极法	NY/T 1377—2007
2	盐度	质量法和电导法	LY/T 1251—1999
3	含水率	重量法	HJ 613—2011
4	容重	环刀法	NY/T 1121.4—2006
5	全氮	凯氏法	HJ 717—2014
6	全磷	碱熔－钼锑抗分光光度法	HJ 632—2011
7	全钾	火焰原子吸收分光光度法	LY/T 1234—2015
8	有机质	重铬酸钾容重法	NY/T 1121.6—2006
9	镉	石墨炉原子吸收分光光度法	GB/T 17141—1997
10	铅	火焰原子吸收分光光度法	HJ 491—2019
11	铬	火焰原子吸收分光光度法	HJ 491—2019
12	铜	火焰原子吸收分光光度法	HJ 491—2019
13	锌	火焰原子吸收分光光度法	HJ 491—2019

4.2 结果与分析

4.2.1 湿地水质环境现状评价

4.2.1.1 湿地水体质量分析与评价

根据《地表水环境质量标准》（GB 3838—2002），依据地表水环境功能和保护目标，按功能的高低依次划分为以下5类。

Ⅰ类：主要适用于源头水、国家自然保护区。

Ⅱ类：主要适用于集中式生活饮用水地表水源地一级保护区、珍稀水生生物栖息地、鱼虾类产卵场、仔稚幼鱼的索饵场等。

Ⅲ类：主要适用于集中式生活饮用水地表水源地二级保护区、鱼虾类越冬场、洄游通道、水产养殖区等渔业水域及游泳区。

Ⅳ类：主要适用于一般工业用水区及人体非直接接触的娱乐用水区。

Ⅴ类：主要适用于农业用水区及一般景观要求水域。

对应地表水上述5类水域功能，将地表水环境质量标准基本项目标准值分为5类，不同功能类别分别执行相应类别的标准值。水域功能类型高的标准值严于水域功能类别低的标准值。同一水域兼具有多类使用功能的，执行最高功能类别对应的标准值。实现水域功能与达功能类别标准为同一含义（张怀清等，2014）。具体指标标准限值见表4-4。

表4-4　地表水环境质量标准基本项目标准限值　　　　　　　单位：mg/L

项目	Ⅰ类	Ⅱ类	Ⅲ类	Ⅳ类	Ⅴ类
水温（℃）	人为造成的环境水温变化应限制在：周平均最大温升≤1℃；周平均最大温降≤2℃				
pH（无量纲）	6.0~9.0				
溶解氧（DO）≥	饱和率90%（7.5）	6	5	3	2
五日生化需氧量（BOD$_5$）≤	3	3	4	6	10
化学需氧量（COD）≤	15	15	20	30	40
总氮（TN）≤	0.2	0.5	1.0	1.5	2.0
总有机碳（TOC）≤	无	无	无	无	无
氨氮（NH$_3$-N）≤	0.15	0.5	1.0	1.5	2.0
总磷（TP）≤	0.02（湖、库0.01）	0.1（湖、库0.025）	0.2（湖、库0.05）	0.3（湖、库0.1）	0.4（湖、库0.2）

评价水质达到的类别时，一般采用单因子指数评价法，即取某一评价因子的多次检测的极值或平均值，与该因子的标准值相比较。对水体pH、溶解氧、五日生化需氧量、氨氮、总氮、总磷、溶解性总固体、全盐量等指标分别评价，取最差指标的类别来定义该点位水质类别。水质检测结果见表4-5。

表4-5　各重要湿地水质检测结果　　　　　　　　　　　　　单位：mg/L

指标 湿地	pH	氨氮 （NH₃-N）	总磷 （TP）	总氮 （TN）	总有 机碳 （TOC）	五日生化需氧 量（BOD₅）	溶解氧 （DO）	溶解性总固 体（TDS）
五源河	7.28	0.05	0.07	2.77	2.73	0.67	6.60	185.00
美舍河	7.18	0.07	0.28	4.92	3.73	0.83	6.17	255.67
东寨港	6.93	0.07	0.25	3.57	5.03	1.15	6.07	196.33
响水河	6.99	0.15	0.04	3.12	4.57	0.70	6.40	239.33
潭丰洋	7.15	0.14	0.16	3.46	3.57	0.87	6.57	225.00
三十六曲溪	6.97	0.17	0.13	2.84	3.27	0.87	6.47	187.00
铁炉溪	6.72	0.15	0.08	3.65	5.53	1.20	5.33	164.67
南丽湖	7.20	0.08	0.05	2.27	9.87	1.03	6.80	223.00

（1）水体pH。pH是水质好坏的基本指标，我国对地表水的pH要求需在6.0～9.0。由表4-5可知，所有湿地点位pH在6.72～7.28，为中性水质，符合国家地表水环境要求。

（2）水体氨氮（NH₃-N）。氨氮属于总氮的一部分，但与总氮有很大的差异。主要表现在氨氮是指水中以游离氨（NH₃）和铵离子（NH₄⁺）形式存在的氮。氨氮是水体中的营养素，可导致水富营养化现象产生，是水体中的主要耗氧污染物，对鱼类及某些水生生物有毒害。由表4-5可知，三十六曲溪湿地的氨氮含量为0.17mg/L，符合地表水环境质量Ⅱ类标准（氨氮含量在0.15～0.5mg/L），其余湿地点位氨氮含量均≤0.15mg/L，符合地表水环境质量Ⅰ类标准。各湿地点位氨氮含量均不高，对水体的毒害作用轻。

（3）水体总磷（TP）。总磷（TP）是水样经消解后将各种形态的磷转变成正磷酸盐后测定的结果，以每升水样含磷毫克数计量。水中磷可以元素磷、正磷酸盐、缩合磷酸盐、焦磷酸盐、偏磷酸盐和有机团结合的磷酸盐等形式存在。其主要来源为生活污水、化肥、有机磷农药及近代洗涤剂所用的磷酸盐增洁剂等。水体中的磷是藻类生长需要的一种关键元素，过量磷是造成水体污秽异臭，使湖泊发生富营养化和海湾出现赤潮的主要原因。由表4-5可知，美舍河和东寨港湿地的总磷含量分别为0.28mg/L和0.25mg/L，均属于地表水环境质量Ⅳ类标准水体，磷素过量，容易造成水体富营养化；潭丰洋和三十六曲溪湿地的总磷含量分别为0.16mg/L和0.13mg/L，均属于地表水环境质量Ⅲ类标准水体；其余湿地点位均符合地表水环境质量Ⅱ类标准水体。

（4）水体总氮（TN）。总氮（TN）指水中的总氮含量，是衡量水质的重要指标之一。总氮的定义是水中各种形态无机和有机氮的总量，包括NO₃⁻、NO₂⁻和NH₄⁺等无机氮和蛋白质、氨基酸和有机胺等有机氮，以每升水含氮毫克数计算，常被用来表示水体受营养物质污染的程度。由表4-5可知，各湿地点位水体总氮含量均＞2.0mg/L，均为Ⅴ类水质。

（5）水体总有机碳（TOC）。总有机碳是指水体中溶解性和悬浮性有机物含碳的总量。水中有机物的种类很多，目前还不能全部进行分离鉴定，常以"TOC"表示。TOC是一个快速检定的综合指标，它以碳的数量表示水中含有机物的总量，比BOD_5或COD更能直接表示有机物的总量，通常作为评价水体有机物污染程度的重要依据。由表4-5可知，南丽湖湿地的总有机碳含量最高，为9.87mg/L，其次是铁炉溪和东寨港湿地，分别为5.53mg/L和5.03mg/L，五源河湿地的总有机碳含量最低，为2.73mg/L。

（6）水体五日生化需氧量（BOD_5）。五日生化需氧量（常记为BOD_5）是指在20℃下，微生物5天分解存在于水中的可生化降解有机物所进行的生物化学反应过程中所消耗的溶解氧的数量。生化需氧量是重要的水质污染参数，我国地表水环境质量Ⅰ类标准为BOD_5小于3.0mg/L。由表4-5可知，所有湿地水体点位的BOD_5值均小于3.0mg/L，均符合我国地表水环境质量Ⅰ类标准水体。

（7）水体溶解氧（DO）。溶解在水中的空气中的分子态氧称为溶解氧（DO），水中溶解氧的含量与空气中氧的分压、水的温度都有密切关系，自然情况下溶解氧变化不大。溶解氧值是研究水自净能力的一种依据。水里的溶解氧被消耗，要恢复到初始状态，所需时间短，说明该水体的自净能力强，或者说水体污染不严重；否则说明水体污染严重，自净能力弱，甚至失去自净能力。由表4-5可知，铁炉溪湿地点位的溶解氧含量为5.33mg/L，符合地表水环境质量Ⅲ类标准水体；其余各湿地点位溶解氧含量均＞6.0mg/L，最大值为南丽湖点位6.80mg/L，均符合地表水环境质量Ⅱ类标准水体，水体溶解氧含量较高，说明水体较清洁，水体自净能力强。

（8）水体溶解性总固体（TDS）。溶解性总固体（TDS）曾称总矿化度，它是指水中溶解组分的总量，包括溶解于水中的各种离子、分子、化合物的总量，但不包括悬浮物和溶解气体，常以"TDS"表示。由表4-5可知，美舍河湿地的TDS含量最高，为255.67mg/L，其次为响水河、潭丰洋和南丽湖湿地，分别为239.33mg/L、225.00mg/L和223.00mg/L；TDS含量最低的是铁炉溪湿地，为164.67mg/L。

总体来说，从各个重要湿地的监测点位检测分析结果来看，各湿地水体污染较为严重。在检测指标中，各湿地点位水体总氮含量均较高，是导致其水体质量下降的主要原因。

4.2.1.2 湿地水体富营养化程度分析与评价

水体富营养化一般是指在人类活动的影响下，生物所需的氮、磷等营养物质大量进入湖泊、河口、海湾等缓流水体，引起藻类及其他浮游生物迅速繁殖，水体溶解氧量下降，水质恶化，鱼类及其他生物大量死亡的现象。湿地的富营养化评价是通过反映湿地营养状况的指标及其联系准确评估湿地富营养化水平，通过水质参数评价简洁方便，因而广泛应用于富营养化评价。国内通常采用中国环境监测总站湖泊和水库的富营养化分级和评价标准。根据水质监测数据及湿地实际情况，本次评价项目选取总磷、总氮为富营养评价指标，各评价指标从低到高划分为5个富营养化等级：贫营养、中营养、轻度富营养、中度富营养和重度富营养（杨龙等，2013），具体指标限值见表4-6。

表4-6 富营养化分级和评价标准

营养状态	贫营养（Ⅰ）	中营养（Ⅱ）	轻度富营养（Ⅲ）	中度富营养（Ⅳ）	重度富营养（Ⅴ）
总氮（mg/L）	0.24	0.77	1.40	2.60	15.0
总磷（mg/L）	0.019	0.065	0.120	0.230	1.400

应用单因子评估法对各重要湿地点位的氮磷指标进行富营养化评价，评价结果见表4-7。从表中可以看出，在各监测点位上，各个重要湿地的富营养化水平较高，以氮作为评价对象的富营养化水平比磷的高。其中，除南丽湖湿地为轻度富营养化（Ⅲ）外，其余7处湿地均为中度富营养化（Ⅳ），对湿地生态系统有较大的潜在危害。

表4-7 各重要湿地水体富营养化评价结果

湿地名称	五源河	美舍河	东寨港	响水河	潭丰洋	三十六曲溪	铁炉溪	南丽湖
富营养化程度	Ⅳ	Ⅳ	Ⅳ	Ⅳ	Ⅳ	Ⅳ	Ⅳ	Ⅲ

4.2.2 湿地土壤环境现状评价

4.2.2.1 湿地土壤理化性质分析

土壤的物理化学性质可以反映出该地区土壤发育状况、土壤营养状况和土壤污染程度等信息。本研究选取了海南省8处重要湿地区域进行调查，采集具有代表性的湿地土壤样本进行分析，每一湿地样地均采集3处土壤样本。针对湿地土壤的特性，对采集的土样进行理化性质分析，分别测定了土壤的pH、容重、含水率、总氮、总磷、有机质和盐度等指标，相关结果见表4-8。

表4-8 各重要湿地土壤理化性质

湿地名称	pH	含水率（%）	容重（g/cm³）	盐度（%）	全氮（mg/kg）	全磷（mg/kg）	有机质（g/kg）
五源河	7.88	5.96	1.13	0.67	1044.00	391.67	42.77
美舍河	7.79	11.97	1.23	0.54	1400.67	420.40	34.40
东寨港	7.56	14.97	0.97	0.72	1493.67	487.17	50.40
响水河	7.52	10.13	1.13	0.66	1191.00	326.60	37.17
潭丰洋	7.65	6.38	1.20	0.95	932.33	297.90	34.37

（续）

湿地名称	pH	含水率（%）	容重（g/cm³）	盐度（%）	全氮（mg/kg）	全磷（mg/kg）	有机质（g/kg）
三十六曲溪	7.47	19.00	1.00	0.93	1419.67	319.87	33.87
铁炉溪	7.08	6.95	1.10	0.68	1243.33	337.77	36.60
南丽湖	7.70	8.74	1.23	0.75	1113.33	289.33	27.67

（1）土壤pH。土壤的pH是土壤性质的基本指标，pH在6.5～7.5的为中性土壤；6.5以下为酸性土壤；7.5以上为碱性土壤。土壤太酸或太碱都是限制作物生产及品质的重要因素，大多数的作物均不耐太酸或太碱的土壤。由表4-8可知，在测定的湿地土样中，铁炉溪和三十六曲溪为中性土壤，其余湿地区域则均为碱性土壤。

（2）土壤含水率、容重。土壤容重和含水量是土壤重要的物理性质，土壤容重可作为判断土壤肥力状况的指标之一。土壤容重过大，表明土壤紧实，不利于透水、通气、扎根，并会造成土水势下降而出现各种有毒物质危害植物根系。土壤容重过小，又会使有机质分解过速，并使植物根系扎不牢而易倾倒。一般含矿物质多而结构差的土壤（如砂土），土壤容积比重在1.4～1.7；含有机质多而结构好的土壤（如农业土壤），在1.1～1.4。由表4-8可知，所有湿地点位的土壤容重均小于1.4g/cm³，且差距不大，说明各湿地区域的土壤有机质含量均较高、土壤发育较为成熟、土壤结构良好，这主要是与其湿地环境发育而来的土壤有关。海南气候条件特殊，造成有机质分解迅速，高温高湿度的条件易形成容重较小土壤。此外，各湿地区域点位的土壤含水量中为三十六曲溪土壤含水率最高，五源河土壤含水率最低，各湿地区域含水率存在差异与其湿地土壤类型有关。

（3）土壤有机质。土壤有机质是指存在于土壤中的所有含碳的有机物质，包括各种动植物的残体、微生物体及其会分解和合成的各种有机质。土壤有机质的含量在不同土壤中差异很大，含量高的可达20%或30%以上（如泥炭土，某些肥沃的森林土壤等），含量低的不足1%或0.5%（如荒漠土和风沙土等）。在土壤学中，一般把耕作层中含有机质20%以上的土壤称为有机质土壤，含有机质在20%以下的土壤称为矿质土壤。由表4-8可知，各湿地区域点位的土壤有机质含量均较高，均为有机质土壤。

（4）土壤全氮量。土壤中的氮元素可分为有机氮和无机氮，两者之和称为全氮，其中有机氮占氮元素的90%以上。根据第二次全国土壤普查数据，我国土壤全氮含量介于0.02%～0.25%，本次调查的是特殊的湿地类型土壤，土壤类型较复杂，属有机质含量较高土壤，且高温高湿度的条件有利于微生物对有机质进行分解转换，有利于有机物在土壤中的累积，因此土壤全氮的累积量属于较高水平。由表 4-8 可知，各湿地区域点位的全氮含量均极高，属于氮素含量丰富区域，特别是东寨港红树林湿地区域，氮素含量最高，土壤肥力较高，这可能主要与当地的气候环境条件或是所生长的植被类型有关。同时，东寨港红树林湿地区域水质测定结果为 V 类水质，属于重富营养化水体，说明当地土壤和水体中营养元素较丰富，依据湿地调查结果，这可能与当地人为干扰较严重有关。

（5）土壤全磷量。土壤全磷量即磷的总储量，包括有机磷和无机磷两大类。磷是作物生长发育必需的大量元素，植物体生长发育所需的磷素主要通过土壤磷库中获得，或通过施肥使得植物可以吸收足够的磷元素。土壤有机质含量与土壤磷含量有着密切的相关，主要体现在农田土壤有机质有部分来自有机肥的施用，有机肥含有丰富的有机质和有机酸，农田土壤中的磷含量一般随有机质的含量增加而增加。由表 4-8 可知，各湿地区域点位的土壤全磷含量均较高，说明各湿地区域土壤有机质含量均较高，土壤肥力充足，非常适宜植物生长。

（6）土壤含盐度。土壤含盐度是指土中所含盐分（主要是氯盐、硫酸盐、碳酸盐）的质量占干土质量的百分数。按溶于水的难易程度可分为易溶盐（如氯化钠、芒硝等）、中溶盐（如石膏）、难溶盐（如碳酸钙等）。土壤中盐分，特别是易溶盐的含量及类型对土的物理、水理、力学性质影响较大，一般土壤含盐量低于 1% 则为非盐化土壤。由表 4-8 可知，各湿地区域点位测定的土壤含盐量均低于 1%，说明各湿地区域的土壤盐化程度很低。

4.2.2.2　湿地土壤重金属含量分析与评价

环境污染研究中特别关注的重金属主要是生物毒性显著的汞、镉、铅、铬以及类金属砷，还包括具有毒性的重金属铜和锌等。湿地土壤作为湿地植物的直接支撑者，同时也是湿地微生物、湿地土壤动物的生活场所，进入土壤中的重金属通过植物等被动地从土壤中吸收，可通过食物链对人类社会健康可持续发展造成严重危害。因此，分析湿地土壤中重金属污染物质来源，并从源头上加以控制，对实施污染治理具有十分重要的意义。

通常自然界中重金属元素的背景值很低，其暴露不会对周围环境造成较大影响。但由于工业生产规模扩大，城镇化迅速发展，在农业生产中污水灌溉和化肥、农药的使用量加大，导致土壤系统中重金属不断累积，明显高于其背景值，从而恶化了生态环境的质量，并通过食物链直接危害人体健康。重金属污染的来源分为两类：一是自然来源，包括成土母质的风化过程、风力和水力搬运的自然物理和化学迁移过程对土壤重金属本底含量的影响。二是人为干扰输入，主要途径包括：①不同工矿企业工业生产对土壤重金属的额外输入；②农业生产活动影响下的土壤重金属输入；③交通运输对土壤重金属污染的影响。

我国对土壤中重金属的含量有着严格的要求。在2018年，《土壤环境质量　农用地土壤污染风险管控标准（试行）》（GB 15618—2018）替代了原来的《土壤环境质量标准》（GB 15618—1995），新标准遵循风险管控的思路，提出了风险筛选值和风险管制值的概念，不再是简单类似于水、空气环境质量标准的达标判定，而是用于风险筛查和分类。这更符合土壤环境管理的内在规律，更能科学合理指导农用地安全利用，保障农产品质量安全。

风险筛选值是指农用地土壤中污染物含量等于或者低于该值的，对农产品质量安全、农作物生长或土壤生态环境的风险低，一般情况下可以忽略。对此类农用地，应切实加大保护力度。

风险管制值是指农用地土壤中污染物含量超过该值的，食用农产品不符合质量安全标准等农用地土壤污染风险高，且难以通过安全利用措施降低食用农产品不符合质量安全标准等农用地土壤污染风险。对此类农用地用地，原则上应当采取禁止种植食用农产品、退耕还林等严格管控措施。

农用地土壤污染物含量介于筛选值和管制值之间的，可能存在食用农产品不符合质量安全标准等风险。对此类农用地原则上应当采取农艺调控、替代种植等安全利用措施，降低农产品超标风险。具体划分要求见表4-9和表4-10。

表4-9　农用地土壤污染风险筛选值（基本项目）

单位：mg/kg

序号	污染物项目		风险筛选值			
			pH ≤ 5.5	5.5 < pH ≤ 6.5	6.5 < pH ≤ 7.5	pH > 7.5
1	镉	水田	0.3	0.4	0.6	0.8
		其他	0.3	0.3	0.3	0.6
2	汞	水田	0.5	0.5	0.6	1.0
		其他	1.3	1.8	2.4	3.4
3	砷	水田	30	30	25	20
		其他	40	40	30	25
4	铅	水田	80	100	140	240
		其他	70	90	120	170
5	铬	水田	250	250	300	350
		其他	150	150	200	250

（续）

序号	污染物项目		风险筛选值			
			pH ≤ 5.5	5.5 < pH ≤ 6.5	6.5 < pH ≤ 7.5	pH > 7.5
6	铜	果园	150	150	200	200
		其他	50	50	100	100
7	镍		60	70	100	190
	锌		200	200	250	300

注：重金属和类金属砷均按元素总量计。对于水旱轮作地，采用其中较严格的风险筛选值。

表4-10 农用地土壤污染风险管制值　　　　单位：mg/kg

序号	污染物项目	风险管制值			
		pH ≤ 5.5	5.5 < pH ≤ 6.5	6.5 < pH ≤ 7.5	pH > 7.5
1	镉	1.5	2.0	3.0	4.0
2	汞	2.0	2.5	4.0	6.0
3	砷	200	150	120	100
4	铅	400	500	700	1000
5	铬	800	850	1000	1300

为了全面了解海南岛重要湿地资源的土壤发育和环境状况，针对湿地土壤的特性，对采集的土样进行重金属含量分析与评价，相关结果见表4-11。

表4-11 各重要湿地土壤重金属含量　　　　单位：mg/kg

湿地名称	镉（Cd）	铅（Pb）	铬（Cr）	铜（Cu）	锌（Zn）
五源河	0.03	21.20	72.67	14.33	30.90
美舍河	0.04	17.83	122.33	35.67	61.93
东寨港	0.05	19.53	51.00	57.33	84.73
响水河	0.04	14.47	120.00	48.00	61.83
潭丰洋	0.02	21.23	148.33	48.67	56.53
三十六曲溪	0.06	41.40	134.00	69.00	57.20
铁炉溪	0.04	22.90	106.50	31.00	77.00
南丽湖	0.03	38.07	26.33	11.00	45.77

（1）土壤镉（Cd）。在农业上，施用肥料如磷肥、含锌肥料等会带来镉的污染。作物对镉的吸收和积累的一个显著特点是有时生长并未受到影响，但农产品却已大大超过卫生标准的几倍甚至是几十倍以上。这除了作物本身的特性外，还取决于土壤中镉的有效性（即植物毒性），土壤中镉的移动迁移和生物有效性主要受土壤中镉的沉淀溶解平衡、吸附解吸平衡、络合解离平衡等过程控制。由表4-11可知，各湿地点位土壤中重金属镉含量均低于风险筛选值，说明各湿地土壤未受到重金属镉的污染，其中潭丰洋的重金属镉含量最低，仅为0.02mg/kg。

（2）土壤铅（Pb）。环境中的无机铅及其化合物十分稳定，不易代谢和降解。铅对人体的毒害是积累性的，人体吸入的铅25%沉积在肺里，部分通过水的溶解作用进入血液。影响土壤铅有效性的因素包括土壤的理化性质、土壤微生物、高等植物等。由表4-11可知，各湿地点位土壤中重金属铅含量也均低于风险筛选值，说明各湿地土壤未受到重金属铅的污染。其中三十六曲溪和南丽湖湿地的重金属铅含量相对较高，分别为41.40mg/kg和38.07mg/kg，而响水河和美舍河湿地最低，分别为14.47mg/kg和17.83mg/kg。

（3）土壤铬（Cr）。铬是人体必需的微量元素，三价的铬是对人体有益的元素，而六价铬是有毒的。由于风化作用进入土壤中的铬，容易氧化成可溶性的复合阴离子，然后通过淋洗转移到地面水或地下水中。土壤中铬过多时，会抑制有机物质的硝化作用，并使铬在植物体内蓄积，因此对铬元素进行监测尤为必要。由表4-11可知，总体来说，各湿地点位土壤中重金属铬含量也均低于风险筛选值，说明各湿地土壤未受到重金属铬的污染。其中潭丰洋、三十六曲溪、美舍河和响水河湿地的重金属铬含量相对较高，而五源河、东寨港和南丽湖湿地的铬含量相对较低，分别为72.67mg/kg、51.00mg/kg和26.33mg/kg。

（4）土壤铜（Cu）。铜在自然界中主要以两种形式存在，一种是硫化物矿，另一种是氧化物矿。铜污染的来源包含两个方面：一是土壤自身铜背景值较高，这种现象主要是生物地球化学异常造成的；二是外源铜加入，在风化、酸化及降雨等作用下不断向周边土壤中扩散，从而导致含铜物质进入土壤。铜在土壤中的毒性持续时间长，能够在生态系统中不断累积，进而导致生态系统的恶化。土壤中铜含量过高会抑制植物生长所需的氨基酸的合成，对植物产生毒害作用。由表4-11可知，总体来说，各湿地点位土壤中重金属铜含量均低于风险筛选值，说明各湿地土壤未受到重金属铜的污染。其中响水河、东寨港、美舍河、潭丰洋和三十六曲溪湿地的铜含量分别为48.00mg/kg、57.33mg/kg、35.67mg/kg、48.67mg/kg和69.00mg/kg，其余湿地点位的铜含量则均低于35mg/kg。

（5）土壤锌（Zn）。锌既是重要的营养元素，也是污染元素。当植物锌含量过低时，就发生缺锌；反之，过高时就往往发生锌中毒。锌对植物的毒害，首先表现在抑制光合作用，减少二氧化碳固定；其次影响韧皮部的输送作用，改变细胞膜渗透性，从而导致生长减缓、受阻和失绿症。由表 4-11 可知，各湿地点位土壤中重金属锌含量均低于风险筛选值，说明各湿地土壤未受到重金属锌的污染。其中东寨港、铁炉溪湿地的重金属锌含量较高，分别为 84.73mg/kg 和 77.00mg/kg；五源河湿地锌含量最低，仅为 30.90mg/kg。

4.3　本章小结

本章内容通过对海南岛 8 处重要湿地不同点位的水质和土壤进行采样，经过测试分析，其主要研究结论如下：

（1）湿地水质环境。从重要湿地监测点位的监测结果来看，各个重要湿地整体水质状况相对较差，水体污染较为严重，且水体富营养化程度较高，这主要与水体中的总氮含量有关。氮是藻类生长所需的关键性因素，尤其是水库、湖泊等水域中含氮和其他营养物质过多时，将促使藻类等浮游生物的大量繁殖，形成"水华"，造成水体的富营养化。因此，总氮含量的多少也是衡量水库水体的重要指标之一。

总氮超标的主要原因包括：一是农业面源污染，化肥的使用；二是养殖废水的排放；三是居民生活污染，生活污水和生活固体废物。因此，从目前情况来看各个湿地水质状况尚有较大的改善空间，加强湿地保护必须重视对湿地水质的保护，通过多种途径从源头减少含氮废水的排放，提高水环境质量以达到水源地水质标准，保证湿地周边城市区域的供水安全。

（2）湿地土壤环境。通过对各湿地土壤理化性质分析，总体来说各重要湿地土壤结构良好，发育较成熟，土壤营养丰富（氮、磷素含量较高），有机质成分较多，湿地土壤的理化性质与当地土壤成土母质、气候条件和人为活动的参与密切相关，在监测土壤性质变化的过程中，同时应加强地形地貌、水文变化和人为参与的分析和监测。

对各湿地土壤重金属含量的分析表明，各湿地点位土壤中重金属含量均低于风险筛选值，说明各湿地土壤未受到重金属的污染，因此土壤质量基本上不会对植物和环境造成危害和污染。为了降低重金属长期性积累的污染风险，应适当减少当地人为活动的干扰，并加强土壤环境质量的长期监测。

主要参考文献

郭雪莲, 2020. 湿地生态监测与评价 [M]. 北京: 中国林业出版社.

杨龙, 王晓燕, 孙长虹, 等, 2013. 水体富营养化评价方法比较研究 [C]//2013年中国环境科学学会学术年会论文集（第四卷）: 2951–2956.

张怀清, 凌成星, 孙华, 等, 2014. 北京湿地资源监测与分析 [M]. 北京: 中国林业出版社.

第5章

湿地植物多样性及其与环境因素关系

湿地植物是湿地生态系统的生产者，不仅能够反映湿地生态系统的净初级生产力水平，还可以反映湿地的健康状况（周静和万荣荣，2018；张洺也等，2021）。湿地植物多样性是生物多样性研究的重要内容，对于维持湿地生态功能、生态系统稳定有重要作用（杨阳和张亦，2014）。湿地土壤是植物群落发生、发展的物质基础，植物群落又影响着土壤性质和肥力状况。作为影响植物多样性的重要因子，土壤性质的差异会导致群落结构和物种多样性变化（张树斌等，2018），而土壤的性质与植物群落的组成结构和植物群落多样性有着怎样的联系，一直是生态学研究的热点（程志等，2010）。研究湿地植物多样性现状及其与土壤环境之间的关系，对于湿地生态系统保护和维持具有重要意义。本章内容以海南岛8处典型的重要湿地作为研究对象，分析湿地植物的物种组成、群落结构和物种多样性，及其与土壤环境因子的相关关系，以期揭示影响重要湿地植物分布的主要土壤环境因子，为海南岛湿地植被的保护、恢复和重建提供科学的理论依据。

5.1 | 研究方法

5.1.1 植物多样性调查

5.1.1.1 样方调查方法

以海南岛五源河、美舍河、东寨港、响水河、潭丰洋、三十六曲溪、铁炉溪、南丽湖8处典型的重要湿地作为研究对象，参考研究区域无人机高分辨率遥感影像数据，于2019年6～8月在湿地植物生长高峰期进行野外调查、取样和数据采集。在每处湿地建立不少于7个10m×10m的样方，总共建立79个样方（图5-1）。在每个10m×10m

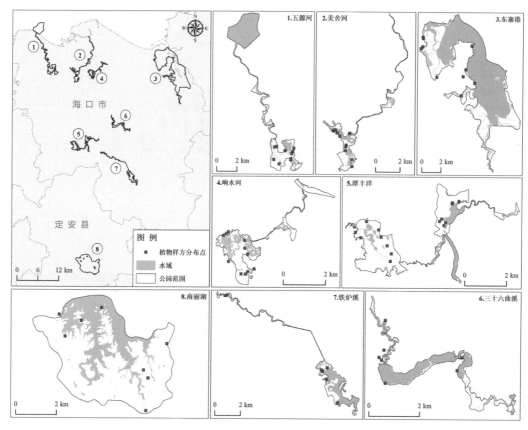

图5-1　湿地植物调查样方分布

的样方内设置3个3m×3m的灌木层样方以及5个1m×1m的草本层样方，对样方中胸径≥2cm以上的木本植物进行每木调查，记录物种的种名、胸径、树高和冠幅；灌木层样方记录物种的种名、数量、高度和盖度；草本层样方记录样方内物种的种名、数量、高度和盖度。

5.1.1.2　重要值计算

物种重要值（important value，IV）作为评估物种多样性的指标，可以反映物种在群落中的相对重要性（张金屯，2011）。根据乔木层、灌木层和草本层的特点，计算其重要值，并通过重要值来筛选群落结构优势物种。计算公式为：

（1）物种重要值 =（相对多度 + 相对频度 + 相对盖度）/3

（2）相对多度 =（某物种的个体数/全部物种的个体数总和）×100%

（3）相对频度 =（某物种的频度/全部物种的频度总和）×100%

（4）相对盖度 =（某物种的盖度/全部物种的盖度总和）×100%

5.1.1.3　物种多样性计算

物种多样性不仅可以反映群落物种组成的丰富程度，还可以反映群落结构的稳定性和功能的复杂性（曾云英和顾嘉赟，2021）。本研究选取物种丰富度指数（Species richness index）、香农－威纳指数（Shannon–Wiener index）、辛普森指数（Simpson index）和Pielou均匀度指数（Pielou evenness index）作为物种多样性指数。计算公式分别为：

（1）物种丰富度指数

$$R=物种数\ S$$

（2）香农－威纳指数

$$H'=-\sum_{i=1}^{S}(P_i \ln P_i)$$

（3）辛普森指数

$$D=1-\sum_{i=1}^{S}P_i^2$$

（4）Pielou均匀度指数

$$J=\frac{H'}{\ln S}$$

式中：S为物种数；$P_i=N_i/N$，N为个体总数，N_i为第i种个体数，$i=1$，2，3，$\cdots$，S。

5.1.2　土壤理化性质测定

采用环刀法获取不同湿地0～20cm土壤样品，每处湿地样点重复3次，然后将新鲜土样装入保鲜袋，带回送检，由具有专业资质的单位进行土壤理化性状分析，获取相关数据，检测内容主要为pH、盐度、土壤含水率、容重、全氮、全磷和土壤有机质等土壤理化性质测定。

5.1.3　数据分析方法

首先采用Stringr程序包计算物种重要值，然后采用vegan程序包，分别计算每处湿地的物种丰富度指数、香农－威纳指数、辛普森指数和Pielou均匀度指数，通过单因素方差分析和多重比较分析8处湿地的物种多样性差异。此外，为探究植物物种多样性与土壤环境因子关系，采用冗余分析（Redundancy Analysis，RDA）方法对8处湿地的植物物种多样性和土壤环境因子进行相关性分析。本章数据整理均在Excel中完成，数据分析和绘图均使用R–3.6.2完成。

5.2 | 结果与分析

5.2.1 不同湿地物种组成特征

通过对海南岛8处重要湿地共计79个样方进行植物群落调查和统计分析（表5-1），结果显示海南岛重要湿地植物资源丰富多样，共调查到434种植物，隶属109科330属。其中，蕨类植物18种，隶属于12科13属；被子植物416种，隶属97科317属（单子叶植物19科60属67种、双子叶植物78科257属349种）。可见，海南岛重要湿地植物主要以被子植物为主，占总物种数的95.85%；蕨类植物较少，占总物种数的4.15%。在434种物种中，豆科（Fabaceae）植物最多，占总物种数的8.06%；其次是菊科（Asteraceae）、锦葵科（Malvaceae）和禾本科（Poaceae），分别占总物种数的5.76%、5.53%和5.53%；在各科植物中有49科为单科单属单种，占总物种数的11.29%。

表5-1 重要湿地植物物种的科属种统计

门	纲	科	属	种
蕨类植物		12	13	18
被子植物	单子叶植物	19	60	67
	双子叶植物	78	257	349
总计		109	330	434

在海南岛8处重要湿地中，物种数量最多的是美舍河（表5-2），共有173种植物，隶属67科148属；其次为响水河、潭丰洋和五源河，分别为63科139属157种、54科130属146种和51科131属145种，而铁炉溪物种数最少，仅有38科62属71种。

表5-2 不同湿地的科、属、种统计

湿地名称	样方数	科	属	种
五源河	10	51	131	145
美舍河	11	67	148	173
东寨港	10	52	104	119
响水河	11	63	139	157
潭丰洋	15	54	130	146
三十六曲溪	7	45	91	103
铁炉溪	7	38	62	71
南丽湖	8	46	91	104
总计	79	107	330	434

5.2.2 不同湿地植物群落结构特征

重要值主要表示不同种群在群落中的相对重要性，能较充分地显示出不同植物种群在群落结构中的地位和作用。

5.2.2.1 五源河

由表5-3可以看出，五源河湿地植物群落中重要值较高的乔木有厚皮树（*Lannea coromandelica*）、桉树（*Eucalyptus robusta*）、楝（*Melia azedarach*）等，灌木有粗叶悬钩子（*Rubus alceaefolius*）、小果叶下珠（*Phyllanthus reticulatus*）、潺槁木姜子（*Litsea glutinosa*）等，草本有飞机草（*Eupatorium odoratum*）、薇甘菊（*Mikania micrantha*）、白花鬼针草（*Bidens pilosa*）等。可以发现厚皮树、楝、桉树等人工植物在乔木层中的优势较为明显；灌木层中多为天然次生林植物，物种组成丰富，其中粗叶悬钩子在灌草层中占有主要优势；草本层中占有主要优势的为菊科（Asteraceae）植物和豆科（Leguminosae）植物，且多为入侵植物。

表5-3 五源河湿地植物群落优势物种组成

乔木层		灌木层		草本层	
物种	重要值	物种	重要值	物种	重要值
厚皮树 *Lannea coromandelica*	13.69	粗叶悬钩子 *Rubus alceaefolius*	5.72	飞机草 *Eupatorium odoratum*	10.85
桉树 *Eucalyptus robusta*	13.61	小果叶下珠 *Phyllanthus reticulatus*	5.11	薇甘菊 *Mikania micrantha*	7.36
楝 *Melia azedarach*	9.61	潺槁木姜子 *Litsea glutinosa*	4.80	白花鬼针草 *Bidens pilosa*	5.33
木麻黄 *Casuarina equisetifolia*	7.91	山榕 *Ficus heterophylla*	4.04	含羞草 *Mimosa pudica*	4.71
对叶榕 *Ficus hispida*	7.91	野牡丹 *Melastoma malabathricum*	3.81	芒萁 *Dicranopteris pedata*	3.21

5.2.2.2 美舍河

由表5-4可以看出，美舍河湿地植物群落中重要值较高的乔木有楝、对叶榕（*Ficus hispida*）、波罗蜜（*Artocarpus heterophyllus*）等，灌木有潺槁木姜子、大青（*Clerodendrum cyrtophyllum*）、小果叶下珠等，草本有飞机草、白花鬼针草、海芋（*Alocasia odora*）等。草本层中占有主要优势的多为菊科植物，其中大多为入侵植物，另外天南星科（Araceae）植物也占有一定优势。

表5-4 美舍河湿地植物群落优势物种组成

乔木层		灌木层		草本层	
物种	重要值	物种	重要值	物种	重要值
楝 *Melia azedarach*	10.25	潺槁木姜子 *Litsea glutinosa*	6.57	飞机草 *Eupatorium odoratum*	6.46

（续）

乔木层		灌木层		草本层	
物种	重要值	物种	重要值	物种	重要值
对叶榕 Ficus hispida	8.61	大青 Clerodendrum cyrtophyllum	4.90	白花鬼针草 Bidens pilosa	6.32
波罗蜜 Artocarpus heterophyllus	8.36	小果叶下珠 Phyllanthus reticulatus	4.86	海芋 Alocasia odora	4.37
黄皮 Clausena lansium	6.70	鹊肾树 Streblus asper	4.66	薇甘菊 Mikania micrantha	3.63
翻白叶树 Pterospermum heterophyllum	5.67	破布叶 Microcos paniculata	4.18	含羞草 Mimosa pudica	2.90

5.2.2.3　东寨港

由表5-5可以看出，东寨港湿地植物群落中重要值较高的乔木有椰子（*Cocos nucifera*）、木麻黄（*Casuarina equisetifolia*）、黄槿（*Talipariti tiliaceum*）、棟等，灌木有苦郎树（*Volkameria inermis*）、两面针（*Zanthoxylum nitidum*）、海莲（*Bruguiera sexangula*）等，草本有海芋、卤蕨（*Acrostichum aureum*）、飞机草、白花鬼针草等。可以发现东寨港湿地植物群落的优势种群主要由红树植物和人工林植物组成，其余红树植物在乔灌层中也都占有一定优势；草本层中占有主要优势的是天南星科植物和蕨类植物，且大多为入侵植物。

表5-5　东寨港湿地植物群落优势物种组成

乔木层		灌木层		草本层	
物种	重要值	物种	重要值	物种	重要值
椰子 Cocos nucifera	10.84	苦郎树 Volkameria inermis	10.16	海芋 Alocasia odora	10.92
木麻黄 Casuarina equisetifolia	6.80	两面针 Zanthoxylum nitidum	7.05	卤蕨 Acrostichum aureum	9.37
黄槿 Talipariti tiliaceum	6.02	海莲 Bruguiera sexangula	4.91	飞机草 Eupatorium odoratum	7.39
棟 Melia azedarach	5.76	弯枝黄檀 Dalbergia candenatensis	3.76	金腰箭 Synedrella nodiflora	5.00
海莲 Bruguiera sexangula	5.57	马缨丹 Lantana camara	3.69	白花鬼针草 Bidens pilosa	4.92

5.2.2.4　响水河

由表5-6可以看出，响水河湿地植物群落中重要值较高的乔木有厚皮树、刺葵（*Phoenix loureiroi*）、棟、龙眼（*Dimocarpus longan*）等，灌木有酒饼簕（*Atalantia buxifolia*）、暗罗（*Polyalthia suberosa*）、雀梅藤（*Sageretia thea*）等，草本有斑茅（*Saccharum arundinaceum*）、白花鬼针草、飞机草、凤眼莲（*Eichhornia crassipes*）等。可以发现棟、木麻黄等人工植物和厚皮树、刺葵等天然林植物在乔木层中的优势较为明显；灌木层中多为天然植物，物种较为丰富；而草本层中占有主要优势的多为菊科植物和禾本科（Gramineae）植物。

表5-6　响水河湿地植物群落优势物种组成

乔木层		灌木层		草本层	
物种	重要值	物种	重要值	物种	重要值
厚皮树 *Lannea coromandelica*	15.23	酒饼簕 *Atalantia buxifolia*	6.84	斑茅 *Saccharum arundinaceum*	6.74
刺葵 *Phoenix loureiroi*	8.13	暗罗 *Polyalthia suberosa*	6.80	白花鬼针草 *Bidens pilosa*	6.26
楝 *Melia azedarach*	8.12	雀梅藤 *Sageretia thea*	6.50	飞机草 *Eupatorium odoratum*	5.33
龙眼 *Dimocarpus longan*	7.03	鹊肾树 *Streblus asper*	5.91	光叶蛇葡萄 *Ampelopsis heterophylla* var. *hancei*	3.58
木麻黄 *Casuarina equisetifolia*	6.77	山石榴 *Catunaregam spinosa*	4.25	凤眼莲 *Eichhornia crassipes*	2.86

5.2.2.5　潭丰洋

由表5-7可以看出，潭丰洋湿地植物群落中重要值较高的乔木有楝、厚皮树、土坛树（*Alangium salviifolium*）、对叶榕等，灌木有酒饼簕、鹊肾树（*Streblus asper*）、刺篱木（*Flacourtia indica*）、牛筋果（*Harrisonia perforata*）、留萼木（*Blachia pentzii*）等，草本有飞机草、假蒟（*Piper sarmentosum*）、斑茅、决明（*Senna tora*）等。可以发现潭丰洋湿地灌木层中多为天然植物，且物种较为丰富；草本层以飞机草等入侵植物为主要优势种。

表5-7　潭丰洋湿地植物群落优势物种组成

乔木层		灌木层		草本层	
物种	重要值	物种	重要值	物种	重要值
楝 *Melia azedarach*	15.48	酒饼簕 *Atalantia buxifolia*	11.52	飞机草 *Eupatorium odoratum*	9.48
厚皮树 *Lannea coromandelica*	12.24	鹊肾树 *Streblus asper*	9.24	假蒟 *Piper sarmentosum*	4.73
土坛树 *Alangium salviifolium*	7.48	刺篱木 *Flacourtia indica*	5.19	斑茅 *Saccharum arundinaceum*	4.58
对叶榕 *Ficus hispida*	6.17	牛筋果 *Harrisonia perforata*	4.67	决明 *Senna tora*	4.57
桉树 *Eucalyptus robusta*	5.60	留萼木 *Blachia pentzii*	4.25	海芋 *Alocasia odora*	4.54

5.2.2.6　三十六曲溪

由表5-8可以看出，三十六曲溪湿地植物群落中重要值较高的乔木有滑桃树（*Trewia nudiflora*）、对叶榕、水黄皮（*Pongamia pinnata*）、楝等，灌木有山榕（*Ficus heterophylla*）、风箱树（*Cephalanthus tetrandrus*）、山小橘（*Glycosmis pentaphylla*）、九节（*Psychotria asiatica*）等，草本有海芋、决明、菜蕨（*Diplazium esculentum*）等。可以发现，三十六曲溪湿地灌木层中多为本地乡土植物，且物种丰富。

表5-8　三十六曲溪湿地植物群落优势物种组成

乔木层		灌木层		草本层	
物种	重要值	物种	重要值	物种	重要值
滑桃树 *Trewia nudiflora*	11.53	山榕 *Ficus heterophylla*	13.04	海芋 *Alocasia odora*	8.53
对叶榕 *Ficus hispida*	10.54	风箱树 *Cephalanthus tetrandrus*	7.87	决明 *Senna tora*	5.61
水黄皮 *Pongamia pinnata*	9.61	山小橘 *Glycosmis pentaphylla*	7.37	菜蕨 *Diplazium esculentum*	5.29
楝 *Melia azedarach*	6.53	九节 *Psychotria asiatica*	6.29	白花鬼针草 *Bidens pilosa*	4.52
乌桕 *Triadica sebifera*	5.38	对叶榕 *Ficus hispida*	6.04	野芋 *Colocasia antiquorum*	4.33

5.2.2.7　铁炉溪

由表5-9可以看出，铁炉溪湿地植物群落中重要值较高的乔木有细叶桉（*Eucalyptus tereticornis*）、桉树、楝、白楸（*Mallotus paniculatus*）等，灌木有野牡丹（*Melastoma malabathricum*）、三桠苦（*Melicope pteleifolia*）、破布叶（*Microcos paniculata*）等，草本有薇甘菊、飞机草、露兜草（*Pandanus austrosinensis*）、小叶海金沙（*Lygodium microphyllum*）等。可以发现，铁炉溪湿地以桉树类、相思类等人工植物为主，楝、白楸等乡土植物也占有一定优势；灌木层中多为天然植物，物种组成较为丰富；草本层以菊科植物薇甘菊、飞机草等为主要优势种。

表5-9　铁炉溪湿地植物群落优势物种组成

乔木层		灌木层		草本层	
物种	重要值	物种	重要值	物种	重要值
细叶桉 *Eucalyptus tereticornis*	11.35	野牡丹 *Melastoma malabathricum*	14.45	薇甘菊 *Mikania micrantha*	14.11
桉树 *Eucalyptus robusta*	11.30	三桠苦 *Melicope pteleifolia*	13.47	飞机草 *Eupatorium odoratum*	13.22
楝 *Melia azedarach*	10.55	破布叶 *Microcos paniculata*	7.62	露兜草 *Pandanus austrosinensis*	9.49
白楸 *Mallotus paniculatus*	10.23	水茄 *Solanum torvum*	5.00	小叶海金沙 *Lygodium microphyllum*	7.55
台湾相思 *Acacia confusa*	9.31	白背叶 *Mallotus apelta*	4.21	象草 *Pennisetum purpureum*	7.47

5.2.2.8　南丽湖

由表5-10可以看出，南丽湖湿地植物群落中重要值较高的乔木有窿缘桉（*Eucalyptus exserta*）、白楸、台湾相思（*Acacia confusa*）、簕欓花椒（*Zanthoxylum avicennae*）等，灌木有蛇藨筋（*Rubus cochinchinensis*）、白楸、大青、银柴（*Aporusa dioica*）等，草本有飞机草、斑茅、芒萁（*Dicranopteris pedata*）、乌毛蕨（*Blechnopsis orientalis*）等。可以发现南丽湖湿地乔木层优势种以窿缘桉为主，白楸在乔木层和灌木层中均占有一定的优势；草本层中占有主要优势的有蕨类植物、菊科植物和禾本科植物。

表5-10　南丽湖湿地植物群落优势物种组成

乔木层		灌木层		草本层	
物种	重要值	物种	重要值	物种	重要值
窿缘桉 *Eucalyptus exserta*	18.58	蛇藨筋 *Rubus cochinchinensis*	15.53	飞机草 *Eupatorium odoratum*	12.22
白楸 *Mallotus paniculatus*	11.45	白楸 *Mallotus paniculatus*	6.39	斑茅 *Saccharum arundinaceum*	10.83
台湾相思 *Acacia confusa*	6.44	大青 *Clerodendrum cyrtophyllum*	6.30	芒萁 *Dicranopteris pedata*	10.29
簕欓花椒 *Zanthoxylum avicennae*	5.28	银柴 *Aporusa dioica*	4.58	乌毛蕨 *Blechnopsis orientalis*	9.35
亮叶猴耳环 *Archidendron lucidum*	4.26	光叶山黄麻 *Trema cannabina*	3.63	假臭草 *Praxelis clematidea*	6.22

5.2.3　不同湿地植物物种多样性特征

对于植物群落总体而言（图5-2），8处重要湿地的物种丰富度指数表现为：美舍河湿地的物种丰富度指数最高，且显著高于响水河、东寨港、南丽湖、三十六曲溪、潭丰洋和铁炉溪湿地（$P < 0.05$）；而响水河、东寨港、南丽湖以及五源河湿地的物种丰富度指数显著高于铁炉溪（$P < 0.05$）。就香农–威纳指数而言，美舍河湿地最高，且显著高于其他7处湿地（$P < 0.05$）；同时，响水河的香农–威纳指数显著高于铁炉溪

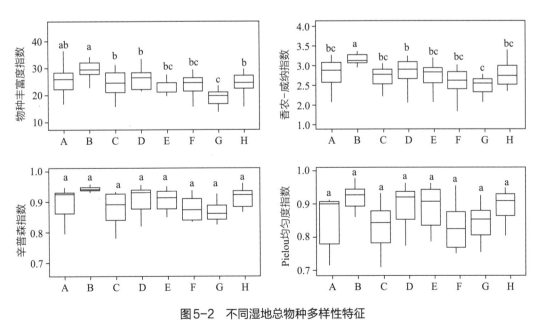

图5-2　不同湿地总物种多样性特征

注：A为五源河，B为美舍河，C为东寨港，D为响水河，E为潭丰洋，F为三十六曲溪，G为铁炉溪，H为南丽湖；下同。

（P<0.05）。就辛普森指数和Pielou均匀度指数而言，8处重要湿地均无显著性差异（P<0.05）。

乔木层物种多样性指数中（图5-3），东寨港和南丽湖湿地的物种丰富度指数最高，且显著高于美舍河、潭丰洋、铁炉溪和五源河湿地（P<0.05）。就香农-威纳指数和辛普森指数而言，东寨港最高，且显著高于美舍河、潭丰洋、铁炉溪和五源河（P<0.05）；同时，响水河辛普森指数显著高于铁炉溪（P<0.05）。对于Pielou均匀度指数而言，8处湿地均无显著性差异（P>0.05）。

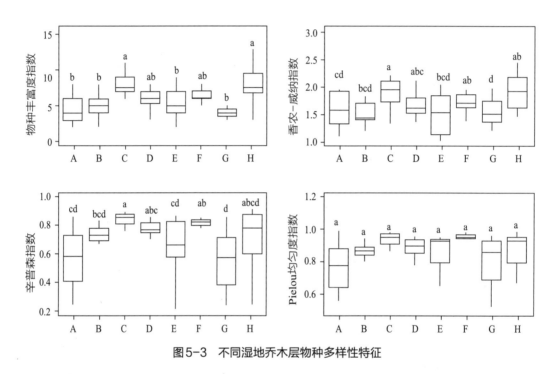

图5-3 不同湿地乔木层物种多样性特征

灌木层物种多样性指数中（图5-4），美舍河湿地的物种丰富度指数最高，且显著高于响水河、东寨港、三十六曲溪、潭丰洋和铁炉溪湿地（P<0.05）。就香农-威纳指数而言，美舍河最高，且显著高于响水河、东寨港、三十六曲溪、潭丰洋、铁炉溪和五源河（P<0.05）；同时，南丽湖香农-威纳指数显著高于三十六曲溪（P<0.05）。就辛普森指数和Pielou均匀度指数而言，8处湿地均无显著性差异（P>0.05）。

草本层物种多样性指数中（图5-5），美舍河湿地的物种丰富度指数最高，且显著高于其他7处湿地（P<0.05）。就香农-威纳指数而言，美舍河最高，且显著高于响水河、东寨港、南丽湖、三十六曲溪、潭丰洋和铁炉溪（P<0.05）；同时，五源河香农-威纳指数显著高于南丽湖、潭丰洋和铁炉溪（P<0.05）。就辛普森指数而言，美舍河最高，且显著高于东寨港、南丽湖、潭丰洋和铁炉溪（P<0.05）。就Pielou均匀度指数而言，8处湿地均无显著性差异（P>0.05）。

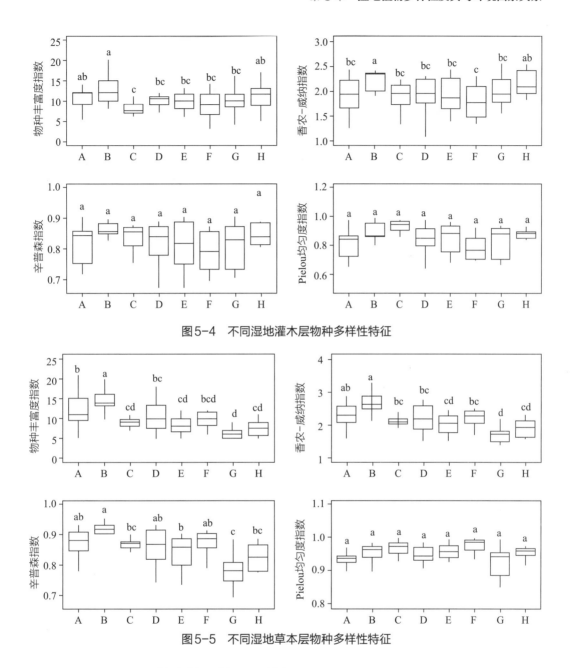

图 5-4　不同湿地灌木层物种多样性特征

图 5-5　不同湿地草本层物种多样性特征

5.2.4　不同湿地土壤环境因子特征

由图 5-6 可知，不同湿地土壤理化性质存在显著差异，美舍河、潭丰洋和五源河湿地的 pH 显著高于铁炉溪（$P<0.05$），三十六曲溪土壤含水率显著高于其他湿地地点（$P<0.05$），而全氮含量在各处湿地地点无显著差异（$P>0.05$）；美舍河湿地盐度最低，显著低于三十六曲溪和潭丰洋（$P<0.05$）；而东寨港湿地全磷和土壤有机质最高，显著高于其他地点（除五源河和美舍河湿地外）（$P<0.05$）。对于土壤容重而言，东寨港和三十六曲溪湿地容重显著低于美舍河和南丽湖湿地（$P<0.05$）。

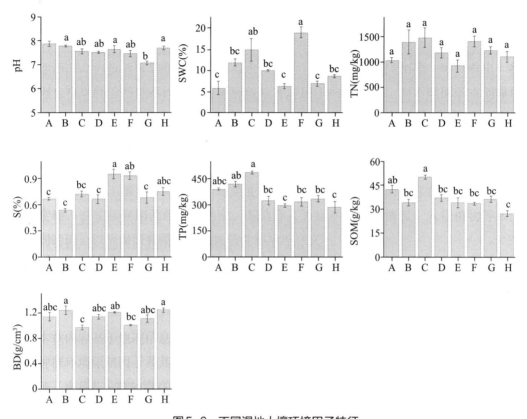

图5-6　不同湿地土壤环境因子特征

注：SWC为土壤含水率，TN为全氮，S为盐度，TP为全磷，SOM为土壤有机质，BD为容重；下同。

5.2.5　湿地植物物种多样性与土壤环境因子的相关关系

通过RDA分析海南岛不同湿地植物物种多样性与土壤环境因子关系可知（图5-7），香农-威纳指数、辛普森指数和Pielou均匀度指数与pH、全氮、全磷、土

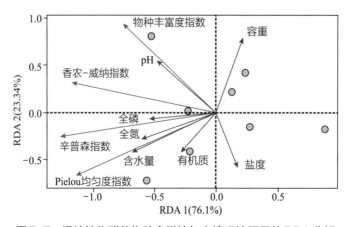

图5-7　湿地植物群落物种多样性与土壤环境因子的RDA分析

壤含水率和土壤有机质呈正相关关系，而与土壤容重、盐度呈负相关关系，且第一轴（RDA1）和第二轴（RDA2）可以解释湿地植物物种多样性99.44%的变异，表明土壤环境因子可以很好解释湿地植物物种多样性。

5.3 | 讨论

5.3.1　重要湿地物种组成和物种多样性

物种组成是植物群落形成的基础，可以作为反映植物群落结构变化的重要指示因子（赵敏等，2019）。本研究结果表明，海南岛重要湿地的79个样方中共出现植物434种，隶属109科330属，由此可见，海南岛重要湿地植物组成十分丰富，显著高于塔里木河中下游湿地（李玉霞和周华荣，2011）、黑河下游额济纳绿洲（鱼腾飞等，2011）和平陆黄河湿地的物种组成（秦晓娟等，2015），这主要是由于海南的水热条件优越，有利于植被快速生长和繁殖，从而增加其植物物种多样性（申益春等，2019）。同时，海南岛重要湿地植物主要以被子植物为主，蕨类植物较少，434种物种中豆科植物出现最多，其次为菊科。在8处重要湿地中，出现物种数最多的为美舍河，其主要原因是美舍河湿地类型丰富，生境的多样性也有利于容纳更多的物种数量。物种重要值表示不同植物在群落中的相对重要性，能较充分地显示出不同植物种群在群落中的地位和作用。本研究发现，美舍河湿地植物群落中重要值较高的乔木有楝、对叶榕和波罗蜜等，灌木有潺槁木姜子、大青、小果叶下珠等，草本有飞机草、白花鬼针草、海芋等，表明楝、波罗蜜等人工植物在乔木层中的优势较为明显；灌木层中多为天然次生林植物，物种较为丰富；而草本层中占有主要优势的多为菊科植物，其中入侵植物占据较大比重，天南星科植物也有一定优势。

此外，本研究通过分析海南岛不同重要湿地整体植物物种多样性发现，物种多样性指数在不同湿地存在一定的差异。总体而言，美舍河物种多样性最高，表明该地区物种最为丰富，群落组成较为复杂，群落稳定性相对较高；而三十六曲溪和南丽湖多样性指数最低，这可能是由于该地区受外来入侵植物的影响，造成植物优势种改变，重要值相差很大，因此植物多样性指数均很低，群落稳定性较差（雷金睿等，2017），未来应该加强对三十六曲溪和南丽湖湿地植物物种多样性的保护和对外来入侵物种的防控。

5.3.2　重要湿地植物多样性影响因素

有研究表明，土壤水分、盐分和养分等环境因子对湿地生态系统的植物多样性具有直接的影响（赵敏等，2019；李静等，2021）。如潘晓玲等（2001）对塔里木河中下游的湿地植被分布格局研究发现，土壤水分和盐分是影响塔里木河中下游湿地植被分布格局的主要因素。同时，张江英等（2007）通过对艾里克湖湿地的研究也表明，土壤水和养分是影响艾里克湖湿地植被分布格局的主要因素。本研究结果也发现，海南岛重要湿地植物物种多样性与土壤环境因素具有较好的相关关系，冗余分析中第一轴（RDA1）和第二轴（RDA2）可以解释将近99.44%，表明湿地土壤环境因子是大多数植物生长存活的基础，也是为植物提供养分和水分的载体，两者间的相互作用机理是生态学研究领域的大热点（肖烨等，2014；徐进等，2015）。同时，本研究发现植物物种多样性与土壤盐度呈负相关关系，表明高盐梯度生境对植物具有一定的胁迫作用，这与以往研究者在黑河中游湿地结果一致，即随土壤盐分梯度的增加，植物多样性呈逐渐下降趋势（潘晓玲等，2001），这主要是由于随着土壤盐分含量的增加，植物对土壤养分资源的利用率逐渐下降，导致植被生长和发育受限（王盼盼等，2015；Iqbal，2018），从而影响湿地植物物种多样性。

此外，本研究还发现，湿地植物物种多样性与土壤含水量呈显著正相关关系，这在其他研究中也得到证实（贾蕙君等，2017），这主要是由于土壤含水率通过影响土壤养分的可利用性来影响植物分布，从而影响物种多样性。同时，本研究结果中土壤含水量、土壤全氮和全磷与植物物种多样性呈显著正相关关系也进一步证实该结论。还有学者发现，土壤有机质对植物物种多样性具有重要作用（杨丽霞等，2014），本研究也发现土壤有机质与植物多样性呈正相关关系，表明土壤有机质对于提高植物多样性具有重要意义。有机质作为土壤养分的主要指标，其含量直接影响土壤肥力状况，进而影响植物生长发育水平及多样性。当然，湿地植物多样性除了受土壤环境因素，还受人类活动和气候变化影响，本研究主要探究土壤环境因素与湿地植物多样性关系，未来将结合人为干扰和气候因素，综合评价不同影响因素对海南岛湿地植物多样性影响（贺敬滢等，2012；刘俊娟，2017），从而为海南岛湿地植物多样性保护提供理论依据。

5.4 | 本章小结

本章内容以海南岛8处典型的重要湿地为研究对象，基于野外样方调查和土壤理化性质分析，重点研究了海南岛不同湿地植物多样性变化及其与土壤环境因子关系。其主要研究结论如下：

（1）海南岛8处重要湿地共调查到植物434种，隶属109科330属，表明海南岛湿地植物资源丰富、物种丰富度高，且主要以被子植物为主，占总物种数的95.85%；蕨类植物较少，占总物种数的4.15%。

（2）不同湿地植物物种多样性差异显著，8处重要湿地中，美舍河湿地的物种丰富

度指数和香农 – 威纳指数最高，且显著高于其他 7 处湿地，表明美舍河相对于其他湿地群落结构更加稳定；而辛普森指数和 Pielou 均匀度指数在 8 处湿地间均无显著性差异。此外，植物物种多样性指数与土壤环境因子具有较好的相关关系，可以解释湿地植被群落多样性 99.44% 的变异。

主要参考文献

程志，郭亮华，王东清，等，2010. 我国湿地植物多样性研究进展 [J]. 湿地科学与管理，6(2): 53–56.

贺敬滢，张桐艳，李光录，2012. 丹江流域土壤全氮空间变异特征及其影响因素——以陕南张地沟小流域为例 [J]. 中国水土保持科学，10(3): 81–86.

贾蕙君，李帅，郝婧，等，2017. 黄河中游（龙门—汾河入黄口）水分因子与湿地植多样性的相关关系研究 [J]. 山西农业科学，45(8): 1325–1330.

雷金睿，宋希强，陈宗铸，2017. 海口城市公园植物群落多样性研究 [J]. 西南林业大学学报，37(1): 88–93+103.

李静，王恒，胡杰，等，2021. 宁武老师傅海湿地植物物种多样性及其与环境因子的关系 [J]. 生态学杂志，40(4): 950–958.

李玉霞，周华荣，2011. 干旱区湿地景观植物群落与环境因子的关系 [J]. 生态与农村环境学报，27(6): 43–49.

刘俊娟，2017. 丹江湿地植物多样性特征及其环境影响因素 [J]. 西南农业学报，30(12): 2811–2819.

潘晓玲，张远东，初雨，等，2001. 塔里木河流域荒漠河岸林群落的多元分析及环境解释 [J]. 西北植物学报，21(2): 247–251.

秦晓娟，董刚，邓永利，等，2015. 山西平陆黄河湿地植物分类学多样性 [J]. 生态学报，35(2): 409–415.

申益春，杨泽秀，方赞山，等，2019. 海南琼中湿地植物资源与植被类型 [J]. 分子植物育种，17(2): 673–682.

王盼盼，李艳红，张小萌，2015. 艾比湖湿地植物群落变化对盐分环境梯度的响应 [J]. 生态环境学报，24(1): 29–33.

肖烨，黄志刚，武海涛，等，2014. 三江平原 4 种典型湿地土壤碳氮分布差异和微生物特征 [J]. 应用生态学报，25(10): 2847–2854.

徐进，徐力刚，丁克强，等，2015. 鄱阳湖洲滩湿地土壤—水—植物系统中磷的静态迁移研究 [J]. 土壤学报，52(1): 138–144.

杨丽霞，陈少锋，安娟娟，等，2014. 陕北黄土丘陵区不同植被类型群落多样性与土壤有机质、全氮关系研究 [J]. 草地学报，22(2): 291–298.

杨阳，张亦，2014. 我国湿地研究现状与进展 [J]. 环境工程，32(7): 43–48+78.

鱼腾飞，冯起，司建华，等，2011. 黑河下游额济纳绿洲植物群落特征与物种多样性研究 [J]. 西北植物学报，31(5): 1032–1038.

曾云英，顾嘉赟，2021. 南京鱼嘴湿地公园植物多样性研究 [J]. 生态科学，40(6): 207–212.

张江英，周华荣，高梅，2007. 白杨河 – 艾里克湖湿地及周边植物群落与环境因子的关系 [J]. 干旱区地理，30(1): 101–107.

张金屯，2011. 数量生态学 [M]. 2 版. 北京：科学出版社.

张洺也，王雪宏，佟守正，等，2021. 莫莫格湿地恢复区的植物群落物种多样性研究 [J]. 湿地科学，19(4): 458–464.

张树斌，王襄平，吴鹏，等，2018. 吉林灌木群落物种多样性与气候和局域环境因子的关系 [J]. 生态学报，38(22): 7990–8000.

赵敏，赵锐锋，张丽华，等，2019. 基于盐分梯度的黑河中游湿地植物多样性及其与土壤因子的关系 [J]. 生态学报，39(11): 4116–4126.

周静，万荣荣，2018. 湿地生态系统健康评价方法研究进展 [J]. 生态科学，37(6): 209–216.

IQBAL T, 2018. Rice straw amendment ameliorates harmful effect of salinity and increases nitrogen availability in a saline paddy soil[J]. Journal of the Saudi Society of Agricultural Sciences, 17(4): 445–453.

第6章

湿地濒危植物潜在适宜生境预测——以水菜花为例

水菜花（*Ottelia cordata*）隶属于水鳖科（Hydrocharitaceae）水车前属（*Ottelia*），是一年生或多年生水生草本植物。在2021年9月最新公布的《国家重点保护野生植物名录》中，水菜花被列为国家二级保护野生植物，主要分布于中国、泰国、缅甸和柬埔寨等地区的淡水沟渠及池塘中。水菜花的生长对水质要求极高，是湿地水质的指示性植物，因此被形象地称为"水质监测员"。其喜生于清洁的水环境中，常成单株或几株聚生，野外分布数量较少，在我国仅零星分布于海南岛北部的海口、文昌、澄迈等地的火山熔岩湿地区（杨小波等，2015；Shen et al，2021），为海南特有的珍稀濒危物种。近年来，随着湿地面积萎缩、水体污染加剧以及气候变化的影响，水菜花适宜生境正被逐渐压缩、种群数量急剧减少，生存状态日渐濒危。目前，有关水菜花的研究极少，文献可查最早关于水菜花的研究是赵佐成等在1984年对华南地区淡水水鳖科植物的生态特征和群落学观察，文中详细描述了水菜花的生活习性、生长环境、群落组成等群落学特征，为后来学者对水菜花的研究提供了极大的参考价值；其他文献则主要围绕水菜花核型分析（简永兴等，1996）、种群动态及其影响因素（Shen et al，2021）、基因测定（Wang et al，2019；Zhang et al，2020）和叶片光合效率（Huang et al，2020；Wang et al，2022）等方面开展研究。

随着水菜花种群及生境的逐渐减小，对其适宜生境开展分析研究显得尤为重要。而传统仅依靠人力进行野外实地数据采集的生境调查方法，过于耗力费时，不适宜做大尺度的生境状况评估。近年来，生态位模型被广泛应用于入侵生物学、保护生物学、生物多样性保护及全球气候变化对物种分布的影响及谱系生物地理学等多个领域（宁瑶等，2018）。MaxEnt模型基于最大熵原理，即在满足已知约束的条件下，选择熵最大的模型，它利用物种的存在分布点和环境变量，来推算物种的生态需求和模拟物种的潜在分布。MaxEnt由于其简单直接的操作、简洁清晰的图形界面及参数自动配置的功能，被广大研究者广泛应用。

因此，本章内容基于实地采集的水菜花真实分布点数据，运用生态位物种分布模型 MaxEnt，利用物种分布与地形及自然气候环境间的紧密关联，拟合水菜花种群适宜生境分布，并结合气候变化情景预测水菜花种群历史和未来的适宜生境分布特征，明确水菜花种群在气候变化背景下的地理分布特征及其主要限制因子，为日渐萎缩的水菜花种群数量及栖息地恢复提供科学参考，将有利于濒危物种保护及其生存依赖的湿地生态系统的修复和管理。

6.1 | 研究方法

6.1.1 数据来源

本研究水菜花分布数据均为项目组在开展海南岛重要湿地植物资源野外调查时所得（图6-1），主要分布在海口市、澄迈县、定安县等，共采集分布点45个，为避免因分布点位距离过近造成模型的过度拟合，故在每个1km×1km的网格中仅保留一个分布点，最终保留20个有效分布点作为模型拟合的基础数据（图6-2）。

图6-1　水菜花（*Ottelia cordata*）

图6-2　水菜花原始分布点及模型有效分布点

本研究使用的数据主要包括气象、地形、土壤三大类21个变量（表6-1）。气象数据包括气温和降水两部分的19个变量，分全新世中期Mid-Holocene（6000年以前）、当前Present（1970—2000年）和未来（2061—2080年）3个时期，均来自世界气候数据库（https://www.worldclim.org/），空间分辨率为1km，其中未来气候数据选用BCC-CSM2-MR气候系统模式中的SSP1-2.6、SSP2-4.5、SSP3-7.0和SSP5-8.5不同社会经济假设驱动的4种共享情景。地形变量主要引用中国科学院计算机网络信息中心（http://www.gscloud.cn）的DEM数据。土壤类型数据来源于中国科学院资源环境科学与数据中心（http://www.resdc.cn）。

因环境因子之间大多存在一定的关联性，为避免模型拟合过程中发生数据冗余和过度拟合，本研究在参考相关研究文献的基础上（Yang et al, 2020；张华等，2021），对全部21个变量进行相关分析，当2个因子间相关性大于0.85时，去除贡献率较小的，最后选取14项环境变量用于最终的模型拟合。

表6-1　环境变量及其相关信息

类型	变量	描述	单位
气候变量	bio_02	平均气温日较差	℃
	bio_03	等温性（bio_02/bio_07×100）	%
	bio_05	最热月最高温度	℃
	bio_07	平均气温年较差	℃
	bio_08	最湿季度平均温度	℃
	bio_10	最热季度平均温度	℃
	bio_12	年均降水量	mm
	bio_14	最干月降水量	mm
	bio_15	降水量变异系数	%
	bio_17	最干季度降水量	mm
	bio_18	最热季度降水量	mm
	bio_19	最冷季度降水量	mm
地形变量	dem	海拔	m
土壤变量	siol	土壤类型	类

6.1.2　数据处理

①将所有环境因子数据裁剪为研究区范围并重新投影到相同坐标；②将整理后的物种分布数据转成CSV文件；③通过重采样将所有变量数据转成栅格数据，结合空间插值及重采样方法将分辨率统一至30m；④将所有变量栅格数据转成ASC格式文件。

6.1.3　模型构建

在最大熵模型MaxEnt软件中相继载入经过预处理的濒危物种分布数据和环境变量数据；多次拟合调整后得出，随机测试比例设定为25%，正则化乘数设置为1.2时，结果最贴近物种实际分布特征，同时采用Jacknife检验环境因子重要性，模型运行精度使用ROC曲线（受试者工作特征曲线）下面积（AUC）进行评价，值越大模型预测效果越好（张华等，2021）。评价标准分一般、好和非常好三级，对应的AUC值区间分别为0.7～0.8、0.8～0.9和0.9～1.0（Araújo and Guisan，2006；张华等，2020）。设置20次bootstrap重复，取最终平均值，其他参数保持默认设置。模拟结果以概率的形式反映物种在空间上存在的可能性大小，取多次重复后的最低培训存在值（minimum training presence）作为划分物种适宜生境的阈值（Pearson et al，2007），该值是模型拟合出的物种存在的最低临界值。最后在ArcGIS平台下通过自然断点法（宁瑶等，2018），对水菜花生境拟合结果进行适生等级划分。

6.2 | 结果与分析

6.2.1 影响水菜花分布的环境因子

基于MaxEnt软件20次重复模拟的结果显示，ROC曲线综合AUC值为0.993，模型拟合预测效果表现良好，可靠性高（图6-3）。

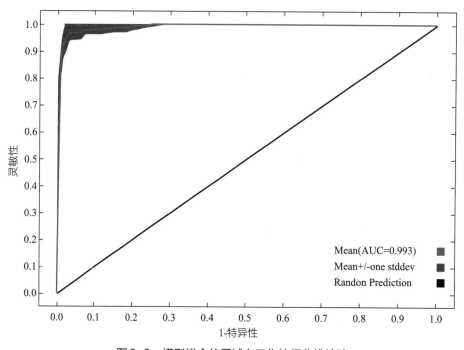

图6-3 模型拟合的受试者工作特征曲线检验

MaxEnt模型拟合结果显示（图6-4），等温性bio_03（22.6%）、最冷季度降水量bio19（21.4%）、土壤类型（16.6%）和年均降水量bio_12（14.1%）对拟合结果贡献率最大，占总量的74.7%。从正规化训练增益影响看（图6-5），单因子对水菜花作用时，最冷季度降水量（bio_19）、最干季度降水量（bio_17）、最干月降水量（bio_14）、降水量变异系数（bio_15）对水菜花影响最大。综合以上结果可以看出，降水量是影响水菜花分布的首要环境因子。

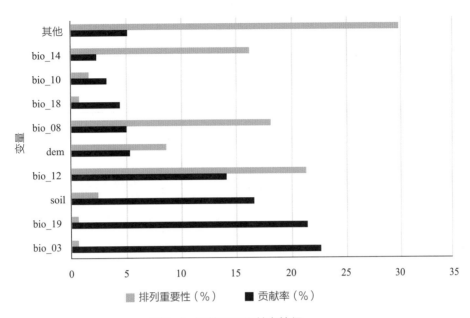

图6-4　环境因子贡献率特征

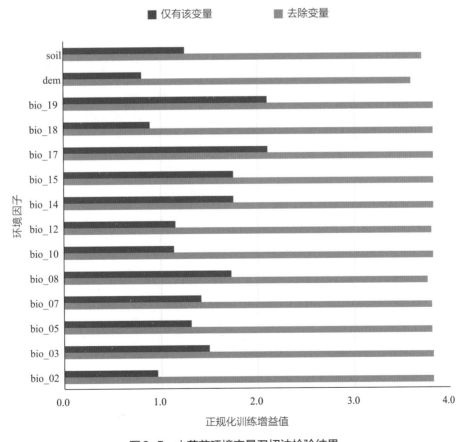

图6-5　水菜花环境变量刀切法检验结果

6.2.2 水菜花适宜生境的生态特征

拟合结果显示（表6-2），水菜花当前总适宜生境面积996.77km²，主要分布在海口市及周边地区。其中，高度适宜生境138.51km²，中度适宜生境262.03km²，低度适宜生境596.23km²。高度适宜区主要分布在海口市的龙泉镇、遵谭镇、新坡镇交汇处以及龙塘镇、龙桥镇和城西镇的交汇处（图6-6）。

表6-2　水菜花适宜生境面积变化信息

时期	高度适宜区（km²）	中度适宜区（km²）	低度适宜区（km²）	总和（km²）
全新世中期	124.67	224.75	658.81	1008.23
当前	138.51	262.03	596.23	996.77
SSP1_2.6_2070s	118.49	206.31	686.19	1010.99
SSP2_4.5_2070s	120.62	227.79	786.36	1134.76
SSP3_7.0_2070s	123.67	217.84	673.89	1015.40
SSP5_8.5_2070s	130.94	236.11	736.43	1103.49
全新世中期—当前	13.84	37.28	−62.58	−11.46
当前—SSP1_2.6_2070s	−20.02	−55.71	89.96	14.22
当前—SSP2_4.5_2070s	−17.89	−34.24	190.13	137.99
当前—SSP3_7.0_2070s	−14.84	−44.18	77.66	18.63
当前—SSP5_8.5_2070s	−7.57	−25.91	140.20	106.72

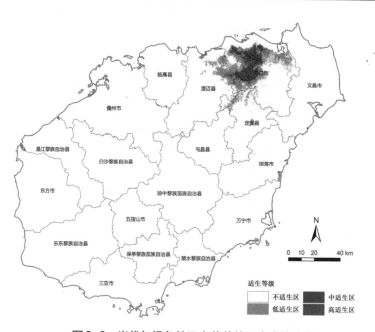

图6-6　当代气候条件下水菜花的适宜生境分布

对水菜花分布影响最大的等温性、最冷季度降水量、土壤类型和年均降水量4个因子进行单因子建模。结果显示，水菜花分布在等温性因子条件下的适宜生长区间为20%～43%，当等温性为37%时，分布概率达到最高值。年降水量在1200～1800mm和最冷季度降水量在85～120mm，适宜水菜花种群生存，当两个变量分别为1600mm和105mm时，最适宜水菜花生存。从土壤类型看，水菜花最适生长在石灰土和水稻土环境中。以上各变量的适生区间阈值与响应曲线具有很高的一致性，结果可信度较高（图6-7）。

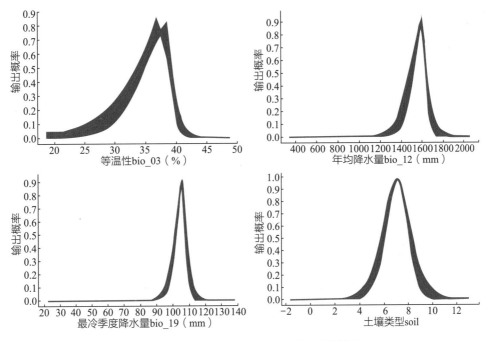

图6-7　水菜花分布与主导环境因子的关系

6.2.3　气候变化对水菜花潜在地理分布的影响预测

对全球气候模式（GCMs）全新世中期和BCC-CSM2-MR气候系统模式2070年4种不同社会经济假设驱动情景下的水菜花适宜生境进行模拟，结合当前气候拟合结果，获取水菜花种群在气候变化背景下适宜生境面积及其潜在分布区的变化结果（表6-2和图6-8）。

结果显示，全新世中期（Mid-Holocene）适宜生境总面积为1008.23km²，较当前气候条件下大11.46km²，其中高度适宜区小13.84km²，中度适宜区小37.28km²，低度适宜区大62.58km²。2070年SSP1_2.6社会经济路径下，适宜生境面积为1010.99km²，较当前气候条件增加14.22km²，其中高度适宜区减少20.02km²，中度适宜区减少55.71km²，

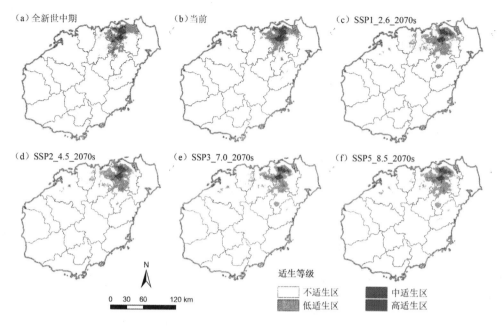

图6-8　不同气候情景下水菜花适宜生境的空间分布

低度适宜区增加89.96km²。SSP2_4.5社会经济路径下，适宜生境为1134.76km²，较当前气候条件增加137.99km²，其中高度适宜区减少17.89km²，中度适宜区减少34.24km²，低度适宜区增加190.13km²。SSP3_7.0社会经济路径下，适宜生境为1015.40km²，较当前气候条件增加18.63km²，其中高度适宜区减少14.84km²，中度适宜区减少44.18km²，低度适宜区增加77.66km²。SSP5_8.5社会经济路径下适宜生境为1103.49km²，较当前气候条件增加106.72km²，其中高度适宜区减少7.57km²，中度适宜区减少25.91km²，低度适宜区增加140.20km²。

　　从面积变化的总体情况看，水菜花种群适宜生境从历史到未来总面积呈先减少后增加态势；高适生区和中适生区面积均以当前气候条件下最高，未来呈下降趋势；低适生区面积则以当前气候条件最低，在未来会有一定增长。高度和中度适宜生境区将在当前气候分布区的基础上逐渐收缩，低度适宜生境则会在西部及南部出现新增区域。

6.2.4　气候变化对生境空间转移的影响

　　由图6-9可知，不同气候时期水菜花适宜生境分布的质心呈西南—东北—西南转移的空间分布格局。全新世中期到当前气候条件下，适宜生境质心向东北方向转移约4km；当前气候条件到2070年4种不同社会经济假设路径情景下，适宜生境质心均向西南方向转移，转移距离分别为SSP1_2.6情景11km、SSP2_4.5情景13km、SSP3_7.0情景17km和SSP5_8.5情景11km。

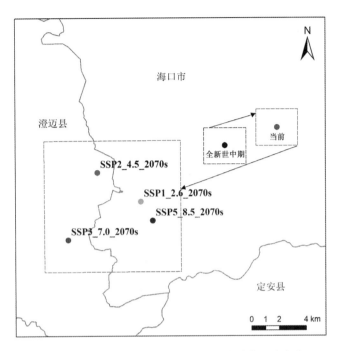

图6-9　不同气候情景下水菜花适宜生境的质心变化

从生境的新增和消失情况来看，全新世中期到当前气候条件下，适宜生境新增214.90km²，减少226.36km²；新增区主要位于海口市北部及西南部地区，减少区主要分布在海口市东北部和定安县的北部地区。2070年气候条件下，4个不同经济路径，新扩增区域的面积分别为363.13km²、382.15km²、381.31km²和416.06km²，减少区域面积分别为348.90km²、244.16km²、362.67km²和309.34km²，其中新增区域主要位于海口市北部、中部、南部，以及澄迈县东部和定安县北部地区；减少区域主要位于海口市西部、西南部和东北部区域（表6-3和图6-10）。

表6-3　不同时期水菜花适宜生境动态变化情况表

阶段	新增区（km²）	稳定区（km²）	减少区（km²）
全新世中期—当前	214.90	781.87	226.36
当前—SSP1_2.6_2070s	363.13	647.87	348.90
当前—SSP2_4.5_2070s	382.15	752.61	244.16
当前—SSP3_7.0_2070s	381.31	634.09	362.67
当前—SSP5_8.5_2070s	416.06	687.43	309.34

总体来讲，水菜花适宜生境从全新世纪中期到当前气候条件下，质心逐渐向东北方向转移，其中新增适宜生境主要位于原分布区的北部及西南部区域，减少区域位于原分布区外围的东北和西南区域。到2070年，适宜生境质心重新向西南方向更大幅度

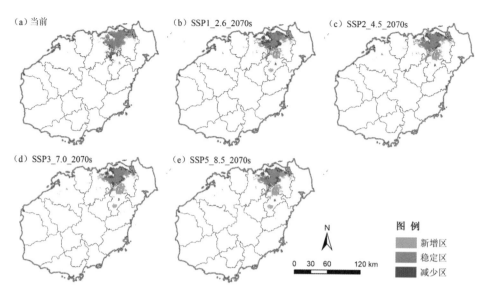

图6-10　不同气候情景下水菜花适宜生境增减的空间变化

转移，原分布区的东部、南部会出现较大块新增适宜生境，而原分布区的东北部、西北部及西南部会有适宜生境的消失。

6.3 | 讨论

6.3.1　气候环境对水菜花种群分布的限制

湿地对气候变化有着敏感的响应，气温和降水的变化能够直接影响湿地生物群落、蒸散发速率以及水文、生物区系的变化，进而改变整个生态系统格局和稳定性（Semeniuk and Semeniuk，2013；Barros and Albernaz，2014）。本研究中模型拟合结果同样显示水菜花种群的生存对温差与降水量的变化较为敏感，同时在土壤类型上也有着较为特定的要求。Zhang等（2021）对洞庭湖湿地植被变化的时空格局和因素研究时发现，气候变化对湿地植被的威胁比重占全部影响因素的59.19%。水菜花的生存和生命周期的完成与水有着密切关系，外界对水菜花的影响大多是以水为媒介完成的（赵佐成等，1984）。Shen等（2021）对3种不同生境中水菜花种群动态及其影响因素的研究结果表明，水深和浑浊度是决定水菜花种群繁育和扩增的关键因子，过浅以及过于浑浊的水环境会制约水菜花的生长。而研究发现，湿地的面积和径流深度与温度和降水量有着极显著的相关性（于成龙等，2020）。湿地生境的稳定和变化会直接或间接影响水菜花种群的分布。杨丹等（2021）在研究湖泊湿地生态系统稳态转变及对气候变化的响应时发现，降水对湿地稳态转变有着显著的影响，湿地稳态转变与长期的水量变化有关。刘志伟等

（2019）对青藏高原湿地变化及其驱动力的研究结果也显示气温升高、地表蒸散发量增大、降水量增加是影响青藏高原湿地变化的主要自然因素。另外，过高的气温会使入侵植物快速生长（Scheffer et al，2003），入侵植物对植物群落的威胁已得到多方论证，对于水菜花来说水葫芦等入侵植物的疯长是制约和威胁其发展的主要因素，水葫芦依靠其极强的适生性和快速繁殖能力，广泛分布于研究区域的溪流、沼泽、库塘等湿地中，严重掠夺和挤压了水菜花的生存空间（范志浩等，2019；申益春等，2021）。

6.3.2　气候变化对水菜花生境空间分布的影响

水菜花种群在全新世中期、当前和未来 2070 年 4 种不同经济路径气候背景下适宜生境面积呈先减少后增加趋势，以 2070 年 4.5 中等强迫模式下的生境面积最大，质心呈西南—东北—西南转移的空间分布格局。有研究发现，在未来气候变化情境下，到 2050 年全球约有 15%～37% 的物种存在灭绝的风险（Thomas et al，2004）。本研究中，当前到 2070 年期间，适宜生境的东部、南部会出现较大块新增适宜生境，而原分布区的东北部、西北部及西南部区域则会有大面积适宜生境消失，质心重新向西南方向进行更大幅度转移。另外从不同等级适宜生境的演变情况来看，高度适宜区和中度适宜区以当前气候环境下面积最大，在未来分别会发生 5%～15% 和 10%～21% 的衰减，主要围绕在当前分布区的外围区域由外向内缩紧；而生境的增加则主要集中在低度适宜生境区，增幅为 2%～14%，集中分布在当前适生区的西部及南部。

社会经济因素是研究区及周边湿地变化的主要因素（钟尊倩等，2021）。本研究使用政府间气候变化专门委员会（IPCC）发布的 2070 年不同社会经济路径情景下未来气候的预测结果显示，2070 年等温性较当前气候呈向南逐渐升高趋势，年均降水量全岛整体提升 200～800mm，最冷季度降水量在琼北地区出现下降缩减。综合本研究拟合结果中对水菜花影响最大的适宜生境临界阈值结果可以得出，降水量增大和温度的升高引起了水菜花对环境因子适生阈值区间不断向南部转移，同时当前生境气候条件的适宜度发生改变，引起高度适宜和中度适宜区不断向内部收缩。

Ngarega 等（2022）对非洲 7 种水车前属（*Ottelia*）植物在未来不同二氧化碳排放浓度路径下物种分布的研究显示，海拔和气候（气温、降水量）对水车前属植物的分布影响显著，气候变化背景下水车前属植物生境会发生衰减，质心逐渐向北移动。另外，不同学者在气候变化背景下对桫椤（张华等，2020）、绵刺（秦媛媛等，2022）种群的潜在空间分布情况的研究结果也表明，未来气候情景下，种群适宜生境总面积呈增加趋势，其中高度和中度适宜生境减少，低度适宜生境面积增加，与本研究的结论相似。但不同于桫椤（张华等，2020）、青冈（张立娟等，2020）、秤锤树属（杨腾等，2020）、梭梭（马松梅等，2017）等种群适宜生境质心向北部、高纬度、高海拔地区转移的情况，本研究中水菜花分布总体质心呈向南和低纬度转移趋势，与秦媛媛等（2022）对绵刺的潜在地理分布研究中的质心向西南方向转移的结论相似，但该文献中种群逐渐向高海拔地区转移的特征又与水菜花适宜生境转移格局相异。可以看出，物种间因自身生物学特性不同，决定了所依赖环境因子的差异性，而不同因子空间异质性格局的不同，进而引发物种演替格局的差异。

总结前人研究结果和本研究结论可以发现，温差、降水量、土壤类型、水环境深度、浊度以及入侵植物等，是制约水菜花种群繁育和扩增的主要关键因素。本研究仅从气候、地形和土壤变量角度模拟水菜花种群的适生区域，结果或存在一定片面性及不确定性，在实际应用及后续研究中，需结合人为扰动、水质情况、入侵植物等多因素共同论证，以确保研究结果更具科学性和指导意义。

6.4 | 本章小结

本章内容基于地理信息系统和生态位模型，结合气候、地形和土壤因子，探究了水菜花种群环境限制因子及其在气候变化背景下潜在适宜生境的演变格局。从气候环境角度论证了水菜花种群的潜在生境选择及空间变化特征，研究结果可为濒危物种保护保育、湿地管理及其生物多样性维护工作提供参考和理论依据。其主要研究结论如下：

（1）水菜花种群对温差与降水量变化敏感，等温性、最冷季度降水量、土壤类型和年均降水量是影响水菜花种群分布的关键环境因子。水菜花种群最低和最佳的生存环境临界值范围分别为：等温性20%～43%（37%），年降水量1200～1800mm（1600mm），最冷季度降水量85～120mm（105mm），石灰土和水稻土。

（2）全新世中期—当前—2070s的气候变化背景下，水菜花适宜生境面积先减小后增大，分布质心呈西南—东北—西南转移的空间格局。

（3）未来气候情景下，降水和温度的变化引起水菜花高度和中度适宜生境缩减，低度适宜生境增加，南部地区出现新增适宜生境，原分布区的东北部、西北部及西南部有适宜生境消失。

主要参考文献

范志浩, 黄铮, 周湘红, 2019. 海口湿地生态系统优化提升策略[J]. 中南林业调查规划, 38(2): 68–72.

简永兴, 杨广民, 彭映辉, 等, 1996. 水白菜与水菜花的核型分析[J]. 湖南中医学院学报(1): 56–58.

林华, 王耀山, 2020. 海口美舍河国家湿地公园水质分析研究[J]. 热带林业, 48(4): 42–46.

刘志伟, 李胜男, 韦玮, 等, 2019. 近三十年青藏高原湿地变化及其驱动力研究进展[J]. 生态学杂志, 38(3): 856–862.

马松梅, 魏博, 李晓辰, 等, 2017. 气候变化对梭梭植物适宜分布的影响[J]. 生态学杂志, 36(5): 1243–1250.

宁瑶, 雷金睿, 宋希强, 等, 2018. 石灰岩特有植物海南凤仙花潜在适宜生境分布模拟[J]. 植物生态学报, 42(9): 946–954.

秦媛媛, 鲁客, 杜忠毓, 等, 2022. 气候变化情景下孑遗植物绵刺在中国的潜在地理分布变化[J]. 生态学报, 42(11): 4473–4484.

申益春, 任明迅, 黎伟, 等, 2021. 羊山湿地景观植物群落与景观应用模式[J]. 江苏农业科学, 49(11): 92–97.

王欣, 2018. 海口市河湖水系连通与水动力水环境研究[D]. 广州: 华南理工大学.

杨丹, 王文杰, 吴秀芹, 等, 2021. 1985—2016 年安固里淖湖泊湿地生态系统稳态转变及对气候变化的响应[J]. 环境科学研究, 34(12): 2954–2961.

杨腾, 王世彤, 魏新增, 等, 2020. 中国特有属秤锤树属植物的潜在分布区预测[J]. 植物科学学报, 38(5): 627–635.

杨小波, 吴庆书, 李跃烈, 等, 2005. 海南北部地区热带雨林的组成特征[J]. 林业科学 (3): 19–24.

杨小波, 李东海, 陈玉凯, 等, 2015. 海南植物图志[M]. 北京: 科学出版社.

于成龙, 王志春, 刘丹, 等, 2020. 基于 SWAT 模型的西辽河流域自然湿地演变过程及驱动力分析[J]. 农业工程学报, 36(22): 286–297.

张华, 赵浩翔, 王浩, 2020. 基于 MaxEnt 模型的未来气候变化情景下胡杨在中国的潜在地理分布[J]. 生态学报, 40(18): 6552–6563.

张华, 赵浩翔, 徐存刚, 2021. 气候变化背景下孑遗植物杪椤在中国的潜在地理分布[J]. 生态学杂志, 40(4): 968–979.

张立娟, 李艳红, 任涵, 等, 2020. 气候变化背景下青冈分布变化及其对中国亚热带北界的指示意义[J]. 地理研究, 39(4): 990–1001.

赵佐成, 孙祥钟, 王徽勤, 1984. 华南地区淡水水鳖科植物的生态特征和群落学观察[J]. 生态学报 (4): 354–363.

钟尊倩, 邱彭华, 杨星, 2021. 海口市近 30 年来湿地变化及其驱动力分析[J]. 海南师范大学学报 (自然科学版), 34(2): 215–226.

ARAÚJO M B, GUISAN A, 2006. Five (or so) challenges for species distribution modelling[J]. Journal of Biogeography, 33: 1677–1688.

BARROS D, ALBERNAZ A, 2014. Possible impacts of climate change on wet-lands and its biota in the Brazilian Amazon[J]. Brazilian Journal of Biology, 7474: 810–820.

HUANG W M, HAN S J, XING Z F, et al, 2020. Responses of leaf anatomy and CO_2 concentrating mechanisms of the aquatic plant *Ottelia cordata* to variable CO_2[J]. Frontiers in Plant Science, 11: 1261.

NGAREGA B K, NZEI J M, SAINA J K, et al, 2022. Mapping the habitat suitability of *Ottelia* species in Africa[J]. Plant Diversity, 44(5): 468–480.

PEARSON R G, RAXWORTHY C J, NAKAMURA M, et al, 2007. Predicting species distributions from small numbers of occurrence records: A test case using cryptic geckos in Madagascar[J]. Journal of Biogeography, 34: 102–117.

SCHEFFER M, SZAB S, GRAGNANI A, et al, 2003. Floating plant dominance as a stable state[J]. Proceedings of the national academy of sciences, 100(7): 4040–4045.

SEMENIUK C A, SEMENIUK V, 2013. The response of basin wetlands to climate changes: a review of case studies from the Swan Coastal Plain, south-western Australia[J]. Hydrobiologia, 708(1): 45–67.

SHEN Y C, LEI J R, SONG X Q, et al, 2021. Annual population dynamics and their influencing factors for an endangered submerged macrophyte (*Ottelia cordata*) [J]. Frontiers in Ecology and Evolution, 9: 688304.

THOMAS C D, CAMERON A, GREEN R E, et al, 2004. Extinction risk from climate change[J]. Nature, 427: 145–148.

WANG H X, GUO J L, LI Z M, et al, 2019. Characterization of the complete chloroplast genome of an endangered aquatic macrophyte, *Ottelia cordata* (Hydrocharitaceae)[J]. Mitochondrial DNA Part B, 4(1): 1839–1840.

WANG S N, LI P P, LIAO Z Y, et al, 2022. Adaptation of inorganic carbon utilization strategies in submerged and floating leaves of heteroblastic plant *Ottelia cordata*[J]. Environmental and Experimental Botany, 196: 104818.

YANG X Q, KUSHWAHA S P S, SARAN S, et al, 2013. Maxent modeling for predicting the potential distribution of medicinal plant, *Justicia adhatoda* L. in Lesser Himalayan foothills[J]. Ecological Engineering, 51: 83–87.

ZHANG M, LIN H, LONG X, et al, 2021. Analyzing the spatiotemporal pattern and driving factors of wetland vegetation changes using 2000—2019 time-series Landsat data[J]. Science of The Total Environment, 780: 146615.

ZHANG Q F, SHEN Z X, LI F Y, et al, 2020. Complete chloroplast genome sequence of an endangered *Ottelia cordata* and its phylogenetic analysis[J]. Mitochondrial DNA Part B, 5(3): 2209–2210.

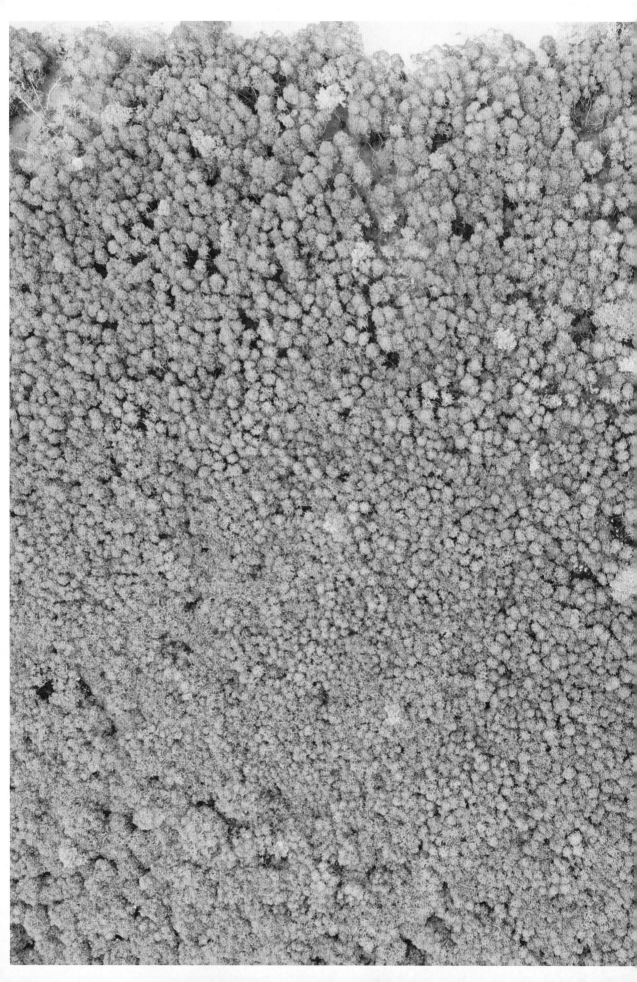

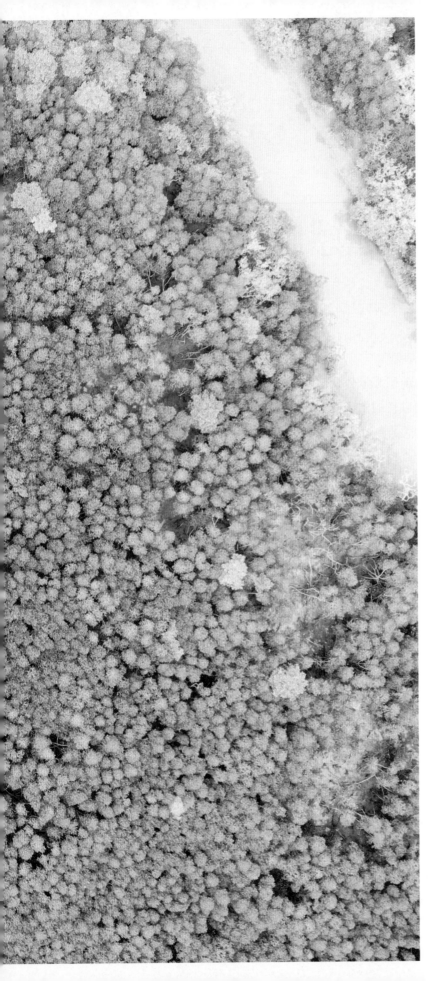

第二部分

海南岛湿地景观遥感监测与分布预测

第7章
湿地分类与遥感解译

7.1 | 湿地分类体系

　　湿地的定义有多种，目前国际上公认的《湿地公约》把湿地定义为：湿地是指天然的或人工的，永久的或间歇性的沼泽地、泥炭地、水域地带，带有静止或流动、淡水或半咸水及咸水水体，包括低潮时水深不超过6m的海域。按照这个定义，湿地包括多种类型，珊瑚礁、滩涂、红树林、湖泊、河流、河口、沼泽、水库、池塘、水稻田等都属于湿地。它们的共同特点是其表面常年或经常覆盖着水或充满了水，是处于陆地生态系统（如森林和草地）与水生生态系统（如深水湖和海洋）之间的过渡带，兼具多种生态系统功能的特殊形态。

　　湿地的科学分类是湿地科学理论研究的核心问题之一，也是湿地科学发展水平的标志。湿地分类主要是根据不同类型的湿地结构、功能特征将湿地划分为等级系统，同一类型具有共性特征，不同类型之间具有差异性。湿地分类必须建立在对湿地本质特征充分认识的基础上。由于湿地生态系统具有明显的过渡性、复合性，加之湿地管理的多目标性，目前还没有统一的湿地分类系统（吕宪国和刘红玉，2004）。湿地分类系统是开展湿地动态监测研究的基础，其准确性、合理性不仅影响到湿地类型的划定和解译结果，而且进一步影响到湿地的动态变化分析和生态系统健康评估。因此，根据研究目的需要建立一个科学而合理的湿地分类系统。

　　湿地分类早在1900年左右就开始了，那是对欧洲和北美泥炭地的分类（刘厚田，1995）。此后，不同国家根据他们的研究结果提出了各自不同的湿地分类系统（李玉凤和刘红玉，2014）。1989年，随着《湿地公约》缔约国数目的增加，为了提高《湿地公约》的适应性机制，要求各缔约国采用较为一致的"湿地种类"分级制度，在第四届缔约国大会上发展了一个新的分类系统，并获得通过，这一分类适用于全球范围内水禽栖息地的管理、保护以及国际交流与合作。该分类系统将湿地分为海洋和海岸湿地、内陆湿地与人工湿地三大类，其中海洋和沿海湿地11类、内陆湿地16类、人工湿地8类，共35种类型。在1999年的第七届缔约国大会上，又对原有湿地分类系统进行修改，最终确定为海洋和海岸湿地为12类、内陆湿地为20类、人工湿地为10类（表7-1）（国家林业局，2001）。

表7-1 湿地分类国际标准（Ramsar公约，1999年）

1级	自然湿地		人工湿地
	海洋和海岸湿地	内陆湿地	
2级	永久性浅海水域/海草层/珊瑚礁/岩石性海岸/沙滩、砾石与卵石滩/河口水域/滩涂/盐沼/潮间带森林湿地/咸水、碱水潟湖/海岸淡水湖/海滨岩溶洞穴水系	永久性内陆三角洲/永久性的河流/时令河/湖泊/时令湖/盐湖/时令盐湖/内陆盐沼/实令碱、咸水盐沼/永久性的淡水草本沼泽、泡沼/泛滥地/草本泥炭地/高山湿地/苔原湿地/灌丛湿地/淡水森林沼泽/森林泥炭地/淡水泉/绿洲/地热湿地/内陆岩溶洞穴水系	水产池塘/水塘/灌溉地/农用泛洪湿地/盐田/蓄水区/采掘区/废水处理场所/运河、排水渠/地下输水系统

我国对于湿地分类的研究始于20世纪70年代，主要是对沼泽和滩涂的分类研究。1995—2001年，国家林业局组织了第一次全国湿地资源调查，唐小平和黄桂林（2003）于1995年对全国湿地分类系统提出了初步设想，但一直没有一套比较完善的、能直接用于全国湿地资源调查的湿地分类系统。直到2009年11月，中国《湿地分类》国家标准发布，并于2010年1月正式实施，作为我国各地开展湿地资源调查的重要标准。《湿地分类》标准综合考虑湿地成因、地貌类型、水文特征和植被类型，将湿地分为三级（表7-2）。第一级，按照湿地成因，将全国湿地生态系统划分为自然湿地和人工湿地两大类。自然湿地按照地貌特征进行第二级分类，再根据湿地水文特征、植被形态特征和基质性质进行第三级分类；人工湿地的分类相对简单，按照人工湿地的主要用途进行第二级和第三级分类。

表7-2 中国湿地分类国家标准

1级	自然湿地				人工湿地
2级	近海与海岸湿地	河流湿地	湖泊湿地	沼泽湿地	人工湿地
3级	浅海水域 潮下水生层 珊瑚礁 岩石海岸 沙石海岸 淤泥质海滩 潮间盐水沼泽 红树林 河口水域 河口三角洲/沙洲/沙岛 海岸性咸水湖 海岸带淡水湖	永久性河流 季节性或间歇性河流 洪泛湿地 喀斯特溶洞湿地	永久性淡水湖 永久性咸水湖 永久性内陆盐湖 季节性淡水湖 季节性咸水湖	苔藓沼泽 草本沼泽 灌丛沼泽 森林沼泽 内陆盐沼 季节性咸水沼泽 沼泽化草甸 地热湿地 淡水泉/绿洲湿地	水库 运河、输水河 淡水养殖场 海水养殖场 农用池塘 灌溉用沟、渠 稻田/冬水田 季节性泛滥用地 盐田 采矿挖掘区和塌陷积水渠 废水处理场所 城市人工景观水面和娱乐水面

目前，湿地分类体系和分类方法依然十分繁多，对于不同的研究目的有着不同的分类方法，一般可以把湿地分类方法分成成因分类法、特征分类法和综合分类法三大类（李玉凤和刘红玉，2014）。因此，本研究在充分分析海南岛湿地资源现状及特征的基础上，借鉴《湿地公约》和《全国湿地资源调查与监测技术规程》中的湿地分类系统，并考虑到遥感影像可分辨的最小图斑、人工判读的可能性等因素，将海南岛湿地分为自然湿地、人工湿地和非湿地三大类，其中自然湿地包括河流、潟湖、红树林，人工湿地包括库塘、水产养殖场和盐田（表7-3）。因水稻田作为农田资源，有较准确的分布数据，不纳入本研究范围。

表7-3　海南岛湿地分类体系及划分标准

一级类型	二级类型	划分标准
自然湿地	河流	河流湿地包括永久或季节性、间歇性、定期性的河流及其支流、溪流、瀑布，以及内陆河流三角洲
	潟湖	被沙嘴、沙坝或珊瑚分割而与外海相分离的局部海水水域
	红树林	由红树植物为主组成的潮间沼泽
人工湿地	库塘	为蓄水、发电、农业灌溉、城市景观、农村生活为主要目的而建造的，面积不小于4hm^2（或6hm^2）的蓄水区
	水产养殖场	以水产养殖为主要目的而修建的人工湿地
	盐田	为获取盐业资源而修建的晒盐场所或盐池，包括盐池、盐水泉
非湿地		除湿地以外的其他土地利用类型

7.2 资料采集与数据来源

7.2.1 遥感数据

遥感影像数据凭借其容易获取、信息准确、时空受限小等优势，在自然资源调查、自然灾害监测、区域规划、农业估产等诸多方面应用广泛，常用的遥感数据有Landsat TM、ETM+和OLI/TIRS等系列遥感影像，也是现阶段湿地遥感研究中采用较多的数据源。

TM影像是Landsat-4、Landsat-5搭载的专题制图仪所获取的多波段扫描影像，其光谱分辨率、辐射分辨率和地面分辨率较多光谱扫描仪（MSS）图像有较大改进。TM影像有7个波段，B1～B3为可见光波段，B4、B5、B7分别为近红外、中红外、远红外波段，分辨率均为30m；B6为热红外波段，分辨率为120m（表7-4）。ETM+影像是Landsat-6搭载的增强型专题制图仪所获取的多波段扫描影像，与TM相比，ETM+增加了分辨率为15m的全色波段；Band 6有高低增益2种数据，分辨率达到60m，光谱分辨率进一步提高，可靠性也更高。OLI/TIRS陆地成像仪一共11个波段，包括了TM的所有波段，空间分辨率为30m，全色波段15m。OLI为了避免大气吸收特征，对波段进行了重新调整，Band 5排除了0.825μm处水汽吸收的影响；Band 8波段范围较窄，可以更好区分植被和非植被区域；新增2个波段，其中Band 1主要应用于海岸带观测，Band 9包括水汽强吸收特征可用于云检测（表7-5）。

表7-4 Landsat-5 TM卫星遥感影像波段介绍

Band	波段	波长（μm）	分辨率（m）	主要作用
Band 1	蓝色	0.45～0.52	30	用于水体穿透，分辨土壤植被
Band 2	绿色	0.52～0.60	30	用于分辨植被
Band 3	红色	0.63～0.69	30	处于叶绿素吸收区域，用于观测道路/裸露土壤/植被种类效果很好
Band 4	近红外	0.76～0.90	30	用于估算生物数量，这个波段可以从植被中区分出水体，分辨潮湿土壤
Band 5	中红外	1.55～1.75	30	用于分辨道路/裸露土壤/水，它还能在不同植被之间有好的对比度，并且有较好的穿透大气、云雾的能力
Band 6	热红外	10.40～12.50	120	感应发出热辐射的目标
Band 7	远红外	2.09～2.35	30	对于岩石/矿物的分辨很有用，也可用于辨识植被覆盖和湿润土壤

表7-5 Landsat-8 OLI/TIRS卫星遥感影像波段介绍

Band	波段	波长（μm）	分辨率（m）	主要作用
Band 1	气溶胶	0.43～0.45	30	主要用于海岸带观测
Band 2	蓝色	0.45～0.51	30	用于水体穿透，分辨土壤植被
Band 3	绿色	0.53～0.59	30	用于分辨植被
Band 4	红色	0.64～0.67	30	处于叶绿素吸收区域，用于观测道路/裸露土壤/植被种类效果很好
Band 5	近红外	0.85～0.88	30	用于估算生物量，分辨潮湿土壤
Band 6	短波红外1	1.57～1.65	30	用于分辨道路/裸露土壤/水，它还能在不同植被之间有好的对比度，并且有较好的穿透大气、云雾的能力
Band 7	短波红外2	2.11～2.29	30	对于岩石/矿物的分辨很有用，也可用于辨识植被覆盖和湿润土壤
Band 8	全色	0.50～0.68	15	为15m分辨率的黑白图像，用于增强分辨率
Band 9	卷云波段	1.36～1.38	30	包含水汽强吸收特征，可用于云检测
Band 10	TIRS热红外1	10.60～11.19	100	感应发出热辐射的目标
Band 11	TIRS热红外2	11.50～12.51	100	感应发出热辐射的目标

为了分析海南岛30年来湿地景观动态变化过程，本研究选用的原始数据集主要为Landsat TM、Landsat OLI卫星遥感影像，数据来源于中国科学院计算机网络信息中心地理空间数据云平台（http://www.gscloud.cn），具体包括覆盖研究区的1990年、1995年、2000年、2005年、2010年Landsat-5 TM和2015、2020年Landsat-8 OLI遥感影像，分辨率均为30m，轨道号/行列号分别为123/46、123/47、124/46、124/47和125/47。为保障数据质量，符合遥感影像数据使用的质量标准，尽量使用云量在5%以内、拍摄时间接近的影像，最终筛选并使用了25景TM数据和10景OLI数据（表7-6），并统一投影到2000国家大地坐标系（图7-1）。

表7-6　遥感数据源信息

时期	场景编号	传感器	分辨率（m）	获取时间	云量(%)
1990	LT51230461988192BKT00	TM	30	1988-07-10	0.64
	LT51230471988192BKT00	TM	30	1988-07-10	0.31
	LT51240461989169BKT00	TM	30	1989-06-18	0.10
	LT51240471991303BKT00	TM	30	1991-10-30	—
	LT51250471988174BKT00	TM	30	1988-06-22	—
1995	LT51230461996358CLT00	TM	30	1996-12-23	0.03
	LT51230471993093BKT00	TM	30	1993-04-03	0.22
	LT51240461995266BJC00	TM	30	1995-09-23	—
	LT51240471995266BKT01	TM	30	1995-09-23	0.39
	LT51250471996196CLT00	TM	30	1996-07-14	0.41
2000	LT51230462000305BJC00	TM	30	2000-10-31	0.20
	LT51230472001099BJC00	TM	30	2001-04-09	—
	LT51240462000088BJC00	TM	30	2000-03-28	0.57
	LT51240472000088BJC00	TM	30	2000-03-28	1.86
	LT51250472001321BJC00	TM	30	2001-11-17	1.66
2005	LT51230462004044BJC00	TM	30	2004-02-13	0.01
	LT51230472006193BJC00	TM	30	2006-07-12	0.67
	LT51240462004115BKT01	TM	30	2004-04-24	—
	LT51240472004355BKT02	TM	30	2004-12-20	0.16
	LT51250472005140BJC00	TM	30	2005-05-20	0.16
2010	LT51230462011159BKT00	TM	30	2011-06-08	0.24
	LT51230472010188BKT00	TM	30	2010-07-07	0.70
	LT51240462010083BJC00	TM	30	2010-03-24	0.13
	LT51240472011038BKT00	TM	30	2011-02-07	4.65
	LT51250472010042BKT00	TM	30	2010-02-11	—

（续）

时期	场景编号	传感器	分辨率（m）	获取时间	云量(%)
2015	LC81230462016205LGN00	OLI_TIRS	30	2016-07-23	0.97
	LC81230472016221LGN00	OLI_TIRS	30	2016-08-08	3.70
	LC81240462015321LGN00	OLI_TIRS	30	2015-11-17	0.94
	LC81240472015321LGN00	OLI_TIRS	30	2015-11-17	3.29
	LC81250472015104LGN00	OLI_TIRS	30	2015-04-14	0.80
2020	LC81230462021138LGN00	OLI_TIRS	30	2021-05-18	5.76
	LC81230472021170LGN00	OLI_TIRS	30	2021-06-19	4.91
	LC81240462020127LGN00	OLI_TIRS	30	2020-05-06	6.20
	LC81240472021337LGN00	OLI_TIRS	30	2021-12-03	0.02
	LC81250472020198LGN00	OLI_TIRS	30	2020-07-16	0.67

图 7-1 研究区域 1990—2020 年遥感影像

7.2.2 非遥感数据

采用的非遥感数据包含地理基础数据、自然因子数据、社会经济数据等类型。

（1）地理基础数据主要包括 ASTER GDEM 30m 分辨率的数字高程数据（DEM）、市县行政界线数据、水文数据、流域数据、历史湿地分布数据、自然保护地分布数据等。

（2）自然因子数据主要包括平均风速、平均气温、平均日照时间、平均相对湿度和平均降雨量等指标，来源于国家气象科学数据共享服务平台（http://data.cma.cn）。

（3）社会经济数据主要包括国内生产总值、人均国内生产总值、农业生产总值、渔业生产总值和人口数量等，来源于历年海南统计年鉴。

7.3 遥感数据处理

遥感数字图像（digital image，简称"遥感影像"）是数字形式的遥感图像，地球表面不同区域和地物能够反射或辐射不同波长的电磁波，利用这种特性，遥感系统可以产生不同的遥感数字图像。

由于遥感数据具有多平台、多传感器、多时相等特点，遥感影像中包含着很多信息，通过数字化（成像系统的采样和量化、数字存储）后，才能有效地进行信息分析和内容提取。在此基础上，对影像数据进行处理"再加工"，如校正图形对齐坐标、增强地物轮廓，能够极大地提升图像处理的精度和信息提取的效率，这个过程都可以称为"遥感数字图像处理"。

因为遥感卫星在高空"作业"，其成像环境复杂程度远远超越我们日常地面的拍照环境，会遇到传感器不稳定，地球曲率、大气条件、光照变化、地形变化等系统与非系统因素造成的图形几何变形、失真、模糊、噪点等。遥感数据中心对图像进行去除条带、几何粗校正等初步处理，数据到达各终端用户手中时，还需要对数据做进一步的精细处理，使其更加接近真实世界的实体空间环境与坐标，并根据其自身业务分析目标，进行专业处理，为接下来的遥感影像分析、解译、业务应用做好准备。总的来说，遥感影像处理的主要目标有以下三点。

图像校正：恢复、复原图像。在进行信息提取前，必须对遥感图像进行校正处理，以使影像能够正确地反映实际地物信息或物理过程。

图像增强：压抑或去除图像噪声。为使遥感图像所包含的地物信息可读性更强，感兴趣目标更突出、容易理解和判读，需要对整体图像或特定地物信息进行增强处理。

信息提取：根据地物光谱特征和几何特征，确定不同地物信息的提取规则，在此基础上，利用该规则从校正后的遥感数据中提取各种有用的地物信息。

本书主要利用遥感图像处理软件——ENVI，对覆盖研究区的7期Landsat TM/OLI遥感影像数据进行辐射校正（radiometric correction）、几何校正（geometric correction）、图像融合（sharpening）、图像镶嵌（mosaicking）、图像裁剪（subset）等预处理。一般处理流程如图7-2所示。

图7-2　遥感图像一般处理流程

7.3.1　辐射校正

辐射校正是指对由于外界因素、数据获取和传输系统产生的系统的、随机的辐射失真或畸变进行的校正，消除或改正因辐射误差而引起影像畸变的过程。简单概括，就是去除传感器或大气"噪声"，更准确地表示地面条件，提高图像的"保真度"，主要是恢复数据缺失、去除薄雾，或为镶嵌和变化监测做好准备。

在多时相遥感图像中，除了地物的变化会引起图像中辐射值的变化外，不变的地物在不同时相图像中的辐射值也会有差异。如果需要利用多时相遥感图像的光谱信息对地物变化状况进行动态监测，首先要消除不变地物的辐射值差异，这在动态监测中具有重要的作用。通过相对辐射校正，将一图像作为参考（或基准）图像，调整另一图像的DN值，使得两时相图像上同名的地物具有相同的DN值，这个过程也称多时相遥感图像的光谱归一化。这样就可以通过分析不同时相遥感图像上的辐射值差异来实现变化监测，从而完成地物动态变化的遥感动态监测。

但由于遥感所利用的各种辐射能均要与地球的大气层之间发生相互作用，或吸收、或散射，从而使得到达传感器的能量衰减，光谱分布发生变化。图像中不同地区同种地物所穿越的大气路径不同，大气对不同波段的遥感图像的影响也是不同的，所以同一地物的像元灰度值也会不同。为了消除这些大气的影响，需要进行大气校正（图7-3）。本

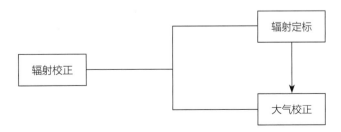

图7-3　辐射校正、辐射定标和大气校正之间的区别和相互关系

研究中采用一种基于统计学模型的反射率反演方法——对数残差法进行大气校正，在 ENVI Toolbox 工具箱中，双击 Radiometric Correction/Log Residuals Calibration。该方法将数据除以波段几何均值，然后除以像元几何均值，可以消除光照、大气传输、仪器系统误差、地形影响和星体反照率对数据辐射的影响。

7.3.2 几何校正

几何校正是指在遥感探测中由于目标地物相对位置的坐标关系在图像中发生变化而产生的几何畸变进行的校正，即把畸变图像的各元素通过一定的方法变换转移到图像的正确位置。

遥感成像过程中，因摄影材料变形、物镜畸变、大气折光、地球曲率、地球自转、地形起伏等因素导致的综合影响，原始图像上地物的几何位置、形状、大小、尺寸、方位等特征与其对应的地面地物的特征往往是不一致的，这种不一致为几何变形，也称几何畸变。几何校正就是通过一系列的数学模型来改正和消除这种几何畸变，使其定位准确。几何校正包括几何粗校正和几何精校正。几何粗校正是针对引起畸变的原因而进行的校正，通常情况下，我们得到的数据都是经过几何粗校正处理的。几何精校正是利用一种数学模型来近似描述遥感图像的几何畸变过程，从而消除遥感图像的几何畸变。本研究中采用 Image to Map 的方式校正影像，控制点坐标从谷歌地球上获取。在 ENVI Toolbox 工具箱中，双击 Geometric Correction/Registration/ Registration: Image to Map 工具，校正精度为 0.5 个像元。

7.3.3 图像融合

遥感图像信息融合是有效提升图像分辨率与信息量的手段，将多源遥感数据在统一的地理坐标系中，采用一定的算法生成一组新的信息或合成图像的过程。不同的遥感数据具有不同的空间分辨率、波谱分辨率和时相分辨率，将低分辨率的多光谱影像与高分辨率的单波段影像重采样生成一幅高分辨率多光谱影像遥感的图像处理技术，使得处理后的影像既有较高的空间分辨率，又具有多光谱特征。

采用 HIS、Brovery、Hpff 等图像融合算法，将分辨率较高的全色波段影像与分辨率较低的多光谱波段影像（含红、绿、蓝或近红外波段）进行融合，以突出水体或植被等信息。由于 Landsat 数据包含多光谱数据和全色数据，全色图像具有较高的空间分辨率 15m，多光谱图像光谱信息较丰富，为提高多光谱图像的空间分辨率，因此将 Landsat 数据进行全色影像和多光谱影像的融合处理，融合后的影像对目视判读有很大帮助。

7.3.4 图像镶嵌

当研究区超出单幅遥感图像所覆盖的范围时，通常需要将两幅或多幅图像拼接起来，经过色调调整、拼接等影像数字处理手段，形成一幅色彩均衡、没有重叠区的影像技术，这个过程就是图像镶嵌，也称图像拼接。本研究中利用 ENVI，采用有地理参考的图像镶嵌方式，在 ENVI Toolbox 工具箱中，双击 Mosaicking/Georeferenced 工具，在 Mosaic 对话框中导入同一期的 Landsat 影像，然后进行图像重叠设置、切割线设置和颜色平衡设置，最后输出结果。

7.3.5 图像裁剪

在遥感实际应用中，用户可能只对遥感影像中的一个特定的范围内的信息感兴趣，为了将研究之外的区域去除，节约存储空间，减少数据处理时间，我们常常需要对遥感图像进行裁剪。常用的裁剪方式有：按兴趣区域（region of interest，ROI）裁剪、按文件裁剪（按照指定影像文件的范围大小）、按地图裁剪（根据地图的地理坐标或经纬度的范围）。可利用 ENVI 提供的规则裁剪和不规则裁剪两种方式实现图像裁剪。本研究采用不规则裁剪方式中的根据外部矢量数据裁剪图像，以海南省行政矢量边界作为兴趣区域对本研究 7 期经过镶嵌的遥感影像进行裁剪，从而获得研究区影像。

7.4 | 遥感图像分类方法

遥感图像分类就是利用计算机通过对遥感图像中各类地物的光谱信息和空间信息进行分析，选择特征，将图像中各个像元按照某种规则或算法划分不同的类别，然后获得遥感图像中与实际地物的对应信息，从而实现图像的分类。早期的图像分类多采用人工解译，后来逐步发展为人机交互模式，或者计算机自动提取遥感信息。最简单的分类是只利用不同波段的光谱亮度值进行单像元自动分类；另一种分类不仅考虑像元的光谱亮度值，还利用像元和其周围像元之间的空间关系，以及图像纹理、特征大小、形状、方向性、复杂性和结构，对像元进行分类（赵英时等，2021）。

在早期的湿地制图中，主要是利用航片或者卫星影像通过人工目视解译来判别湿地和其他地表类型。目视解译，即凭借地物光谱规律、地学分布规律和解译者的经验根据图像的亮度、色调、位置、纹理、阴影、结构等解译标志判断地物类型。鉴于湿地系统的复杂性以及早期遥感影像有限的波段，目视解译方法在湿地制图中是可行的。虽然目视解译分类精度高、可靠性强，但是目视解译不仅要求解译者熟悉研究区，而且要求解译者能够综合利用所解译的学科及学科相关知识对图像上的地物进行识别和分类，因此目视解译常需要花费大量时间来分析、判断和验证地物的图像特征，不是进行大范围湿地制图的理想方法（张怀清等，2014）。

随着遥感影像空间分辨率和光谱分辨率的提高，人工目视解译的工作量大幅度增加，解译成本和解译主观性随之增大。因此，越来越多的学者将人工目视解译法与计算机自动解译法相结合，并逐渐成为大尺度、高精度遥感影像解译的主要生产方式。

根据分类过程中人工参与程度，计算机分类方法可以分为监督分类、非监督分类和其他分类方法（吴国增等，2018；赵英时等，2021）。

（1）监督分类（supervised classification）又称训练分类法，即用被确认类别的样本像元去识别其他未知类别像元的过程。它是在分类前人们已对遥感影像样本区中的类别属性有了先验知识，进而可利用这些样本类别的特征作为依据建立和训练分类器（即建立判别函数），完成整幅影像的类型划分，将每个像元归并到相对应的一个类别中去。监督分类常用的判别函数确定方法包括最大似然法、平行六面体法、马氏距离法和最小距离法等。这种方法的优点在于能够指定所感兴趣的类别，避免出现不必要的类别；缺点则是所期望的类型可能不对应光谱独特的类别，并且训练样本的选择耗时又费力。监督分类是目前遥感AI最为常见的应用方式，即通过样本库，用机器学习对特定地物进行分类、标注或识别。监督分类的总体流程图见图7-4。

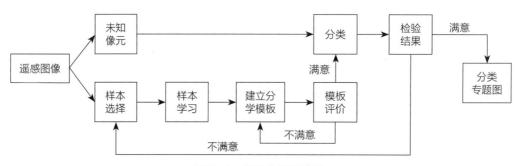

图7-4　监督分类流程图

（2）非监督分类（unsupervised classification）也称聚类分析或点群分析，即在多光谱图像中搜寻、定义其自然相似光谱集群组的过程。它是指人们事先对分类过程不施加任何的先验知识，而仅凭数据（遥感影像地物的光谱特征的分布规律），即自然聚类的特性进行"盲目"的分类，是以集群为理论基础，通过计算机对图像进行集聚统计分析的方法，是模式识别的一种方法。一般算法有：回归分析、趋势分析、等混合距离法、集群分析、主成分分析和图形识别等。非监督分类算法适用于自然区域，是湿地分类中最受欢迎的分类算法，并且在非监督分类中使用的分类集群组越多，分类效果越好。非监督分类的主要流程图见图7-5。

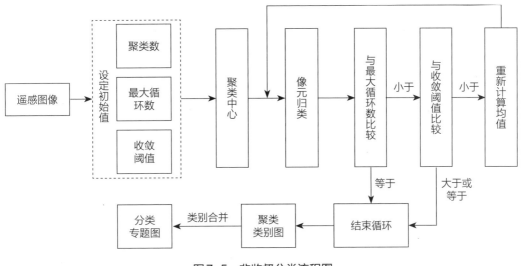

图7-5 非监督分类流程图

7.5 | 湿地遥感解译

采用以遥感（RS）为主，地理信息系统（GIS）和全球定位系统（GPS）为辅的3S技术，即通过遥感解译获取湿地型、面积、分布（行政区、中心点坐标）、平均海拔、植被类型及其面积、所属三级流域等信息。通过野外调查、现地访问和收集最新资料获取水源补给状况、主要优势植物种、土地所有权、保护管理状况等数据。

在多云多雾的山区，如无法获取清晰的遥感影像数据，则应通过实地调查来完成。遥感无法解译的湿地型和植被类型，也应通过实地调查来补充完成。

7.5.1 遥感判读准备工作

（1）获取调查区相关图件和资料。

图件：包括调查区地形图、土地利用现状图、植被图、湿地、流域等专题图。

资料：包括调查区有关的文字资料和统计数据等。

（2）遥感数据源的选择。遥感数据的获取应在保证调查精度的基础上，根据实际情况采用特定的数据源。一般应保证分辨率优于1m，云量小于5%，最好选择与调查时相最接近的遥感影像，其时间相差一般不应超过1年。

（3）遥感数据源处理。对遥感数据要以湿地资源为主体进行图像增强处理，并根据1∶5万地形图进行几何精校正，坐标系采用2000国家大地坐标系。经过处理的遥感影像数据，按标准生成数字图像或影像图。

（4）解译人员的培训。为了保证遥感数据解译的准确性，要对参加解译的人员进行技术培训，熟悉技术标准，掌握GIS与遥感技术的基础理论及相关软件的使用。解译人员除进行遥感判读知识培训外，还应进行专业知识的学习和野外实践培训等。

（5）建立分类系统及代码。为适应湿地管理标准化、信息化以及湿地调查工作的需要，每一个湿地区应具有一个唯一的标识码，即湿地区编码。湿地区编码实行两套编码系统。

对于单独区划的湿地区，编码固定为7位。其编码方法为：

①编码第一、二位为省代码；

②编码第三位为湿地类，为数字1～5；

③编码第四位为扩充码，暂时为0；

④编码第五、六、七位为湿地区顺序码。

对于以县域为单位区划的零星湿地区，编码采用各县（区、市）的6位行政区划国标代码。具体可参考湿地分类技术标准与湿地编码规定。

7.5.2 建立解译标志

（1）选设3～5条调查线，调查线选设原则为：

①在遥感假彩色上色彩齐全；

②对工作区有充分代表性；

③实况资料好；

④类型齐全；

⑤交通方便。

（2）线路调查。通过对遥感假彩色像片识别，利用GPS等定位工具，建立起直观影像特征和地面实况的对应关系。

（3）室内分析。依据野外调查确定的影像和地物间的对应关系，借助有关辅助信息（湿地图、水系图、湿地分布图及有关物候等资料），建立遥感假彩色影像上反映的色调、形状、图形、纹理、相关分布、地域分布等特征与相应判读类型之间的相关关系。

（4）制定统一的解译标准，填写判读解译标志表。通过野外调查和室内分析对判读类型的定义、现地景观形成统一认识，并对各类型在遥感信息影像上的反映特征的描述形成统一标准，形成解译标志，填写判读解译标志表。不同遥感影像资料或遥感影像资料时相差异大的，应分别建立遥感解译标志。

（5）判读工作的正判率考核。选取30～50个判读点，要求判读人员对湿地型进行识别，只有湿地型正判率超过90%时才可上岗。不足90%进行错判分析和纠正，并第二次考核，直至正判率超过90%，并填写判读考核登记表和修订判读解译标志表。

7.5.3　判读解译

（1）人机交互判读。判读工作人员在正确理解分类定义的情况下，参考有关文字、地面调查资料等，在GIS软件支持下，将相关地理图层叠加显示，全面分析遥感影像数据的色调、纹理、地形特征等，将判读类型与其所建立的解译标志有机结合起来，准确区分判读类型。以面状图斑和线状地物分层解译。建立判读卡片并填写遥感信息判读登记表。

（2）图斑判读要求。以图斑为基本单位进行判读时，采用遥感影像图进行勾绘判读或在计算机屏幕上直接进行勾绘判读为主，GPS野外定位点为辅。每个判读样地或图斑要按照一定规则进行编号，作为该判读单位的唯一识别标志。并按判读单位逐一填写判读因子，生成属性数据库。

（3）河流的判读。判读范围为宽度在5m以上、长度在3km以上的小型河流。如果遥感影像达不到解译要求，可以采用典型调查的方式进行，即借助地形图和GPS野外定点调查现地调绘。

（4）双轨制作业。以样地为单位进行判读时，要求两名判读人员对同幅地形图内的遥感判读样地分别进行判读登记。判读类型一致率在90%以上时，可对不同点进行协商修改，达不到时重判。

以图斑为单位进行判读时，要求一人按图斑区划因子进行图斑区划并进行判读，另一人对前一人的区划结果进行检查，发现区划错误时经过协商进行修改；区划确定后第二人进行"背靠背"判读，判读类型一致率在90%以上时，可对不同图斑进行协商修改，达不到时重判。

（5）质量检查。质量检查是对遥感影像的处理、解译标志的建立、判读的准备与培训、判读及外业验证等各项工序和成果进行检查。组织对当地熟悉和有判读实践经验的专家对解译结果进行检查验收，对不合理及错误的解译及时纠正。

7.5.4　数据统计

（1）面积求算。遥感影像解译完成后，在GIS软件中，将面状湿地解译图、线状湿地解译图、分布图和境界图进行叠加分析，求算各图斑的面积，面积单位为公顷，输出的数据保持小数点后两位。解译出的主要单线河流的面积统计，可根据野外调查给出平均宽度而求得。

（2）统计。按分县（区、市）统计各湿地类、湿地型及其面积和其他相关数据，也可按二级流域统计各湿地型的面积。

主要参考文献

国家林业局, 2001. 湿地公约履约指南 [M]. 北京: 中国林业出版社.

李玉凤, 刘红玉, 2014. 湿地分类和湿地景观分类研究进展 [J]. 湿地科学, 12(1): 102–108.

刘厚田, 1995. 湿地的定义和类型划分 [J]. 生态学杂志, 14(4): 73–77.

吕宪国, 刘红玉, 2004. 湿地生态系统保护与管理 [M]. 北京: 化学工业出版社.

唐小平, 黄桂林, 2003. 中国湿地分类系统的研究 [J]. 林业科学研究, 16(5): 531–539.

吴国增, 王桥, 李京荣, 等, 2018. 生态环境遥感监测技术 [M]. 北京: 中国环境出版集团.

张怀清, 凌成星, 孙华, 等, 2014. 北京湿地资源监测与分析 [M]. 北京: 中国林业出版社.

赵英时, 等, 2021. 遥感应用分析原理与方法 [M]. 2版. 北京: 科学出版社.

第8章

湿地景观时空动态变化

近几十年来，由于气候环境因素和人类活动的影响，湿地的面积、类型、结构和功能发生了显著变化（Zorrilla-Miras et al，2014；Lin et al，2018），威胁区域生态安全（陈昆仑等，2019；李悦等，2019）。随着GIS和RS技术的迅速发展，湿地景观在时间和空间尺度上的研究得以大为拓展（宫兆宁等，2011；范强等，2014），遥感技术也成为研究湿地景观动态变化的重要技术手段，因此，针对湿地景观宏观动态监测、空间定量分析等方面的研究也越来越受到关注（Yu et al，2017；Lin et al，2018；卢晓宁等，2018）。如Skalós等（2017）利用正射影像分析了捷克共和国低地地区湿地景观的时空变化；Lin等（2018）利用Landsat影像量化了舟山群岛湿地景观的时空动态变化，并利用统计数据来识别驱动因素；吕金霞等（2018）利用7期Landsat影像分析了近30年来京津冀地区湿地景观变化及其驱动因子。基于以往的研究可以发现，湿地分类信息可以较容易地从遥感影像中提取，结合GIS的空间分析能够有效地揭示湿地景观的时空动态变化规律（张猛和曾永年，2018）。

由于湿地景观演变是一个长期动态过程，短期研究往往难以揭示长期变化规律（洪佳等，2016）。当前，对海南岛湿地景观时空分布与变化的研究仅见对海南东寨港（李儒等，2017）、清澜港（徐晓然等，2018；甄佳宁等，2019）的红树林湿地有少量研究报道，缺乏在全域和长时间序列的角度对海南岛开展湿地景观变化的特征研究。因此，本章内容利用海南岛1990—2020年的7期遥感影像数据提取研究区湿地景观空间分布信息，综合运用景观动态分析、转移矩阵、空间统计分析等方法分析海南岛30年的湿地景观动态变化、景观空间质心变化及其空间热点变化特征，为全面掌握海南岛湿地景观的时空演变规律提供科学依据。

8.1 | 研究方法

8.1.1 数据来源及预处理

以覆盖研究区的1990年、1995年、2000年、2005年、2010年Landsat-5 TM和2015、2020年Landsat-8 OLI遥感影像为主要数据源，对各类湿地开展遥感野外建标，采用监督分类与人工目视解译相结合的方法分别对7期遥感影像进行解译（Davranche et al，2010），将其划分为自然湿地、人工湿地和非湿地三个一级类型，其中自然湿地包括河流、潟湖、红树林等二级类型，人工湿地包括库塘、水产养殖场和盐田等二级类型（图8-1），不包含滨海湿地和水稻田湿地。利用ArcGIS 10.3在湿地分布范围内随机选取100个样点，经野外实地验证、高空间分辨率Google影像以及高比例尺土地利用现状图检验，采用误差矩阵法对湿地分类结果进行精度评价，总体分类精度（overall accuracy）在90%以上，结果可靠，满足本研究的分析要求（刘吉平等，2016；张猛和曾永年，2018；Wang et al，2019）。在此基础上，建立海南岛1990—2020年湿地景观空间分布矢量数据库。

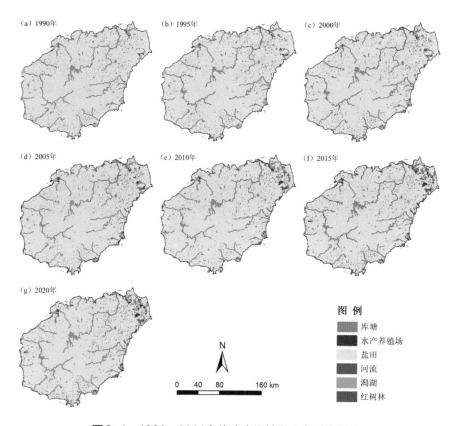

图8-1 1990—2020年海南岛湿地景观类型分布图

8.1.2　景观动态变化分析

8.1.2.1　湿地景观类型变化率

采用湿地景观年变化率（K）来反映研究区一定时间范围内某类湿地面积的变化程度（易凤佳等，2016）。计算公式为：

$$K = \frac{S_b - S_a}{t}$$

式中：S_a、S_b 分别为研究期初和研究期末的湿地面积；t 为监测时段长度。$K > 0$ 表示监测时间内湿地面积增加，$K < 0$ 表示监测时间内湿地面积减少。K 的绝对值越大表示面积变化的程度越大。

8.1.2.2　综合湿地动态度

综合湿地动态度用于表征不同时期湿地类型变化的速度和剧烈程度（李传哲等，2011）。计算公式为：

$$LC = \frac{\sum_{i=1}^{n} \Delta LU_{i-j}}{2\sum_{i=1}^{n} LU_i} \times \frac{1}{t} \times 100\%$$

式中：LU_i 为监测起始时间第 i 类湿地类型面积；ΔLU_{i-j} 为监测时段第 i 类湿地类型转为非 i 类湿地类型面积的绝对值；t 为监测时段长度；LC 为研究区湿地年综合变化率。

8.1.2.3　湿地类型转移矩阵

土地利用转移矩阵来源于系统分析中对系统状态与状态转移的定量描述（刘瑞和朱道林，2010）。利用转移矩阵对湿地各景观类型面积转移进行分析，并结合动态变化率法对湿地演变方向进行定量分析。转移矩阵模型能够全面、具体地刻画出各类型土地利用变化的方向和土地利用的结构特征，是各类景观面积之间的相互转换定量分析的常用方法，被广泛应用于土地利用变化研究方面（郭雪莲，2020）。计算公式为：

$$S_{ij} = \begin{bmatrix} S_{11} & S_{12} & \cdots & S_{1n} \\ S_{21} & S_{22} & \cdots & S_{2n} \\ \vdots & \vdots & \ddots & \vdots \\ S_{n1} & S_{n2} & \cdots & S_{nn} \end{bmatrix}$$

式中：S 为景观类型面积；n 为湿地景观类型数量；i、j 分别为研究初期与末期的湿地景观类型，i，$j = 1$，2，3，$\cdots$，n；S_{ij} 是由 i 类型景观转变为 j 类型景观的面积。

矩阵中每行元素代表转移前的 i 类型景观向转移后的各类型景观的流向信息，矩阵中每一列元素代表转移后的 j 类型景观面积从转移前的各类型景观的来源信息。不同湿地类型转移矩阵采用 ArcGIS 10.3 软件对不同时期湿地类型数据进行联合交叉分析（Union），进而用 Excel 数据透视表处理，建立研究期内湿地类型面积转移矩阵（Feng et al，2016）。

8.1.3 景观空间质心模型

质心分析是描述地理现象空间分布的一个重要指标，景观空间质心模型能够很好地从空间上描述景观类型的时空演变特征，通过分析各研究时段的景观类型分布质心，可以发现景观空间变化趋势（孟丹等，2013；雷金睿等，2019a）。湿地景观空间质心迁移的距离越小，湿地的状态越稳定；质心迁移的距离越大，湿地动态变化越明显，湿地的状态越不稳定。本研究利用1990—2020年海南岛湿地空间分布数据，通过计算湿地景观类型的面积加权质心变化，来分析景观空间变化规律和趋势。计算公式为：

$$X_t = \left(\sum_{i=1}^{n} C_{ti} X_i\right) / \left(\sum_{i=1}^{n} C_{ti}\right)$$

$$Y_t = \left(\sum_{i=1}^{n} C_{ti} Y_i\right) / \left(\sum_{i=1}^{n} C_{ti}\right)$$

空间质心迁移距离计算公式为：

$$L_{t+1} = \sqrt{(X_{t+1} - X_t)^2 + (Y_{t+1} - Y_t)^2}$$

式中：X_t 和 Y_t 分别是 t 时期的景观空间质心坐标；X_i 和 Y_i 是某类景观第 i 个斑块的质心坐标；C_{ti} 为第 i 个斑块的面积；L_{t+1} 表示从 t 到 $t+1$ 时期景观空间质心迁移距离；n 是景观类型的斑块总数目。

8.1.4 景观空间统计分析

探索性空间数据分析是通过计算空间自相关系数，描述可视化事物或现象空间分布格局的空间集聚和异常，被广泛应用于社会经济和生态环境分析中（Li et al，2016；Zhu et al，2020；雷金睿等，2019b；雷金睿等，2020）。本研究采用 Moran's I 指数用于描述湿地景观全局空间自相关特征（Anselin，1995）；Getis-Ord G_i^* 指数用于探究湿地景观空间变化的聚集与分异特征，即"热点"与"冷点"分布格局。计算公式分别为：

$$\text{Moran's } I = \frac{n \sum_{i=1}^{n} \sum_{j=1}^{n} w_{ij}(x_i - \bar{x})(x_i - \bar{x})}{\sum_{i=1}^{n}(x_i - \bar{x})^2 (\sum_i \sum_j w_{ij})}$$

$$G_i^* = \frac{\sum_{j=1}^{n} w_{ij} x_j - \bar{X} \sum_{j=1}^{n} w_{ij}}{S \sqrt{\left[n \sum_{j=1}^{n} w_{ij}^2 - \left(\sum_{j=1}^{n} w_{ij}\right)^2\right] / (n-1)}}$$

$$\bar{X} = \frac{1}{n} \sum_{j=1}^{n} x_i, \quad S = \sqrt{\frac{1}{n} \sum_{j=1}^{n} x_j^2 - (\bar{X})^2}$$

式中：n 是空间网格单元数量；x_i 和 x_j 分别表示单元 i 和单元 j 的观测值；$(x_i - \bar{x})$ 是第 i 个空间单元上的观测值与平均值的偏差；w_{ij} 是基于空间 k 邻接关系建立的空间权重矩阵。

Moran's I 指数的取值范围为[-1，1]，大于0表示空间正相关，值越大，正相关性越显著，空间集聚性越强；小于 0 表示空间负相关；等于 0 表示空间不相关，空间单元分布随机。Getis-Ord G_i^* 指数的 P 值表示典型概率，0.01、0.05 和 0.1 分别对应典型置信区间 99%、95% 和 90%，表明空间单元热点（或冷点）的聚集与分异程度。

本研究参考相关研究成果（郭椿阳等，2019；雷金睿等，2020），并结合研究区实际情况利用 ArcGIS 10.3 中渔网工具将研究区划分为 2km×2km 的正方形网格单元，并利用邻域统计工具对不同时期的湿地景观面积变化进行数值统计，并赋值到网格单元进行湿地景观的空间统计分析。

8.2 │ 结果与分析

8.2.1　湿地景观类型面积动态变化

根据海南岛湿地景观类型面积统计可以看出（表 8-1、图 8-2 和图 8-3），1990—2020 年海南岛湿地景观总面积呈明显的增长趋势（线性倾向率 13.201，R^2=0.9624），由 1990 年的 944.36km^2 增加到 2020 年的 1348.98km^2，面积净增加了 404.62km^2，增长率为 95.46%，年变化率达 13.49km^2/a。其中，人工湿地增长明显（线性倾向率 15.263，R^2=0.9712），面积由 1990 年的 423.87km^2 增加到 2020 年的 883.81km^2，面积占比由 1990 的 44.88% 增加到 2020 年的 65.52%，面积净增加了 459.94km^2，年变化率达 15.33km^2/a；与之相反，自然湿地则略微减少（线性倾向率 -2.062，R^2=0.7992），面积由 1990 年的 520.49km^2 减少到 2020 年的 465.17km^2，面积占比由 1990 的 55.12% 减少到 2020 年的 34.48%，面积净减少了 55.32km^2，年变化率为 -1.84km^2/a。

表 8-1　1990—2020 年海南岛湿地类型面积（km^2）

一级湿地类型	二级湿地类型	1990年	1995年	2000年	2005年	2010年	2015年	2020年	1990—2020 年变化率（km^2/a）
人工湿地		423.87	540.46	631.83	655.81	730.90	869.43	883.81	15.33
	库塘	364.69	458.02	501.49	430.28	450.28	536.19	552.75	6.27
	水产养殖场	21.28	45.50	93.40	187.20	240.85	293.88	292.33	9.03
	盐田	37.90	36.94	36.94	38.33	39.77	39.36	38.73	0.03
自然湿地		520.49	502.93	484.84	463.94	460.70	453.64	465.17	-1.84
	河流	164.53	170.40	169.61	170.79	170.07	181.02	196.87	1.08
	潟湖	318.13	292.68	277.38	256.36	251.33	234.94	231.51	-2.89
	红树林	37.83	39.86	37.86	36.79	39.31	37.68	36.79	-0.03
总面积		944.36	1043.40	1116.67	1119.75	1191.60	1323.08	1348.98	13.49

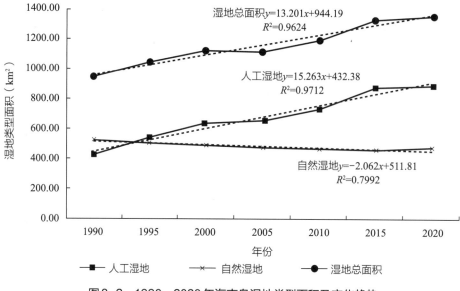

图8-2　1990—2020年海南岛湿地类型面积及变化趋势

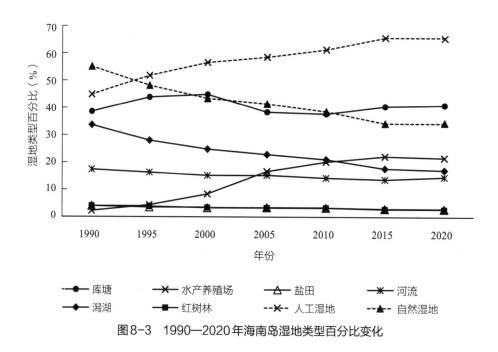

图8-3　1990—2020年海南岛湿地类型百分比变化

从二级湿地类型来看，水产养殖场的增长速度最高，年变化率达9.03km²/a；其次为库塘，为6.27km²/a。潟湖的减少速度最高，达-2.89km²/a；盐田和红树林的变化速率最低。从湿地类型百分比来看（图8-3），在1990—2020年，水产养殖场增加明显，由1990年2.25%上升到2020年的21.67%，表明在这期间海南岛水产养殖事业发展十分迅猛，特别是在2000—2005年，增加了一倍以上。潟湖类型百分比持续减少，由1990年

33.69%下降到2020年的17.16%，几乎减少了一半。库塘类型百分比在2000年达到最高（44.91%），随后至2005年出现下降之外，后期逐步回升。河流、红树林、盐田景观类型百分比则保持细微波动，总体呈稳定的态势。

从海南岛湿地年综合动态度可以看出（表8-2），在2015—2020年的湿地综合动态度最小，仅为0.29%，其次为2005—2010年的0.74%，表明在这2个阶段湿地各类型均较稳定，综合动态变化较小。在1990—1995年和2000—2005年这2个阶段湿地综合动态度较高，主要是由于库塘和水产养殖场面积的急剧变化所导致，湿地景观转变明显。在1990—2020年的湿地综合动态度为1.02%，处于中等变化强度。总体来看，海南岛湿地景观在整个研究阶段前期变化较为剧烈，反映出全岛库塘建设、水产养殖业发展较为迅速，后期湿地景观动态变化变缓。

表8-2　1990—2020年海南岛湿地综合动态度

时期	1990—1995年	1995—2000年	2000—2005年	2005—2010年	2010—2015年	2015—2020年	1990—2020年
湿地综合动态度	1.61%	1.05%	1.70%	0.74%	1.41%	0.29%	1.02%

8.2.2　湿地景观转移矩阵分析

通过对1990—2020年海南岛湿地类型面积数据进行交叉分析，得到研究区湿地类型面积转移矩阵和变化空间分布图（表8-3～表8-6和图8-4）。在1990—2020年，海南岛共有116.97km² 的湿地转为非湿地，而非湿地转为湿地的面积达521.56km²。其中，水产养殖场的面积变化最大，由1990年的21.28km² 增加到2020年的292.33km²，主要由非湿地、潟湖和库塘景观转入，分别为200.66km²、56.40km²、9.78km²，其中在1995—2010年水产养殖场面积增长最快，表明在这期间水产养殖业发展迅速，主要分布在海南岛东北部及东南沿海一带。其次为库塘，由1990年的364.69km² 增加到2020年的552.75km²，这主要是由于在1994年间海南第二大水库大广坝水库建成使用，造成从大量的非湿地转为库塘。潟湖面积减少最大，由1990年的318.13km² 减少到2020年的231.51km²，主要因围海养殖活动转移为水产养殖场，面积为56.40km²，其中在1990—2005年减少量最大，这可能是由于潟湖为浅海港湾、风浪较小，为养殖业提供了优越的地理环境条件，有利于发展海水养殖业有关。同样，红树林转移为水产养殖场的面积有5.63km²，但也有5.49km² 的潟湖转入，因此红树林面积总体呈稳定趋势。河流面积略微增加，主要由非湿地转入，可能是因大型水库修建造成河流上游水面变宽所致；而部分区域河流减少主要由于城市开发建设侵占。盐田面积变化不大，总体保持稳定。

表8-3　1990—2000年湿地类型面积转移矩阵（km²）

1990年	2000年							
	库塘	水产养殖场	盐田	河流	潟湖	红树林	非湿地	总计
库塘	301.15	1.53	0.00	0.81	0.16	0.00	61.05	364.69
水产养殖场	0.00	14.39	0.04	0.03	2.63	0.11	4.09	21.28
盐田	0.00	0.07	35.05	0.00	0.15	0.01	2.62	37.90
河流	10.05	2.83	0.03	120.71	0.00	0.02	30.89	164.53
潟湖	0.60	24.10	0.60	2.98	250.01	5.64	34.22	318.13
红树林	0.05	0.87	0.01	0.46	5.51	27.70	3.23	37.83
非湿地	189.63	49.62	1.23	44.63	18.92	4.39	—	308.41
总计	501.49	93.40	36.94	169.61	277.38	37.86	136.10	—

表8-4　2000—2010年湿地类型面积转移矩阵（km²）

2000年	2010年							
	库塘	水产养殖场	盐田	河流	潟湖	红树林	非湿地	总计
库塘	359.86	7.06	0.00	1.32	0.02	0.18	133.42	501.86
水产养殖场	0.25	68.70	0.06	0.45	3.22	0.29	20.60	93.55
盐田	0.03	0.38	35.44	0.00	0.09	0.01	0.99	36.94
河流	3.91	1.56	0.00	125.48	0.98	0.48	37.20	169.61
潟湖	0.41	30.86	0.41	0.02	224.92	4.43	16.33	277.38
红树林	0.00	2.45	0.02	0.00	2.06	30.13	3.20	37.86
非湿地	85.82	129.84	3.85	42.80	20.04	3.79	—	286.14
总计	450.28	240.85	39.77	170.07	251.33	39.31	211.74	—

表8-5　2010—2020年湿地类型面积转移矩阵（km²）

2010年	2020年							
	库塘	水产养殖场	盐田	河流	潟湖	红树林	非湿地	总计
库塘	390.88	6.05	0.00	13.13	0.45	0.00	39.77	450.28
水产养殖场	2.49	184.20	0.21	4.10	4.52	0.98	44.34	240.85
盐田	0.00	0.34	37.00	0.00	0.19	0.01	2.23	39.77
河流	1.79	0.46	0.00	130.56	0.25	0.00	37.00	170.07
潟湖	0.00	14.33	0.14	1.00	215.29	1.80	18.76	251.33
红树林	0.08	2.43	0.02	0.17	1.89	32.12	2.63	39.34
非湿地	157.52	84.52	1.36	47.90	8.90	1.89	—	302.09
总计	552.75	292.33	38.73	196.87	231.51	36.79	144.74	—

表8-6　1990—2020年湿地类型面积转移矩阵（km²）

1990年	2020年							
	库塘	水产养殖场	盐田	河流	潟湖	红树林	非湿地	总计
库塘	308.46	9.78	0.00	6.84	0.04	0.00	39.57	364.69
水产养殖场	0.00	15.68	0.04	0.41	1.17	0.06	3.92	21.28
盐田	0.00	0.35	35.64	0.01	0.13	0.01	1.75	37.90
河流	10.46	3.82	0.02	114.98	0.20	0.05	35.00	164.53
潟湖	0.10	56.40	0.55	5.11	216.34	5.49	34.13	318.14
红树林	0.06	5.63	0.03	0.13	1.58	27.83	2.60	37.85
非湿地	233.67	200.66	2.44	69.38	12.06	3.35	—	521.56
总计	552.75	292.33	38.73	196.87	231.51	36.79	116.97	—

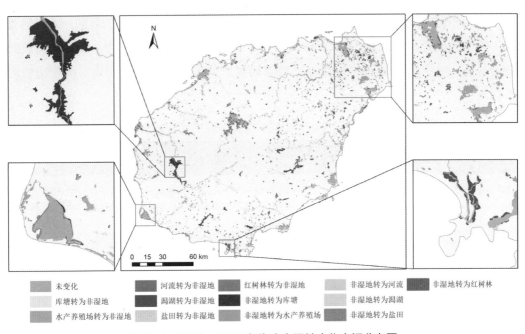

图8-4　1990—2020年海南岛湿地变化空间分布图

8.2.3　湿地景观空间质心变化分析

通过1990—2020年海南岛湿地景观空间质心迁移距离和质心变化分布图（表8-7和图8-5）可看出，1990—2020年间海南岛湿地景观变化受人为活动影响剧烈，湿地总体的空间质心呈现出先向东北迁移，后大致向西南迁移的变化趋势，整体趋势呈现明显的向东方向扩张变化，湿地景观空间质心的迁移距离达到了5835.00m。其中，人工湿地整体呈现出向东北方向迁移，空间质心迁移距离达到了17731.36m，这主要是由于海南岛东北部地区水产养殖业发展迅速，大面积的非湿地转换成水产养殖场，致使海南岛东北部地区人工湿地分布相对集中。自然湿地的空间质心变化整体上由河流和潟湖所主导，这是因为河流湿地和潟湖湿地面积占比大，两者的共同作用导致自然湿地的质心在1990—2000年呈现出向东北方向迁移的变化，2000年后开始向西南方向迁移的变化趋势，湿地景观质心的迁移距离仅为1961.40m，说明其空间质心相对稳定。

在不同湿地景观类型中，迁移距离最大的是水产养殖场，达到32681.31m，总体呈现向东北方向迁移，主要是由于海南岛东北部的文昌等地在2000年以后大力发展水产养殖产业所致。其次是库塘湿地，迁移距离达到9382.47m，先向西南、再向东南方向迁移，这跟相应时期内海南岛内大广坝、红岭等大型水库的建设有关。最后是潟湖湿地，迁移距离也达到7384.05m，空间质心呈现出先向东北迁移，后向东南迁移的变化趋势。红树林湿地面积较小，空间质心整体上向西迁移，迁移距离为5884.18m，但红树林总体上仍然主要分布在海南岛东北部的东寨港、清澜港等地。盐田湿地迁移距离为3452.10m，其主要分布在海南岛西部沿海一带，以莺歌海盐场为主，由于北部儋州等地盐田湿地被侵蚀，导致盐田湿地空间质心向西南方向转移。

表8-7　1990—2020年海南岛湿地景观空间质心迁移距离

一级湿地类型	二级湿地类型	东西向迁移距离(m)	南北向迁移距离(m)	迁移距离(m)
人工湿地		17079.48	4763.65	17731.36
	库塘	−3924.40	−8522.32	9382.47
	水产养殖场	29506.37	14051.41	32681.31
	盐田	−2210.02	−2651.94	3452.10
自然湿地		1761.88	−861.89	1961.40
	河流	3444.27	670.71	3508.97
	潟湖	7248.73	−1407.20	7384.05
	红树林	−5849.34	−639.36	5884.18
全部湿地		5820.35	413.20	5835.00

注：迁移距离为"正"值表示向东或北迁移，为"负"值表示向西或南迁移。

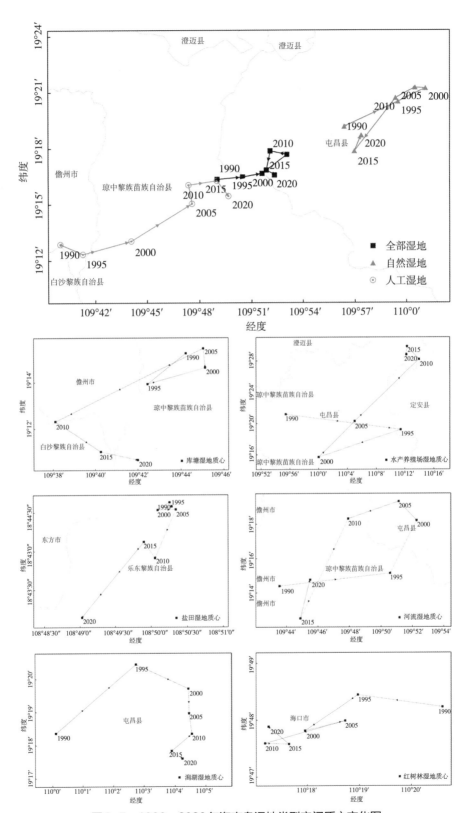

图8-5　1990—2020年海南岛湿地类型空间质心变化图

8.2.4　湿地景观空间统计分析

8.2.4.1　全局空间自相关分析

利用ArcGIS 10.3软件统计海南岛2km×2km的正方形网格单元内湿地面积的百分比（图8-6），可以看出，全岛湿地景观面积占比较高的区域主要分布在沿海潟湖、大型水库以及三大主要河流等地。在空间上，不同时期自然湿地的景观面积百分比变化不明显，人工湿地的景观面积百分比在海南岛东北部区域增长明显。

进一步分析海南岛湿地景观面积百分比的空间自相关性，从检验结果显示（表8-8），海南岛湿地景观在1990—2020年7个时期的全局Moran's I值均在0.6左右，p值均小于0.001，表明研究区湿地景观的空间分布具有较强的正向自相关性，具有显著的空间聚集性。7个时期湿地景观全局Moran's I值的变化先降低再升高，在2010年达到最高值0.6349，表明海南岛湿地景观空间自相关的变化性特征处于波动状态。

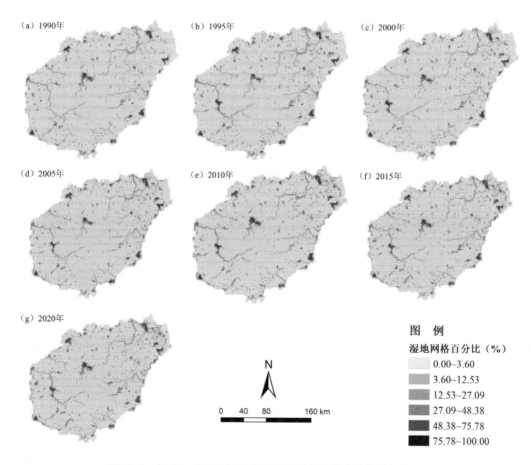

图8-6　1990—2020年海南岛湿地景观网格占比的空间分布

表8-8 1990—2020年海南岛湿地景观的空间自相关性

指数	1990年	1995年	2000年	2005年	2010年	2015年	2020年
Moran's I	0.6157	0.5947	0.6039	0.6144	0.6349	0.6219	0.6209
z scores	81.5376	78.7321	79.9370	81.3301	84.0357	82.2955	82.1522
p value	<0.001	<0.001	<0.001	<0.001	<0.001	<0.001	<0.001

注：z score表示标准差的倍数，p value表示概率。

8.2.4.2　湿地景观变化的冷点与热点分析

以网格单元为基础，利用ArcGIS热点分析工具（Getis-Ord G_i^*）选取置信度在90%以上的具有统计显著性的热点和冷点，以10年为一个阶段，分别得到海南岛不同阶段的湿地景观面积变化热点图（图8-7）。

由图8-7可知，在1990—2000年海南岛湿地景观变化的热点区分布较为分散，但主要集中在海南岛东北部、大广坝等地，这说明该区域湿地景观面积增加较多；冷点区分布在松涛水库等地，可能是由于季节性问题导致水库面积变化。在2000—2010年和2010—2020年，热点区仍主要分布在海南岛东北部以及松涛水库、大隆水库、牛路岭水库一带，热点范围进一步扩大，主要是因为大型水库的修建使得局部水域面积迅速增加；冷点区则较为分散。从1990—2020年湿地变化热点整体上看，热点区域面积明显大于冷点区域，这也说明了海南岛湿地景观面积总体上呈增长态势。其中热点区

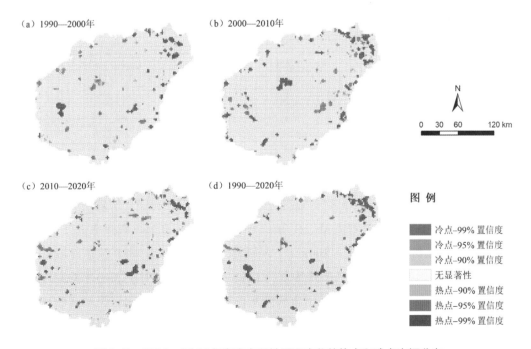

（a）1990—2000年　（b）2000—2010年　（c）2010—2020年　（d）1990—2020年

图 例
冷点-99%置信度
冷点-95%置信度
冷点-90%置信度
无显著性
热点-90%置信度
热点-95%置信度
热点-99%置信度

图8-7　1990—2020年海南岛湿地景观变化的热点和冷点空间分布

主要分布在海南岛东北部，以及大广坝水库、大隆水库、红岭水库等库区，这主要是由于该地区水库建设和水产养殖业发展造成土地利用类型由耕地、林地转变为水域，从而使湿地面积增加。而冷点区主要分布在昌化江下游入海口区域，以及海口、三亚等城区，这是因为季节性水位变化、城市扩张和土地开发导致湿地被占用等因素所造成的。

由表8-9可知，在1990—2000年、2000—2010年和2010—2020年这三个阶段，海南岛湿地景观变化热点和冷点的总体面积比例先升高后降低，2000—2010年热点和冷点面积比例达到高点，表明在这一阶段海南岛湿地景观变化较为剧烈，这与海南岛湿地综合动态度的分析结论相互印证；但三个阶段的冷点面积占比要始终小于热点面积占比，反映出湿地景观面积始终呈现增长的趋势。从1990—2020年热点和冷点面积比例变化总体来看，冷点分布的面积比例要明显少于热点面积比例，这也说明在这30年里海南岛湿地景观面积总体是增加的。

表8-9 1990—2020年海南岛湿地景观变化热点和冷点的面积比例

时期	1990—2000年	2000—2010年	2010—2020年	1990—2020年
冷点－99%置信度	1.06%	1.70%	1.40%	0.55%
冷点－95%置信度	0.69%	0.72%	0.82%	0.35%
冷点－90%置信度	0.56%	0.86%	0.58%	0.26%
无显著性	93.67%	90.78%	92.33%	92.47%
热点－90%置信度	0.59%	0.87%	1.05%	1.11%
热点－95%置信度	0.97%	1.15%	1.28%	1.48%
热点－99%置信度	2.46%	3.92%	2.55%	3.78%

8.3 | 讨论

本研究采用监督分类与人工目视解译相结合的方法，基于1990—2020年的Landsat-5 TM/8 OLI共7期遥感影像数据源建立了较高精度的海南岛湿地空间分布信息数据库，提取了6种湿地景观类型。在2012年开展的海南省第二次湿地资源调查中，海南省≥8hm^{2}的湿地总面积达3200km^2（国家林业局，2015）。将其按照流域类型来分，不含滨海湿地在内的海南省湿地面积为1161.75km^2，与本书中2010年的湿地总面积1191.60km^{2}十分接近，这也反映出本研究所得到的湿地遥感解译分类精度较高、数据可靠。然而，需要指出的是，由于近海与海岸等滨海湿地类型空间界线的模糊特点，同时也会随着潮位的变化而变化，很难通过遥感影像区分（宫鹏等，2010；程敏等，

2017），并结合必要的实地调查，因此本书中的湿地类型未包含这一类，仅对海南岛陆域行政界线范围内的湿地进行提取，存在一定的不足，但也是未来应该进一步开展的研究方向。

在 1990—2020 年，海南岛湿地景观总面积呈增长的趋势，且在 2005 年之前湿地综合动态变化较为剧烈，2005 年以后变化变缓；湿地综合动态度为 1.02%。在整个研究期内湿地面积净增加 404.62km^2，年变化率达 13.49km^2/a。这与顾行发等（2017）对海南省的土地利用遥感监测结果一致，在 20 世纪 80 年代末至 2010 年的水域面积呈增长趋势，年变化率为 6.19km^2/a；宫鹏等（2010）对我国 1990—2000 年湿地变化遥感分析也发现，海南湿地面积同样呈增长趋势；但与牛振国等（2012）对我国 1978—2008 年湿地类型变化的研究结论不尽相同，海南在 1990—2000 年呈增长趋势，而在 2000—2008 年则为减少趋势。这可能与同一时期内不能获取相同时间的遥感影像以及湿地季节性气候影响有关，造成湿地解译结果存在一定不确定性（宫鹏等，2010；牛振国等，2012）。

从湿地景观类型的演变来看，水产养殖场的面积变化最大，由 1990 年的 21.28km^2 增加到 2020 年的 292.33km^2，年变化率达 9.03km^2/a，主要由非湿地、潟湖和库塘等类型转入，以 1995—2010 年增长速度最快，且主要分布于海南岛东北部的文昌市以及东南沿海一带。相关研究表明，从 1985—2005 年我国沿海地区进入围海活动的狂热期，大量的毁林挖塘或围海养虾活动侵占了沿海滩涂海岸（吴文挺等，2016）；同时，文昌市潭牛镇自 20 世纪 90 年代也开始成为海南最大的淡水养殖基地，这些均印证了海南岛水产养殖事业的发展对湿地景观演变的推动作用。库塘景观的动态变化也较大，净增加面积 188.06km^2，年变化率为 6.27km^2/a，主要由非湿地转入，占转入库塘总面积的 95% 以上。这主要是由于在这期间，海南几个大型水库，如赤田水库（1993 年）、大广坝水库（1994 年）、大隆水库（2007 年）、红岭水库（2015 年）等的相继建成使用导致库塘面积变化巨大，其中仅大广坝水库面积就达 65km^2，具有重要的经济效益和生态功能。

在 1990—2020 年，海南岛湿地景观空间质心整体上向东方向扩张，迁移距离达到了 5835.00m。其中，人工湿地整体呈现出向东北方向迁移，空间质心迁移距离达到了 17731.36m，这主要是由于海南岛东北部地区水产养殖业发展迅速，受人为活动影响剧烈。自然湿地的空间质心变化整体上由河流和潟湖所主导，其空间质心相对稳定，研究期内迁移距离仅为 1961.40m。

海南岛湿地景观在 1990—2020 年 7 个时期的全局 Moran's I 值均在 0.6 左右，表明海南岛湿地景观的空间分布具有明显的空间正向自相关性和显著的空间聚集性，这也与海南岛湿地实际的分布特征一致。从 1990—2020 年湿地面积变化热点上看，热点区主要分布在海南岛东北部，以及大广坝水库、大隆水库、红岭水库等库区，这主要是由于该地区水库建设和水产养殖业发展造成土地利用类型由耕地、林地转变为水域，从而使湿地面积增加。而冷点区主要分布在昌化江下游入海口区域，以及海口、三亚等城区，这是因为季节性水位变化、城市扩张和土地开发导致湿地被占用等因素所造成的。

8.4 本章小结

本章内容利用海南岛1990—2020年的7期遥感影像解译获取的湿地景观空间分布数据，综合运用湿地景观面积动态变化、转移矩阵、空间质心变化以及探索性空间数据统计等方法分析了海南岛30年的湿地景观演变特征。其主要研究结论如下：

（1）1990—2020年，海南岛湿地景观总面积呈增长的趋势，且在2005年之前湿地综合动态变化较为剧烈，2005年以后变化变缓。在2020年湿地总面积达1348.98km²，面积净增加了404.62km²，增长率为95.46%，年变化率达13.49km²/a。从一级湿地类型来看，人工湿地持续增长，自然湿地则持续减少；人工湿地面积占比在1995年超过自然湿地，并逐步扩大。从二级湿地类型来看，水产养殖场的增长速度最高，年变化率达9.03km²/a；其次为库塘，为6.27km²/a。潟湖的减少速度最高，达−2.89km²/a；盐田和红树林的变化速率最低。

（2）1990—2020年，海南岛共有116.97km²的湿地转为非湿地，而非湿地转为湿地的面积达521.56km²。其中，水产养殖场的面积变化最大，由1990年的21.28km²增加到2020年的292.33km²，主要由非湿地、潟湖和库塘景观转入；其次为库塘，由1990年的364.69km²增加到2020年的552.75km²。潟湖面积减少最大，由1990年的318.13km²减少到2020年的231.51km²，主要因围海养殖活动转移为水产养殖场，面积为56.40km²。

（3）1990—2020年，海南岛湿地景观空间质心整体上向东方向扩张，迁移距离达到了5835.00m。其中，人工湿地整体呈现出向东北方向迁移，空间质心迁移距离达到了17731.36m；自然湿地的空间质心变化整体上由河流和潟湖所主导，湿地景观质心的迁移距离仅为1961.40m，说明其空间质心相对稳定。

（4）从空间统计分析结果来看，海南岛湿地景观在1990—2020年7个时期的全局Moran's I值均在0.6左右，表明其空间分布具有明显的空间正向自相关性和显著的空间聚集性。湿地景观面积变化的热点区主要分布在海南岛东北部，以及大广坝水库、大隆水库、红岭水库等库区；冷点区主要分布在昌化江下游入海口区域，以及海口、三亚等城区；各时期的冷点面积占比要始终小于热点面积占比，反映出全岛湿地景观面积始终呈现增长的趋势。

主要参考文献

陈昆仑, 齐漫, 王旭, 等, 2019. 1995—2015 年武汉城市湖泊景观生态安全格局演化[J]. 生态学报, 39(5): 1725–1734.

程敏, 张丽云, 欧阳志云, 2017. 三个时期河北省滨海湿地景观格局及变化[J]. 湿地科学, 15(6): 824–828.

范强, 杜婷, 杨俊, 等, 2014. 1982—2012 年南四湖湿地景观格局演变分析[J]. 资源科学, 36(4): 865–873.

宫鹏, 牛振国, 程晓, 等, 2010. 中国 1990 和 2000 基准年湿地变化遥感[J]. 中国科学: 地球科学, 40(6): 768–775.

宫兆宁, 张翼然, 宫辉力, 等, 2011. 北京湿地景观格局演变特征与驱动机制分析[J]. 地理学报, 66(1): 77–88.

顾行发, 李闽榕, 徐东华, 2017. 中国可持续发展遥感监测报告（2016）[M]. 北京: 社会科学文献出版社.

郭雪莲, 2020. 湿地生态监测与评价[M]. 北京: 中国林业出版社.

郭椿阳, 高尚, 周伯燕, 等, 2019. 基于格网的伏牛山区土地利用变化对生态服务价值影响研究[J]. 生态学报, 39(10): 3482–3493.

国家林业局, 2015. 中国湿地资源（海南卷）[M]. 北京: 中国林业出版社.

洪佳, 卢晓宁, 王玲玲, 2016. 1973—2013 年黄河三角洲湿地景观演变驱动力[J]. 生态学报, 36(4): 924–935.

雷金睿, 陈宗铸, 陈小花, 等, 2020. 1980—2018 年海南岛土地利用与生态系统服务价值时空变化[J]. 生态学报, 40(14): 4760–4773.

雷金睿, 陈宗铸, 吴庭天, 等, 2019a. 1989—2015 年海口城市热环境与景观格局的时空演变及其相互关系[J]. 中国环境科学, 39(4): 1734–1743.

雷金睿, 陈宗铸, 吴庭天, 等, 2019b. 海南岛东北部土地利用与生态系统服务价值空间自相关格局分析[J]. 生态学报, 39(7): 2366–2377.

李传哲, 于福亮, 刘佳, 等, 2011. 近 20 年来黑河干流中游地区土地利用/覆被变化及驱动力定量研究[J]. 自然资源学报, 26(3): 353–363.

李儒, 朱博勤, 童晓伟, 等, 2017. 2002—2013 年海南东寨港自然保护区湿地变化分析[J]. 国土资源遥感, 29(3): 149–155.

李悦, 袁若愚, 刘洋, 等, 2019. 基于综合权重法的青岛市湿地生态安全评价[J]. 生态学杂志, 38(3): 847–855.

刘吉平, 董春月, 盛连喜, 等, 2016. 1955—2010 年小三江平原沼泽湿地景观格局变化及其对人为干扰的响应[J]. 地理科学, 36(6): 879–887.

刘瑞, 朱道林, 2010. 基于转移矩阵的土地利用变化信息挖掘方法探讨[J]. 32(8): 1544–1550.

卢晓宁, 黄玥, 洪佳, 等, 2018. 基于 Landsat 的黄河三角洲湿地景观时空格局演变[J]. 中国环境科学, 38(11): 4314–4324.

吕金霞, 蒋卫国, 王文杰, 等, 2018. 近 30 年来京津冀地区湿地景观变化及其驱动因素[J]. 生态学报, 38(12): 4492–4503.

孟丹, 王明玉, 李小娟, 等, 2013. 京沪穗三地近十年夜间热力景观格局演变对比研究[J]. 生态学报, 33(5): 1545–1558.

牛振国, 张海英, 王显威, 等, 2012. 1978—2008 年中国湿地类型变化[J]. 科学通报, 57(16): 1400–1411.

吴文挺, 田波, 周云轩, 等, 2016. 中国海岸带围垦遥感分析[J]. 生态学报, 36(16): 5007–5016.

徐晓然, 谢跟踪, 邱彭华, 2018. 1964—2015 年海南省八门湾红树林湿地及其周边土地景观动态分析[J]. 生态学报, 38(20): 7458–7468.

易凤佳, 李仁东, 常变蓉, 等, 2016. 2000—2010 年汉江流域湿地动态变化及其空间趋向性[J]. 长江流域资源与环境, 25(9): 1412–1420.

张猛, 曾永年, 2018. 长株潭城市群湿地景观时空动态变化及驱动力分析[J]. 农业工程学报, 34(1): 241–249.

甄佳宁, 廖静娟, 沈国状, 2019. 1987 以来海南省清澜港红树林变化的遥感监测与分析[J]. 湿地科学, 17(1): 44–51.

ANSELIN L, 1995. Local indicators of spatial association LISA[J]. Geographical Analysis, 27(2): 93–115.

DAVRANCHE A, LEFEBVRE G, POULIN B, 2010. Wetland monitoring using classification trees and SPOT–5 seasonal time series [J].Remote Sensing of Environment, 114(3): 552–562.

FENG L, HAN X X, HU C M, et al, 2016. Four decades of wetland changes of the largest freshwater lake in China: Possible linkage to the Three Gorges Dam? [J]. Remote Sensing of Environment, 176: 43–55.

LI G D, FANG C L, WANG S J, 2016. Exploring spatiotemporal changes in ecosystem-service values and hotspots in China[J]. Science of the Total Environment, 545-546: 609-620.

LIN W P, GEN J W, XU D, et al, 2018. Wetland landscape pattern changes over a period of rapid development (1985—2015) in the ZhouShan Islands of Zhejiang province, China[J]. Estuarine, Coastal and Shelf Science, 213: 148-159.

SKALÓS J, RICHTER P, KEKEN Z, 2017. Changes and trajectories of wetlands in the lowland landscape of the Czech Republic[J]. Ecological Engineering, 108: 435-445.

WANG S D, ZHANG X Y, WU T X, et al, 2019. The evolution of landscape ecological security in Beijing under the influence of different policies in recent decades[J]. Science of the Total Environment, 646: 49-57.

YU H Y, ZHANG F, KUNG H T, et al, 2017. Analysis of land cover and landscape change patterns in Ebinur Lake Wetland National Nature Reserve, China from 1972 to 2013[J]. Wetlands Ecology and Management, 25(3): 619-637.

ZHU C M, ZHANG X L, ZHOU M M, et al, 2020. Impacts of urbanization and landscape pattern on habitat quality using OLS and GWR models in Hangzhou, China[J]. Ecological Indicators, 117: 106654.

ZORRILLA-MIRAS P, PALOMO I, GÓMEZ-BAGGETHUN E, et al, 2014. Effects of land-use change on wetland ecosystem services: a case study in the Doñana marshes (SW Spain) [J]. Landscape and Urban Planning, 122: 160-174.

第9章

湿地景观格局演变及其驱动力

近年来，随着景观生态学的发展，景观格局及其动态变化研究已成为景观生态学的研究热点和重要研究领域（肖笃宁，1991；傅伯杰等，2001）。景观格局动态监测分析是景观生态学研究的主要方法，它有助于理解空间上的生态学过程，同时也是研究景观格局潜在驱动力，认识景观水平上各种生态问题并进行对策设计的基础（郭雪莲，2020）。景观格局的研究不仅是景观生态学的核心内容，也是景观生态评价、景观生态学设计与管理等应用研究的重要基础。湿地景观格局是在自然和人类活动的长期相互作用过程中演变而成的共同结果（王泉泉等，2019），其变化特征与驱动机制一直以来都是湿地地理学和生态学长期研究的焦点，对于揭示湿地演变因素、制定科学合理的湿地保护具有重要意义（宫兆宁等，2011；徐晓龙等，2018）。因此，本章内容利用海南岛1990—2020年的湿地景观空间分布数据，综合运用景观格局指数和数理统计等方法分析海南岛30年的湿地景观格局变化特征，并探索引起其变化的自然和社会经济驱动因子。

9.1 研究方法

9.1.1 景观格局指数

景观格局指数是指能够高度浓缩景观格局信息、反映景观结构组成和空间配置某些方面特征的定量指标，能够通过描述景观格局进而建立景观结构与过程或现象的联系，是景观生态学研究的重要方法（邬建国，2007）。对于湿地景观而言，通过根据湿地的特征选用一些能够反映湿地景观格局变化特征的指数（如景观斑块数量、景观多样性、破碎度、分维数等指标）来分析湿地景观格局，同时根据景观格局指数在不同时期内的动态变化来反映景观格局空间结构特征的变化（郭雪莲，2020）。

随着计算机技术的不断发展，各具特色的景观格局技术软件也越来越多，该类软件大多以GIS数据支撑，其中比较出名且成熟的是美国俄勒冈州立大学森林科学系开发的Fragstats景观格局指数计算软件（郑新奇和付梅臣，2010），该软件发行了矢量和栅格两个版本。其中，以ESRI AML为开发语言的矢量版本必须运行在ArcInfo Workstation环境下，接受ArcInfo的Coverage格式的矢量图层，而栅格版本是一个运行于Windows平台能接受多种栅格数据格式（ArcInfo Grid、IDRISI、ERDAS等）的应用程序。相比于矢量版本，栅格版本由于像元精度的影响在计算景观边缘等方面参数时会产生一些误差，这种误差依赖于栅格的分辨率；但是栅格版本可以用于计算景观最近距离、邻近指数和蔓延度指数等，总共可以计算包括斑块水平、类型水平和景观水平3个层次在内的66个景观指数，进行景观格局指数计算时，可根据研究的需要选择不同层次的指数（杨俊等，2016）。

本研究参考相关文献（宫兆宁等，2011；刘吉平等，2016；万智巍等，2018；Lin et al，2018），结合研究区的实际情况，分别从类型水平和景观水平上选择景观格局指数，包括斑块数量（NP）、最大斑块指数（LPI）、边缘密度（ED）、景观形状指数（LSI）、周长面积分维数（PAFRAC）、蔓延度（CONTAG）和香农多样性指数（SHDI）7个，各景观指数模型的计算公式和生态学意义见表9-1（邬建国，2007）。考虑到空间分析精度的一致性，借助ArcGIS将海南岛1990—2020年共7期的湿地景观分类矢量图转换为.grid格式，并导入Fragstats 4.2平台进行景观格局指数的计算分析（宫兆宁等，2011）。

表9-1 景观格局指数及其意义

景观指数	计算公式	变量说明及取值范围	生态意义
斑块数量	$NP=n_i$	n_i为在整个景观类型中第i种类型所包含的斑块总数。取值范围：$NP \geqslant 1$，无上限	反映景观中某一特定斑块类型的破碎程度
最大斑块指数	$LPI = \dfrac{\max(a_1,\ a_2,\ \cdots,\ a_n)}{A}(100)$	a_1, a_2, $\cdots$, a_n为各斑块的面积，A为景观面积。取值范围：$0 < LPS \leqslant 100$	反映景观优势度的一种简单方法
边缘密度	$ED = \dfrac{1}{A}\sum\limits_{i=1}^{m}\sum\limits_{j=1}^{n} P_{ij}$	P_{ij}为景观中第i类景观类型j个斑块的边界长度，A为景观面积。取值范围：$ED \geqslant 0$，无上限	指景观范围内单位面积上异质景观要素斑块间的边缘长度

（续）

景观指数	计算公式	变量说明及取值范围	生态意义
景观形状指数	$LSI = \dfrac{0.28E}{\sqrt{A}}$	E 为景观中所有斑块边界的总长度，A 为景观面积。取值范围：$LSI \geq 1$，无上限。当景观中只有一个正方形斑块时，$LSI=1$；当景观中斑块形状不规则或偏离正方形时，LSI 值增大	反映了景观的形状变化的复杂程度
周长面积分维数	$PAFRAC = \dfrac{2}{\dfrac{\left[n_i \sum\limits_{j=1}^{n}\left(\ln p_{ij} - \ln a_{ij}\right) - \left[\left(\sum\limits_{j=1}^{n}\ln p_{ij}\right)\left(\sum\limits_{j=1}^{n}\ln a_{ij}\right)\right]\right]}{\left(n_i \sum\limits_{j=1}^{n}\ln p_{ij}{}^2\right) - \left(\sum\limits_{j=1}^{n}\ln p_{ij}\right)^2}}$	P_{ij} 为景观中第 i 类景观类型 j 个斑块的边界长度，a_{ij} 为景观中第 i 类景观类型 j 个斑块的面积，n_i 为斑块数目。取值范围：$1 < PAFRAC \leq 2$	反映了斑块或景观镶嵌体几何形状的复杂程度，为非整型维数值
蔓延度	$CONTAG = \left[1 + \dfrac{\sum\limits_{i=1}^{m}\sum\limits_{k=1}^{m}\left[(P_i)\left(\dfrac{g_{ik}}{\sum\limits_{k=1}^{m}g_{ik}}\right)\right]\left[\ln(p_i)\dfrac{g_{ik}}{\sum\limits_{k=1}^{m}g_{ik}}\right]}{2\ln(m)}\right](100)$	P_i 为 i 类型斑块所占的面积百分比，g_{ik} 为 i 类型斑块和 k 类型斑块毗邻的数目，m 为景观中的斑块类型总数目。取值范围：$0 < CONTAG \leq 100$	反映了景观里斑块类型的团聚程度或延展趋势，包含了空间信息
香农多样性指数	$SHDI = -\sum\limits_{i=1}^{m}(P_i \times \ln P_i)$	P_i 为类型 i 在整个景观中所占的比例，m 为景观中斑块类型的总数。取值范围：$SHDI \geq 0$，无上限	反映景观异质性和多样性程度大小

9.1.2　数据分析处理

为定量化分析影响湿地景观演变的主要驱动因子，参考相关研究（刘吉平等，2016；徐晓龙等，2018），选取研究区人口数量、国内生产总值、渔业生产总值以及年降水量、平均气温和平均相对湿度等 8 个指标。运用 SPSS 22.0 对湿地景观类型面积、景观格局指数与社会经济、自然环境指标进行 Pearson 双变量相关性分析。

其中，研究区人口数量、国内生产总值、渔业生产总值等人口与社会经济指标来源于《海南统计年鉴》（图 9-1）。年降水量、平均气温和平均相对湿度等自然环境指标来源于国家气象科学数据共享服务平台（http://data.cma.cn）（表 9-2）。

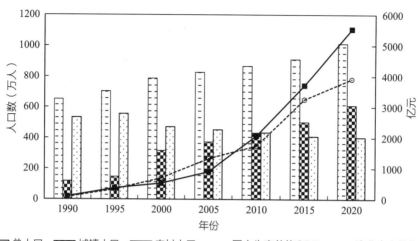

图9-1　1990—2020年研究区域人口与社会经济动态变化

表9-2　1990—2020年研究区域气候环境指标动态变化

年份	年降水量（mm）	平均气温（℃）	平均相对湿度（%）
1990年	1312.74	24.17	84.70
1995年	1277.44	23.96	82.98
2000年	1592.77	24.31	83.05
2005年	1213.36	24.52	77.43
2010年	1509.11	24.91	79.77
2015年	1065.99	25.36	80.28
2020年	1411.27	24.48	81.99

9.2 结果与分析

9.2.1 湿地景观格局指数变化

9.2.1.1 类型水平上景观格局变化特征

海南岛湿地在类型水平上各时期景观格局指数的变化趋势如图9-2所示。其中，斑块数量（NP）以库塘最大，在2000年达到最高值1465个，之后持续减少。水产养殖场斑块数量增长最快，从1990年的35个增长到2020年的615个，增幅达到18倍。红树林斑块数量略微增加，也从1990年的105个增长到2020年的157个。河流、潟湖、盐田的斑块数量持续波动，但数量变化不大。

从斑块边缘密度（ED）来看，潟湖和红树林一直处于较高水平，在2005年均达到最高值，分别为3.06m/hm^{2}和2.14m/hm^2，之后略微降低。水产养殖场边缘密度持续增长，在2000—2005年增长最快，至2020年达到最高值2.89m/hm^2。

最大斑块指数（LPI）以库塘最大，其次为河流、潟湖。库塘的LPI在1990年为最高值10.04%，在1995—2005年急速下降达到低值6.09%，而后在2010年达到另一峰值8.96%，之后逐年降低。河流、潟湖、盐田、红树林4类湿地类型的LPI始终呈降低趋势，仅有水产养殖场LPI呈增长态势，也反映出水产养殖场规模的不断扩大而造成斑块连片分布。

从景观斑块形状指数（LSI）来看，河流、库塘的LSI最大，在55~70波动。水产养殖场的LSI增长最快，从1990年的9.86增长到2020年的41.43，呈持续增长的趋势，这说明水产养殖场的形状正趋于复杂化。

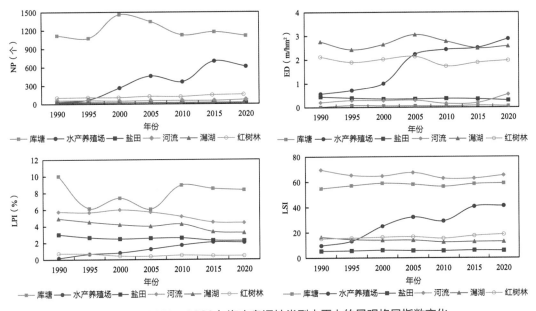

图9-2　1990—2020年海南岛湿地类型水平上的景观格局指数变化

9.2.1.2　景观水平上景观格局变化特征

景观水平上的景观格局指数可以反映整个研究区域的景观变化特征，如表9-3所示。在1990—2020年海南岛湿地景观斑块数量（NP）总体呈持续增长的趋势，在2015年达到峰值2134个，整个研究阶段NP增加630个，增幅达45.69%。最大斑块指数（LPI）呈现先降低后升高再降低的趋势，在1990年为最大值10.04%，2005年最小，为6.09%。从NP和LPI综合来看，表明海南岛湿地景观的破碎化程度正逐步加大。边缘密度（ED）和景观形状指数（LSI）同样呈现持续增长的变化趋势，在2020年达到最大值，分别为4.19m/hm^{2}和87.89，可见斑块形状趋于复杂化。周长面积分维数

（PAFRAC）总体呈现出一致的降低趋势，而蔓延度（CONTAG）则在2010年出现最小值56.47，之后呈现出缓慢上升后再下降的趋势，这2个指数表明景观受干扰程度加大、连通度降低。香农多样性指数（SHDI）经历了一个先升高、再小幅降低的波动过程，在2005—2010年出现最大值1.52，说明湿地景观多样性增加，各湿地景观类型趋于均衡化。综合来看，1990—2020年海南岛湿地景观总体呈现破碎度增大、景观异质性增强、连通度降低、斑块形状趋于复杂的变化特征。

表9-3　1990—2020年海南岛湿地景观水平上的景观格局指数变化

时期	NP	LPI（%）	ED（m/hm²）	LSI	PAFRAC	CONTAG	SHDI
1990年	1379	10.04	3.08	76.29	1.51	60.64	1.38
1995年	1373	6.17	2.92	76.84	1.52	60.32	1.39
2000年	1943	7.42	3.20	80.83	1.49	59.31	1.43
2005年	2047	6.09	4.09	83.36	1.48	56.52	1.52
2010年	1729	8.96	3.78	78.32	1.46	56.47	1.52
2015年	2134	8.55	3.78	86.07	1.44	57.52	1.49
2020年	2009	8.38	4.19	87.89	1.44	57.54	1.48

9.2.2　湿地景观演变驱动力分析

9.2.2.1　对不同湿地类型面积的驱动力分析

对社会经济和环境因素与湿地类型面积的相关性分析发现（表9-4），在社会经济因素方面，研究区总人口数、城镇人口、农村人口与水产养殖场、盐田、潟湖等湿地景观类型面积均表现出显著相关性（$P < 0.05$），其中总人口数、城镇人口与人工湿地类型面积呈正相关性、与自然湿地类型呈负相关性，农村人口则正好相反；而湿地总面积与社会经济因子均表现极显著相关性（$P < 0.01$）。国内生产总值和渔业生产总值与库塘、水产养殖场、盐田、河流均呈正相关性，与潟湖呈负相关性。这说明人工湿地类型面积会随着人口和经济的增长而增长，自然湿地（潟湖、红树林）则呈现减少的趋势。在气候环境因素方面，年降水量与所有湿地类型的相关性均不显著；平均气温与水产养殖场、盐田和自然湿地面积有显著性（$P < 0.05$）；平均相对湿度仅与自然湿地有显著性（$P < 0.05$），说明平均气温升高、平均相对湿度降低会使自然湿地面积降低、人工湿地面积升高；湿地总面积与气候环境因子的相关性不强。

表9-4　湿地类型面积与社会环境因子的相关性分析

类型	总人口	城镇人口	农村人口	国内生产总值	渔业生产总值	年降水量	平均气温	平均相对湿度
人工湿地	0.982**	0.969**	-0.931**	0.922**	0.954**	-0.129	0.748	-0.506
库塘	0.782*	0.752	-0.693	0.769*	0.782*	0.006	0.458	-0.166
水产养殖场	0.977**	0.976**	-0.952**	0.898**	0.938**	-0.188	0.819*	-0.633
盐田	0.758*	0.776*	-0.788*	0.763*	0.766*	-0.179	0.793*	-0.519
自然湿地	-0.955**	-0.946**	0.897**	-0.714	-0.791*	0.132	-0.806*	0.799*
河流	0.751	0.739	-0.733	0.927**	0.910**	-0.107	0.321	-0.128
潟湖	-0.992**	-0.978**	0.934**	-0.860*	-0.913**	0.134	-0.737	0.664
红树林	-0.406	-0.463	0.564	-0.410	-0.480	0.170	-0.197	0.249
湿地总面积	0.968**	0.955**	-0.919**	0.941**	0.965**	-0.126	0.724	-0.445

注：*与**分别代表通过0.05和0.01的显著性水平检验，下同。

9.2.2.2　对湿地景观格局的驱动力分析

对社会经济和环境因素与湿地景观格局的相关性分析发现（表9-5），研究区总人口数、城镇人口、农村人口与除了最大斑块指数（LPI）以外的湿地景观格局指数均表现出显著相关性（$P < 0.05$），其中总人口数和城镇人口与分维数（PAFRAC）、蔓延度（CONTAG）为负相关性，而农村人口则正好相反。国内生产总值和渔业生产总值与边缘密度（ED）、斑块形状指数（LSI）有正相关性（$P < 0.05$），而与分维数（PAFRAC）有极显著负相关性（$P < 0.01$）。这表明人口数量和生产总值的增加会提高景观斑块破碎化和多样性，降低斑块的连通度。

在气候环境因素方面，年降水量同样与所有湿地景观格局指数均没有显著相关性。平均气温仅与分维数（PAFRAC）有显著负相关性（$P < 0.05$），平均相对湿度与蔓延度（CONTAG）呈极显著正相关（$P < 0.01$）、与香农多样性指数（SHDI）呈极显著负相关（$P < 0.01$），表明平均温度和平均相对湿度的变化会对湿度景观格局造成一定影响。

表9-5　湿地景观格局与社会环境因子的相关性分析

景观指数	总人口	城镇人口	农村人口	国内生产总值	渔业生产总值	年降水量	平均气温	平均相对湿度
NP	0.862*	0.878**	-0.881**	0.650	0.748	-0.123	0.660	-0.617
LPI	0.022	0.084	-0.193	0.266	0.184	0.126	0.302	0.395
ED	0.857*	0.872*	-0.888**	0.754*	0.815*	-0.131	0.566	-0.708
LSI	0.847*	0.853*	-0.857*	0.828*	0.890**	-0.276	0.550	-0.445

（续）

景观指数	总人口	城镇人口	农村人口	国内生产总值	渔业生产总值	年降水量	平均气温	平均相对湿度
PAFRAC	−0.970**	−0.983**	0.982**	−0.894**	−0.933**	0.114	−0.842*	0.532
CONTAG	−0.850*	−0.853*	0.828*	−0.581	−0.662	0.070	−0.704	0.890**
SHDI	0.838*	0.841*	−0.813*	0.557	0.639	−0.063	0.709	−0.897**

9.3 | 讨论

通过景观生态学分析，1990—2020年海南岛湿地景观斑块数量（NP）、边缘密度（ED）和景观形状指数（LSI）总体呈增长趋势，表明景观破碎化程度加剧，景观格局向着多样化和均匀化方向发展。一方面，由于经济建设的发展和生活水平的提高，水产养殖业迅速成为沿海地区农业经济的重要支柱产业而造成水产养殖场面积持续扩大，加之研究期内大型库塘建设，大量的非湿地类型转入，特别是在2005年之前，这造成景观面积和斑块数量的剧烈变化，景观格局指数也随之大幅波动；另一方面，因城镇开发建设、道路修建等人为活动将自然湿地转为建设用地，也加剧了景观格局的破碎化程度（魏帆等，2018）。因此，建议对景观破碎、功能退化的湿地采取有效的生态修复维持景观完整性和连通性，恢复湿地的生态系统服务功能与价值，维护湿地景观生态安全。

有研究表明，随着城市化人口的增加，人与土地的矛盾也日益突出，使得湿地已经成为最为脆弱的生态系统之一（Huang et al，2012），对湿地景观格局的变化产生了较大的影响。特别是海南岛沿海地区特殊的地理位置和丰富的资源，填海造地、围垦养殖在给当地带来经济效益的同时，自然湿地迅速向人工湿地及非湿地转化，自然湿地人工化，造成湿地景观破碎化程度严重，景观形态趋于单一，景观生态环境恶化，湿地退化严重（Lin et al，2018）。因此，表现为研究区人口总数、城镇人口、GDP与人工湿地类型面积、湿地景观破碎化指数呈显著正相关关系，人口与社会经济因素是导致自然湿地减少、人工湿地增加和湿地景观多样性变化与破碎化的主要驱动因素。且人工湿地面积占比在1995年超过自然湿地，并逐步扩大，造成湿地景观的连通度与功能完整性降低。这与Lin等（2018）人对舟山群岛、吕金霞等（2018）人对京津冀、王泉泉等（2019）人对滇西北高原等湿地研究结论一致，表明了人为活动干扰是影响湿地景观变化的关键驱动力。因此，建议通过严格的土地空间规划，加强湿地总量管控，特别是控制重要生态功能区、海岸带湿地及周边自然湿地资源的侵占；在重要湿地或脆弱湿地区域（如滨海红树林、城市湿地等）应建立湿地保护区或湿地公园，严格实施规划分区管控和生态红线管理。

对于自然环境因素来说，相关研究认为，温度和降水变化通常需要改变湿地水文过程，通过对湿地植物生长、种间关系、土壤养分等产生直接或间接的作用来影响湿地的类型与面积，其过程具有明显的滞后性（张猛和曾永年，2018；王泉泉等，2019）。因此，在较小时间和空间尺度上，相比人为活动的干扰，自然环境变化对湿地生态系统的影响相对较小（王泉泉等，2019）。本研究也发现，年降水量与所有湿地类型面积、景观格局指数均没有显著相关性，平均气温和平均相对湿度也仅与部分指标有显著性，说明气候环境因子与湿地景观变化的相关性不甚明显；加之人为活动的强烈干扰使得湿地景观演变机制十分复杂（张猛和曾永年，2018），有待于从空间角度深入分析、研究多要素复合下湿地景观变化过程和驱动机制。

9.4 ｜ 本章小结

本章内容利用海南岛1990—2020年共7期的湿地景观空间分布数据，基于景观生态学原理，运用景观格局指数和相关性分析等方法分析了海南岛30年的湿地景观格局变化特征及其驱动因子。其主要研究结论如下：

（1）1990—2020年，景观水平上，海南岛湿地景观总体呈现破碎度增大、连通度降低、斑块形状趋于复杂的变化特征。类型水平上，以库塘、水产养殖场的变化较大，斑块破碎度增加，形状趋于复杂；自然类湿地变化较小。

（2）湿地景观演变是自然与社会经济等因素综合作用的结果，其中人口总数、城镇人口、国内生产总值和渔业生产总值等社会经济因子是影响湿地景观变化的关键因素，是导致研究区自然湿地减少、人工湿地增加和湿地景观多样性变化与破碎化的主要驱动因子；自然环境因子对湿地景观变化的作用相对较小。

主要参考文献

傅伯杰,陈利顶,马克明,等,2001.景观生态学原理及应用[M].北京:科学出版社.
宫兆宁,张翼然,宫辉力,等,2011.北京湿地景观格局演变特征与驱动机制分析[J].地理学报,66(1): 77–88.
郭雪莲,2020.湿地生态监测与评价[M].北京:中国林业出版社.
刘吉平,董春月,盛连喜,等,2016.1955—2010年小三江平原沼泽湿地景观格局变化及其对人为干扰的响应[J].地理科学,36(6): 879–887.
吕金霞,蒋卫国,王文杰,等,2018.近30年来京津冀地区湿地景观变化及其驱动因素[J].生态学报,38(12): 4492–4503.
万智巍,连丽聪,贾玉连,等,2018.近百年来鄱阳湖南部湿地景观生态格局演变[J].生态环境学报,27(9): 1682–1687.
王泉泉,王行,张卫国,等,2019.滇西北高原湿地景观变化与人为、自然因子的相关性[J].生态学报,39(2): 726–738.

魏帆, 韩广轩, 张金萍, 等, 2018. 1985—2015年围填海活动影响下的环渤海滨海湿地演变特征[J]. 生态学杂志, 37(5): 1527–1537.

邬建国, 2007. 景观生态学——格局、过程、尺度与等级[M]. 2版. 北京: 高等教育出版社.

肖笃宁, 1991. 景观生态学理论、方法及应用[M]. 北京: 中国林业出版社.

徐晓龙, 王新军, 朱新萍, 等, 2018. 1996—2015年巴音布鲁克天鹅湖高寒湿地景观格局演变分析[J]. 自然资源学报, 33(11): 1897–1911.

杨俊, 韩增林, 马占东, 等, 2016. 滨海地区土地利用时空格局演变与模拟预测研究——以大连市金州区为例[M]. 北京: 科学出版社.

张猛, 曾永年, 2018. 长株潭城市群湿地景观时空动态变化及驱动力分析[J]. 农业工程学报, 34(1): 241–249.

郑新奇, 付梅臣, 2010. 景观格局空间分析技术及其应用[M]. 北京: 科学出版社.

HUANG L B, BAI J H, YAN D H, et al, 2012. Changes of wetland landscape patterns in Dadu River catchment from 1985 to 2000, China[J]. Frontiers of Earth Science, 6(3): 237–249

LIN W P, GEN J W, XU D, et al, 2018. Wetland landscape pattern changes over a period of rapid development (1985—2015) in the ZhouShan Islands of Zhejiang province, China[J]. Estuarine, Coastal and Shelf Science, 213: 148–159.

第10章

湿地景观生态安全评价

生态安全是生态系统健康和完整状况的表征（谢余初等，2015），反映其结构与功能不受或少受威胁的健康与平衡状态，它是实现区域可持续发展的重要基础（宋豫秦等，2010；Ma et al，2019）。近几十年来，由于人类社会经济活动的影响，城市人口增多、城市迅速扩张导致湿地资源在数量和质量上遭到不同程度的破坏或退化，湿地内部生境破碎化加剧、景观多样性降低（廖柳文和秦建新，2016），湿地生态系统的结构和功能也发生了显著变化（Zorrilla-Miras et al，2014；Lin et al，2018），严重威胁着区域湿地景观生态安全（陈昆仑等，2019；李悦等，2019；钱逸凡等，2019）。湿地景观生态安全评价作为湿地生态保护和管理利用的重要基础性工作（吴健生等，2017），也是湿地评价研究的新领域（杨永兴，2002），及时掌握各地湿地生态状态和安全素质，可为湿地保护政策制定提供数据支撑（钱逸凡等，2019）。因此，对快速发展背景下湿地景观生态安全的评价研究显得十分有必要。

当前，生态安全已经被提升到国家战略高度（陈星和周成虎，2005），对湿地生态安全评价研究也更为深入和细化，在构建评价指标上已由单一生态安全因素拓展至多因素的综合评价（刘艳艳等，2011；吴健生等，2017；钱逸凡等，2019）。国外对湿地生态安全的研究较早，以美国为首的西方国家在20世纪90年代相继开展了湿地健康状况和生态风险评价研究（刘艳艳等，2011；Alvarez et al，2013；朱卫红等，2014），Malekmohammadi 和 Jahanishakib（2017）采用驱动-压力-状态-影响-响应（DPSIR）模型对伊朗乔加霍尔国际重要湿地的生态系统服务脆弱性进行了评估，认为农业活动、城市建设和旅游发展是重要的威胁因素之一。在国内，国家林业局湿地保护管理中心先后对我国的国际重要湿地和全国重点湿地的生态健康状况开展了多指标综合评价（国家林业局湿地保护管理中心，2013；国家林业局，2015），结果显示全国各重点湿地生态状况仍不容乐观。在区域湿地生态安全评价方面，相关研究基于压力-状态-响应（PSR）模型对北京（Wang et al，2019）、深圳（吴健生等，2017）、青岛（李悦等，2019）、环长株潭城市群（廖柳文和秦建新，2016）以及图们江流域（朱卫红等，2014）等地湿地生态安全状况开展了评估研究；陈昆仑等（2019）利用景观格局指数构建湖泊湿地景观生态安全评价模型评估了武汉湖泊系统景观生态安全格局的演化特征，并对其驱动因素进行了分析。综合国内外有关研究，学者大都采用PSR、DPSIR等模型进行区域或重点湿地的生态安全评价（Ye et al，2011；庞雅颂和王琳，2014），其中由联合国经济合作与开发组织（Organization for Economic Co-operation and Development，OECD）建立的PSR模型因具有较强的系统性，适用于大范围的生态安全评价，而被大多数研究采用（朱卫红等，2014；廖柳文和秦建新，2016；Ma et al，2019；Wang et al，2019；李悦等，2019）。但由于研究者知识背景、研究目的等的不同，以及湿地类型和功能的多样性，对湿地生态安全评价的指标、方法等的普适性研究方面仍处于探索阶段（Li et al，2010；刘艳艳等，2011；钱逸凡等，2019）。

自1988年建省办经济特区以来，海南社会经济高速发展，城市迅速扩张，与生态环境之间的矛盾也逐步凸显，湿地资源退化明显（国家林业局，2015）。2019年中共中央办公厅、国务院办公厅印发了《国家生态文明试验区（海南）实施方案》，提出"改革完善生态环境监管模式，建立健全生态安全管控机制，构建完善绿色发展导向的生态文明评价考核体系"，这就为海南生态安全评估提出了更高的要求，统筹保护和利用生态资源。本章内容以1990年、2000年、2010年和2020年海南岛湿地景观空间分布数据为主要数据源，基于PSR模型构建海南岛湿地景观生态安全评价体系，采用层次分析法（AHP）确定指标权重，对海南各个市县的湿地景观生态安全进行宏观定量评价，分析时空分异特征，建立预警机制，以期为海南岛湿地保护与修复以及可持续发展规划提供重要参考。

10.1 | 研究方法

10.1.1 景观生态安全评价模型

景观生态安全是从景观尺度上反映人类活动和自然胁迫对生态安全的影响（李月臣，2008；时卉等，2013；Ma et al，2019）。本研究在参考已有研究的基础上（宋豫秦等，2010；Wang et al，2019；Ma et al，2019），基于压力–状态–响应（Pressure-State-Response，PSR）模型从景观状态、景观压力和景观响应3个方面构建海南岛湿地景观生态安全评价模型。景观状态是指在一定时空尺度内，区域自然因素相对稳定情况下所形成的景观类型和格局；景观压力反映人类活动对景观格局和过程的影响（宋豫秦等，2010）；景观响应主要考虑政府层面对景观生态资源的保护力度。根据模型指标体系的系统性、实用性以及数据获取可能性等原则，结合研究区的实际特征，细化湿地景观生态安全评价指标体系（表10-1）。并采用层次分析法（AHP）确定各指标的权重值（谢余初等，2015；钱逸凡等，2019），其权重判断矩阵A—B、B₁—C、B₂—C、B₃—C的一致性比率值分别为0.0088、0.0161、0.0088、0.0000，均小于0.10，通过一致性检验，表明权重分布合理（廖柳文和秦建新，2016）。

表 10-1　海南岛湿地景观生态安全评价指标体系及权重

目标层	准则层	指标层	正向/负向	数据来源	权重值
景观生态安全（A）	景观状态（B₁）0.5396	景观破碎度（C₁）	负向	遥感数据	0.1854
		景观多样性（C₂）	负向	遥感数据	0.0471
		景观蔓延度（C₃）	正向	遥感数据	0.0837
		分维数（C₄）	负向	遥感数据	0.0837
		自然与人工湿地面积比（C₅）	正向	遥感数据	0.1396
	景观压力（B₂）0.2970	城市化水平（C₆）	负向	统计数据	0.0486
		人口密度（C₇）	负向	统计数据	0.0882
		人均GDP（C₈）	负向	统计数据	0.1603
	景观响应（B₃）0.1634	自然保护地面积占比（C₉）	正向	行业数据	0.0817
		湿地保护资金投入（C₁₀）	正向	行业数据	0.0817

10.1.1.1　景观状态

景观状态中的景观破碎度、景观多样性、景观蔓延度、分维数4个指标因子分别用斑块密度（PD）、香农多样性指数（SHDI）、蔓延度（CONTAG）和周长面积分维数（PAFRAC）4个景观格局指数进行计算。自然与人工湿地面积比采用遥感解译数据的自然湿地与人工湿地的面积比值。

10.1.1.2　景观压力

研究区城市化水平、人口密度、人均GDP等指标来源于《海南统计年鉴》，其中城市化水平为城镇人口与人口总数的比值。

10.1.1.3　景观响应

利用来自海南省林业局的自然保护地（湿地公园、森林公园、自然保护区）矢量数据，按自然保护地建立时间分别统计每个市县内国家级、省级和市县级自然保护地面积，然后利用权重值计算自然保护地总面积占该市县国土面积的比例。按照生态价值和保护强度将国家级、省级和市县级自然保护地的权重分别赋值为0.5、0.3和0.2。

10.1.2　综合评价与等级划分

为了消除因指标量纲不同对计算结果的影响，采用极值法对各项指标进行标准化处理，然后采用综合评价法对海南岛湿地景观生态安全进行综合定量评估（Li et al，2010；李悦等，2019；Ma et al，2019）。计算公式分别为：

$$正向指标 S_i = (X - X_{min}) / (X_{max} - X_{min})$$

$$负向指标 S_i = (X_{max} - X) / (X_{max} - X_{min})$$

$$LESI = \sum_{i=1}^{n} (W_i \times S_i)$$

式中：$LESI$ 为湿地景观生态安全指数（Landscape Ecological Security Index，LESI）；W_i 为指标权重值；S_i 为指标标准化分值；X 为原始指标值；X_{max}、X_{min} 为原始指标中的最大值和最小值；n 为指标因子数量。

借鉴已有的生态安全等级划分标准（吕建树等，2012；杜培军等，2014；廖柳文和秦建新，2016；李悦等，2019），结合研究区实际情况，将研究区 $LESI$ 值划分为5个等级，分别为危险、较危险、临界安全、较安全和安全（表10-2）。

表10-2　景观生态安全等级划分标准

安全等级	景观生态安全指数 $LESI$	安全状态
Ⅰ	[0, 0.4)	危险（差）
Ⅱ	[0.4, 0.5)	较危险（较差）
Ⅲ	[0.5, 0.6)	临界安全（一般）
Ⅳ	[0.6, 0.7)	较安全（良好）
Ⅴ	[0.7, 1.0]	安全（好）

10.2 | 结果与分析

10.2.1　不同市县湿地景观面积动态变化

从海南岛湿地景观面积动态变化可以看出（表10-3），1990—2020年海南岛湿地景观总面积呈增长趋势，湿地总面积由1990年的944.36km²增加到2020年的1348.98km²，面积净增加了404.62km²，年均增长13.49km²。从湿地分类来看，人工湿地呈明显增长趋势，面积由1990年的423.87km²增加到2020年的883.81km²，面积净增加了459.94km²，年均增长达15.33km²；与之相反的是，自然湿地则呈减少趋势，面积由1990年的520.49km²减少到2020年的465.17km²，面积净减少了55.32km²，年均减少1.84km²。

从各个市县来看，湿地总面积增长最快的为文昌，从1990年到2020年增加了117.34km²，其次为东方、海口、儋州，这跟其区域内水产养殖场、库塘等人工湿地的迅速增长有关；湿地总面积唯一减少的市县为临高，在这期间共减少了4.50km²。

在1990—2020年，自然湿地面积减少最大的是文昌、东方和三亚，分别为20.71km²、14.98km²和9.70km²；琼海、乐东、五指山等市县则略微增加。人工湿地面积增加最大的是文昌和东方，分别为138.05km²和86.52km²；增加较少的是临高、五指山、定安等市县。可以看出，人工湿地面积增加的市县，其自然湿地面积也相应减少，这可能跟自然湿地向人工湿地或非湿地转变有关，从而造成自然湿地的面积占比不断降低。

表10-3　1990—2020年海南岛湿地景观面积动态变化

类型	人工湿地（km²）				自然湿地（km²）				湿地总面积（km²）			
年份	1990	2000	2010	2020	1990	2000	2010	2020	1990	2000	2010	2020
白沙	19.81	16.40	24.22	25.37	5.31	5.87	5.35	6.05	25.13	22.27	29.56	31.42
保亭	3.48	5.38	6.73	9.01	1.79	1.99	1.94	2.54	5.26	7.37	8.67	11.56
昌江	13.15	12.50	17.16	21.06	17.46	13.37	17.86	15.43	30.62	25.87	35.02	36.48
澄迈	14.73	19.67	19.51	22.14	31.41	30.93	35.96	30.03	46.14	50.60	55.48	52.17
儋州	109.65	104.18	142.03	145.28	68.78	67.74	57.50	62.51	178.43	171.93	199.53	207.79
定安	14.96	20.08	13.41	19.17	7.70	8.26	8.24	6.58	22.66	28.34	21.65	25.75
东方	26.43	102.23	94.96	112.95	33.25	17.30	22.41	18.27	59.68	119.53	117.36	131.22
海口	33.06	47.46	59.98	64.82	87.03	92.10	89.54	84.82	120.09	139.56	149.53	149.64
乐东	62.23	67.38	68.62	72.63	24.40	14.88	16.58	28.84	86.62	82.26	85.20	101.47
临高	16.01	16.76	15.08	15.49	13.61	12.72	9.06	9.63	29.62	29.48	24.15	25.12
陵水	11.56	15.93	18.77	22.06	36.67	36.31	35.22	37.36	48.23	52.24	54.00	59.43
琼海	20.30	33.37	28.41	44.24	21.17	27.55	22.35	24.89	41.47	60.93	50.75	69.13
琼中	4.01	9.91	4.63	28.11	7.81	7.16	6.23	6.85	11.81	17.08	10.86	34.96
三亚	14.75	28.10	39.39	46.07	34.44	25.11	18.78	24.74	49.19	53.20	58.18	70.80
屯昌	8.21	11.16	9.47	12.98	1.76	2.21	1.13	2.33	9.97	13.37	10.60	15.31
万宁	30.36	42.78	42.77	61.09	57.94	58.04	61.81	53.31	88.30	100.81	104.57	114.41
文昌	20.76	76.15	123.89	158.81	64.29	57.65	45.57	43.58	85.05	133.80	169.46	202.39
五指山	0.42	2.39	1.78	2.52	5.67	5.64	5.16	7.41	6.09	8.04	6.93	9.92
总面积	423.87	631.83	730.90	883.81	520.49	484.84	460.70	465.17	944.36	1116.67	1191.60	1348.98

10.2.2　湿地景观生态安全格局

10.2.2.1　总体特征

根据海南岛湿地景观生态安全指数可以看出（表10-4），在1990—2020年海南岛湿地景观生态安全指数在总体上呈下降趋势，由1990年的0.5777降低到2020年的0.4880，期间总共降低了0.0897，安全等级由1990—2010年的临界安全演变为2020年的较危险状态，特别是在2010—2020年LESI变化较大。从PSR模型准则层的具体指标来看，景观状态表现出先下降后升高的趋势，在2000年达到最小值0.4669，表明湿地景观状态在2000年以后有所改善，斑块破碎化降低、景观连通度提升。景观压力指标持续降低，这说明在这期间海南岛的人口与社会经济状况对湿地景观生态安全的压力增大；在1990—2020年全岛常住人口总数、城镇人口持续增加，农村人口减少，国内生产总值迅速增长，区域人口增加和经济增长对湿地景观生态安全造成巨大的压力。景观响应指标则呈上升趋势，表明自然保护地的面积占比持续增加，湿地景观生态安全的保障力度也随之提升，这得益于政府对于生态保护的重视，自然保护区、森林公园、湿地公园等各种类型的自然保护地不断建立，湿地等生态资源的保护范围逐步扩大并得到有效保护。

表10-4　海南岛湿地景观生态安全状态

年份	1990年	2000年	2010年	2020年
景观状态	0.5051	0.4669	0.4814	0.4926
景观压力	0.9362	0.8818	0.7475	0.5389
景观响应	0.1661	0.2447	0.3538	0.3806
LESI	0.5777	0.5538	0.5396	0.4880
安全状态	临界安全	临界安全	临界安全	较危险

10.2.2.2　不同市县湿地景观生态安全状态格局

海南岛不同市县的湿地景观生态安全格局演变如图10-1和图10-2所示。在1990年，陵水、五指山、文昌、万宁、昌江、海口、东方7个市县的湿地景观生态安全等级为较安全或安全状态，表明景观生态安全状态良好；保亭、屯昌、临高、定安4个市县为较危险状态，其余市县为临界安全状态［图10-1（a）］，临界安全以上的市县数量占比为77.78%。2000年，有陵水、东方、乐东、昌江、万宁5市县的湿地景观生态安全等级为较安全或安全状态，较危险状态的市县增加至6个［图10-1（b）］，临界安全以上的市县数量占比为66.67%。2010年，湿地景观生态安全等级为较安全或安全状态的市县有陵水、东方、乐东、昌江、万宁、五指山和白沙7个，较危险状态的市县为6个［图10-1（c）］，临界安全以上的市县数量占比同样为66.67%。在2020年，湿地景观生态安全等级为较安全状态的市县仅有白沙和五指山2个，危险或较危险状态的市县则猛增至10个，且其中的三亚、海口、澄迈和琼海4个市县的湿地景观生态安全等级首次到达危险状态［图10-1（d）］；临界安全以上的市县数量占比仅为44.44%，同样可以看出，海南岛湿地景观生态安全状态在2010—2020年下降十分迅速。总体上，在1990—2020年海南岛湿地景观生态安全为危险或较危险等级的市县扩展较为迅速，至2020年已经扩展到海南岛北部以及南部所有市县；湿地景观生态安全为临界安全以上等级的市县仅为海南岛中部市县，这也与区域的社会经济发展水平相吻合。

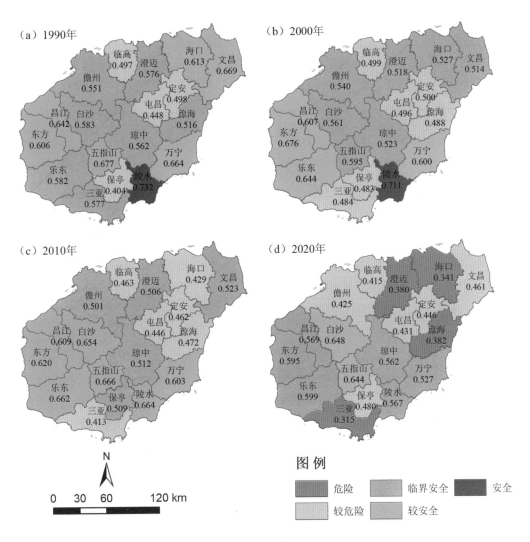

图10-1　1990—2020年海南岛湿地景观生态安全格局演变

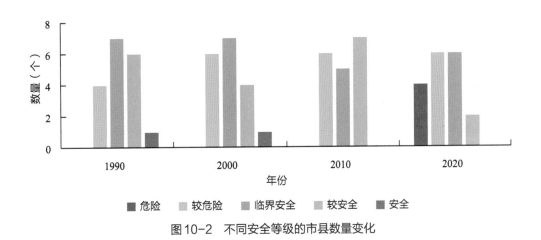

图10-2　不同安全等级的市县数量变化

151

10.2.2.3　湿地景观生态安全指数变化特征

为进一步分析海南岛湿地景观生态安全指数的时空变化特征，将1990年与2020年的市县湿地景观生态安全指数的差值采用自然断点分级法分为4个梯队，制作LESI变化幅度空间分布图，如图10-3所示。在1990—2020年，仅有保亭、白沙、乐东和琼中4个市县的LESI值升高，表明这4个市县的湿地景观生态安全在研究期内有所改善，安全等级提升。LESI值降幅最大的为海口、三亚、文昌、澄迈4个市县，其次为陵水、万宁、琼海、儋州4个市县，降低幅度较小的是临高、昌江、定安、五指山、屯昌和东方6个市县。从空间分布来看，海口、三亚、文昌和澄迈4个市县是海南省"海澄文"和"大三亚"经济圈的核心区域，社会经济发达，人口密度高，城市化进程迅速，成为制约湿地景观生态安全的重要因素，因此LESI值下降最高，为第一梯队。第二梯队的陵水、万宁、琼海、儋州4个市县分别为东部沿海市县和西部经济重镇，社会经济水平较第一梯队次之，但也都是位于沿海地区，经济水平发展也相对较好，因此LESI值下降幅度较大。第三梯队的临高、昌江、定安、五指山、屯昌和东方6个市县为西部市县或中部内陆市县，社会经济水平发展一般，因此LESI值下降最低。第四梯队的保

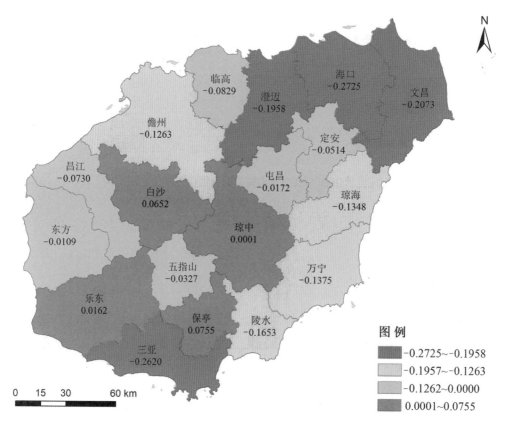

图10-3　1990—2020年海南岛湿地景观生态安全指数（LESI）变化空间分布

亭、白沙、乐东和琼中 4 个市县皆位于海南岛中部山区，是国家重点生态功能区和海南岛重要江河源头区，产业结构以农业为主，其景观生态安全对当地社会经济发展高度敏感，因此区域内以生态保护为主，LESI 值也随之有所提升；而五指山因优良的生态环境资源造成比中部山区其余市县的社会经济发展相对较好，从而导致 LESI 值略微降低。

10.3 | 讨论

10.3.1　湿地景观生态安全格局

本研究基于 PSR 模型构建海南岛湿地景观生态安全评价体系，利用遥感和 GIS 技术，以市县为单位获取了湿地景观生态安全评价的相关信息，较直观、清晰地反映了海南岛湿地景观生态安全状况及其空间分布特征。然而，由于湿地景观生态安全本身的复杂性，以及湿地演变进程的差异性，难以建立统一的评价标准（宋豫秦等，2010；吴健生等，2017），因此本研究根据实际情况从影响湿地景观生态安全的主要方面选取了 9 个指标建立评价模型，并分为 5 个安全等级，其评价结果较客观地反映了海南岛湿地景观生态安全变化的特征。在 1990—2020 年，海南岛湿地景观总面积呈增长趋势，其中人工湿地显著增加、自然湿地减少；从市县分析来看，沿海市县湿地增加最多，内陆市县增加较少。这与沿海地区的地理优势有关，其水产养殖事业发展、城市化扩张迅速，给湿地景观生态安全带来负面影响。其次，湿地景观生态安全等级在临界安全以上的市县数量占比由 1990 年 77.78% 下降至 2020 年的 44.44%；在 2020 年，海南岛北部和南部 10 个市县全部为较危险状态，较安全状态的市县仅有白沙和五指山 2 个，这与区域的社会经济发展状况相吻合，呈现出海南中部市县湿地生态安全等级较高、周边市县较低的空间安全分布格局，反映出社会经济发展对湿地景观生态安全变化的重要推动作用。谢余初等（2015）对白龙江流域景观生态安全的研究中也表明，景观生态安全较低的区域多集中在人类活动相对频繁的地区，在时空分布上往往具有一定的规律性和聚集性。

10.3.2　湿地景观生态安全变化驱动因素

在 1990—2020 年海南岛湿地景观生态安全指数在总体上呈下降趋势，安全等级由临界安全演变为较危险状态。在这期间，景观状态先是降低但后期持续升高，景观响应则是始终呈升高的趋势；仅有景观压力指标一直下降。根据研究期间的统计年鉴数据显示，人口总数、城镇人口、GDP 等社会经济指标迅速增长，这必然对区域湿地生态环境形成巨大的承载压力，进而影响湿地景观生态安全状态。另外，区域人口增加和经济增长也会促进土地利用的迅速转变，城市扩张造成自然湿地向人工湿地或非湿地转变，同时导致湿地景观破碎化加重、景观多样性降低，这在一定程度上削弱了湿地生态系统的结构与功能，造成区域湿地景观生态安全退化。由此表明，人口与社会经济等人为活动干扰是影响湿地景观生态安全的关键驱动力（廖柳文和秦建新，2016；李悦等，2019；陈昆仑等，2019）。也有研究认为，相比人为活动的干扰，自然因素对湿地生态系统的影响相对较小（王泉泉等，2019），间接制约着湿地生态系统的安全（朱卫红等，2014；廖柳文和秦建新，2016）。

此外，政策因素也是造成湿地景观生态安全变化的主要驱动因素（时卉等，2013；Pickard et al，2015；Wang et al，2019）。自1988年海南建省办经济特区，特别是2009年海南国际旅游岛建设上升为国家战略以来，社会经济迅速发展，用地需求也不断扩大，而湿地作为理想的优势资源被大量开发利用或侵占，造成自然湿地消失、景观斑块破碎化程度严重，特别是城市孤立湿地显得更为脆弱（刘吉平等，2018）。研究发现在2010年以后湿地景观生态安全变化明显加剧，也证实了这一点。其次，20世纪80~90年代沿海地区为加快发展水产养殖业开始围海养殖活动，大量侵占沿海滩涂海岸湿地（吴文挺等，2016），造成沿海天然湿地转变为水产养殖场，对滨海湿地景观生态安全产生了负面影响，更为加剧了湿地景观破碎化。与其相反的是，国务院于2000年发布的《全国生态环境保护纲要》和2010年发布的《全国主体功能区规划》，将海南岛中部山区确定为国家重点生态功能区，通过中央财政生态转移支付予以保护，功能区内部较外部的生态状况明显提升，保护成效显著（侯鹏等，2018），生态系统格局和服务功能发挥积极作用，区域湿地生态安全也随之提升，因此在该区域的LESI值表现出上升态势。

10.3.3 湿地景观保护建议

根据海南岛湿地景观生态安全指数LESI的差值采用自然断点分级法分为4个等级类型，表现出不同的变化特征，因此，可按照4种不同类型分别提出相应的湿地保护建议。LESI值降幅最大的第一梯队市县（海口、三亚、文昌和澄迈）因处在海南省"海澄文"和"大三亚"经济圈的核心区域，人口增长和经济发展对环境压力大，应考虑实施湿地生态修复，特别是城市孤立湿地的保护与修复，适当设立湿地保护区或湿地公园，维护城市湿地自然生态系统结构和功能，改善城市局部气候和人居环境；同时提高城镇土地利用效率，避免进一步蚕食湿地景观（雷金睿等，2019）。第二梯队的市县（陵水、万宁、琼海和儋州）经济发展水平次之，但优良的地理条件导致该地区房地产和水产养殖业发展迅速，对沿海地区生态环境带来威胁，因此建议进一步提高用地管控，沿海地区退塘还林（湿），修复并提高自然生态系统的调节功能和抗击能力，特别是红树林湿地系统的稳定性。第三梯队的市县（临高、昌江、定安、五指山、屯昌和东方）应当营造绿色空间或减少建筑强度来缓解人类对湿地生态系统的压力；注重产业优化升级，加快向生态产业转型（李悦等，2019）。第四梯队的市县（保亭、白沙、乐东和琼中）因处于海南岛中部山区，受益于国家重点生态功能区的保护，湿地景观生态安全有所提升，因此建议继续采取最严格的生态保护措施，禁止或限制城市扩张与人为活动干扰（Bai et al，2016）。

在宏观政策管理层面，2017 年海南省已通过"多规合一"空间规划划定海南省生态保护红线，将各类自然保护地、水源地以及重要生态功能区全部纳入红线管控；2018 年出台了《海南省湿地保护条例》，实行分级保护。因此，建议严格实施规划分区分级管控和准入负面清单制度，为今后湿地保护和管理提供强有力的法治保障；维护和强化区域生态空间格局的连续性和完整性，以最大限度地发挥景观生态安全功能。

10.4　本章小结

本章内容利用遥感和 GIS 技术，基于 PSR 模型构建海南岛湿地景观生态安全评价体系，分析了 1990—2020 年海南岛湿地景观生态安全状况及其空间分布特征。其主要研究结论如下：

（1）1990—2020 年，海南岛人工湿地的大幅增加是导致湿地总面积增加的主要原因。海南岛湿地总面积由 1990 年的 944.36km^2 增加到 2020 年的 1348.98km^2，面积净增加了 404.62km^2，年均增长 13.49km^2。其中，人工湿地呈明显增长趋势，面积由 1990 年的 423.87km^2 增加到 2020 年的 883.81km^2；自然湿地则呈减少趋势，面积由 1990 年的 520.49km^2 减少到 2020 年的 465.17km^2；市县湿地面积增长最多的是文昌、东方、海口和儋州等。

（2）1990—2020 年，海南岛湿地景观生态安全指数在总体上呈下降趋势，由 1990 年的 0.5777 降低到 2020 年的 0.4880，安全等级也由临界安全演变为较危险状态，特别是在 2010—2020 年 LESI 变化较大。湿地景观生态安全等级在临界安全以上的市县数量占比由 1990 年 77.78% 下降至 2020 年的 44.44%；至 2020 年，海南岛湿地景观生态安全总体上呈现出"北部和南部市县的 LESI 低，中部山区市县的 LESI 高"的空间格局，反映出区域人口增加、经济增长等人为活动是造成湿地景观生态安全变化的重要因素与驱动力。

（3）采用自然断点分级法将 1990—2020 年海南岛湿地景观生态安全指数的变化幅度分为 4 个级别，LESI 值降幅最大的为海口、三亚、文昌、澄迈 4 个市县，其次为陵水、万宁、琼海、儋州4个市县，降低幅度较小的是临高、昌江、定安、五指山、屯昌和东方6个市县；保亭、白沙、乐东和琼中4个市县的LESI值则略微升高。

主要参考文献

陈昆仑, 齐漫, 王旭, 等, 2019. 1995—2015年武汉城市湖泊景观生态安全格局演化[J]. 生态学报, 39(5): 1725-1734.

陈星, 周成虎, 2005. 生态安全: 国内外研究综述[J]. 地理科学进展, 24(6): 8-20.

杜培军, 陈宇, 谭琨, 2014. 湿地景观格局与生态安全遥感监测分析——以江苏滨海湿地为例[J]. 国土资源遥感, 26(1): 158-166.

宫兆宁, 张翼然, 宫辉力, 等, 2011. 北京湿地景观格局演变特征与驱动机制分析[J]. 地理学报, 66(1): 77-88.

国家林业局, 2015. 中国湿地资源: 总卷[M]. 北京: 中国林业出版社.

国家林业局湿地保护管理中心, 2013. 中国国际重要湿地生态状况评价公报[M]. 北京.

侯鹏, 翟俊, 曹巍, 等, 2018. 国家重点生态功能区生态状况变化与保护成效评估——以海南岛中部山区国家重点生态功能区为例[J]. 地理学报, 73(3): 429-441.

雷金睿, 陈宗铸, 吴庭天, 等, 2019. 1989—2015年海口城市热环境与景观格局的时空演变及其相互关系[J]. 中国环境科学, 39(4): 1734-1743.

李月臣, 2008. 中国北方13省市区生态安全动态变化分析[J]. 地理研究, 27(5): 1150-1160.

李悦, 袁若愚, 刘洋, 等, 2019. 基于综合权重法的青岛市湿地生态安全评价[J]. 生态学杂志, 38(3): 847-855.

廖柳文, 秦建新, 2016. 环长株潭城市群湿地生态安全研究[J]. 地球信息科学学报, 18(9):1217-1226.

刘吉平, 董春月, 盛连喜, 等, 2016. 1955—2010年小三江平原沼泽湿地景观格局变化及其对人为干扰的响应[J]. 地理科学, 36(6): 879-887.

刘吉平, 梁晨, 马长迪, 2018. 孤立湿地功能研究进展[J]. 地理科学, 38(8): 1357-1363.

刘艳艳, 吴大放, 王朝晖, 2011. 湿地生态安全评价研究进展[J]. 地理与地理信息科学, 27(1):69-75.

吕建树, 吴泉源, 张祖陆, 等, 2012. 基于RS和GIS的济宁市土地利用变化及生态安全研究[J]. 地理科学, 32(8): 928-935.

庞雅颂, 王琳, 2014. 区域生态安全评价方法综述[J]. 中国人口资源与环境, 24(3): 340-344.

钱逸凡, 刘道平, 楼毅, 等, 2019. 我国湿地生态状况评价研究进展[J]. 生态学报, 39(9): 3372-3382.

时卉, 杨兆萍, 韩芳, 等, 2013. 新疆天池景区生态安全度时空分异特征与驱动机制[J]. 地理科学进展, 32(3): 475-485.

宋豫秦, 曹明兰, 2010. 基于RS和GIS的北京市景观生态安全评价[J]. 应用生态学报, 21(11): 2889-2895.

隋燕, 张丽, 穆晓东, 等, 2018. 海南岛海岸线变迁遥感监测与分析[J]. 海洋学研究, 36(2): 36-43.

王泉泉, 王行, 张卫国, 等, 2019. 滇西北高原湿地景观变化与人为、自然因子的相关性[J]. 生态学报, 39(2): 726-738.

邬建国, 2007. 景观生态学——格局、过程、尺度与等级[M]. 2版. 北京: 高等教育出版社.

吴健生, 张茜, 曹祺文, 2017. 快速城市化地区湿地生态安全评价——以深圳市为例[J]. 湿地科学, 15(3): 321-328.

吴文挺, 田波, 周云轩, 等, 2016. 中国海岸带围垦遥感分析[J]. 生态学报, 36(16): 5007-5016.

谢余初, 巩杰, 张玲玲, 2015. 基于PSR模型的白龙江流域景观生态安全时空变化[J]. 地理科学, 35(6): 790-797.

杨永兴, 2002. 国际湿地科学研究的主要特点、进展与展望[J]. 地理科学进展, 21(2): 111-120.

张猛, 曾永年, 2018. 长株潭城市群湿地景观时空动态变化及驱动力分析[J]. 农业工程学报, 34(1): 241-249.

朱卫红, 苗承玉, 郑小军, 等, 2014. 基于3S技术的图们江流域湿地生态安全评价与预警研究[J]. 生态学报, 34(6): 1379-1390.

ALVAREZ G, IRVINE K, VAN GRIENSVEN A, et al, 2013. Relationships between aquatic biotic communities and water quality in a tropical river-wetland system (Ecuador) [J]. Environmental Science & Policy, 34:115-127.

BAI Y, JIANG B, WANG M, et al, 2016. New ecological redline policy (ERP) to secure ecosystem services in China[J]. Land Use Policy, 55: 348-351.

DAVRANCHE A, LEFEBVRE G, POULIN B, 2010. Wetland monitoring using classification trees and SPOT-5 seasonal time series [J]. Remote Sensing of Environment, 114(3): 552–562.

LI Y F, SUN X, ZHU X D, et al, 2010. An early warning method of landscape ecological security in rapid urbanizing coastal areas and its application in Xiamen, China[J]. Ecological Modelling, 221: 2251–2260.

LIN W P, GEN J W, XU D, et al, 2018. Wetland landscape pattern changes over a period of rapid development (1985—2015) in the ZhouShan Islands of Zhejiang Province, China[J]. Estuarine, Coastal and Shelf Science, 213: 148–159.

MA L B, BO J, LI X Y, et al, 2019. Identifying key landscape pattern indices influencing the ecological security of inland river basin: The middle and lower reaches of Shule River Basin as an example[J]. Science of the Total Environment, 674: 424–438.

MALEKMOHAMMADI B, JAHANISHAKIB F, 2017. Vulnerability assessment of wetland landscape ecosystem services using driver–pressure–state–impact–response (DPSIR) model[J]. Ecological Indicators, 82: 293–303.

PICKARD B R, DANIEL J, MEHAFFEY M, et al, 2015. Enviro atlas: a new geospatial tool to foster ecosystem services science and resource management[J]. Ecosystem Services, 14: 45–55.

WANG S D, ZHANG X Y, WU T X, et al, 2019. The evolution of landscape ecological security in Beijing under the influence of different policies in recent decades[J]. Science of the Total Environment, 646: 49–57.

YE H, MA Y, DONG L M, 2011. Land Ecological Security Assessment for Bai Autonomous Prefecture of Dali Based Using PSR Model–with Data in 2009 as Case[J]. Energy Procedia, 5: 2172–2177.

ZORRILLA–MIRAS P, PALOMO I, GÓMEZ–BAGGETHUN E, et al, 2014. Effects of land–use change on wetland ecosystem services: a case study in the Doñana marshes (SW Spain) [J]. Landscape and Urban Planning, 122: 160–174.

第11章

湿地景观未来分布预测

  气候变化作为一种强烈的生态干扰，已经在不同时空尺度上对全球主要生态系统造成深刻影响，并且对大多数生态系统的结构、过程及功能具有负效应，导致生态系统脆弱性增加，面临的生态风险加大。湿地作为地球上一种重要的生态系统，其湿地分布及面积、水文过程、生物多样性、碳循环等都与气候因子休戚相关。湿地生态系统的结构、过程、功能、分布、景观格局及生态环境变化均受到长期气候变化的影响，其中气候变化对湿地最直观与最明显的影响是湿地面积、分布格局及景观的变化（刘立刚，2012）。湿地面积的变化一般与气温变化呈负相关关系，与降水、湿度变化呈正相关关系（徐玲玲等，2009）。不同区域由于湿地水源补给方式不同，气候变化对不同地区湿地面积的消长影响迥异。湿地生态系统的水源主要来自大气降水、地表径流和地下水补给，降水通过直接和间接方式为湿地提供水源。全球气候变化通过蒸散、水汽输送、径流等环节引起水资源在时空上的重新分布，导致大气降水的形式和量发生变化，使地表水或地下水位产生波动，从而对湿地水文过程产生深刻的影响，表现在加速大气环流和水文循环过程，通过暴风雨、干旱、洪水等极端事件的发生影响湿地的水能收支平衡进而影响湿地的水循环过程（吴绍洪和赵宗慈，2009）。

  定量判别气候变化对湿地生态系统的影响是目前全球气候变化中的难点与热点问题，目前国内外尚未建立广泛应用的技术方法体系。根据气候变化与湿地面积的关系的研究表明，湿地分布及其面积对气候变化具有较高的敏感性，可作为表征气候变化对湿地生态系统影响的合适指标。采取何种方法研究气候变化对湿地分布及面积的影响成为定量判别气候变化对湿地生态系统影响的关键，进而可以评估气候变化对湿地的风险，以期为深入研究气候变化背景下湿地生态环境的风险管理和可持续发展中的风险决策提供科学依据。

  近年来，物种分布模型（Spatial Distribution Models，SDMs）被广泛地应用到物种空间分布的预测中，它们将现存的物种或其丰富度与环境评估相结合，通过景观加以时空上的推断用来获取生态演变过程并以此预测物种的分布情况（Elith and Leathwick，

2009；孟焕，2016；宁瑶，2018）。最大熵模型（Maximum Entropy，MaxEnt）基于贝叶斯定理、以最大熵理论为基础、依据已知存在信息、利用 Gibbs 分布族对特征集加权并作为参数，进行一系列运算，从符合条件的分布中选择熵最大的分布作为最优分布建立模型，用于预测物种的地理分布（Phillips and Dudík，2008）。

MaxEnt 模型具有非常好的预测能力及优点（Rupprecht et al，2011），也常应用于湿地的潜在分布预测研究。如贺伟等（2013）利用 MaxEnt 模型模拟了沼泽湿地基准气候条件下的潜在分布，并预测了气候变化情景下 2011—2040 年、2041—2070 年和 2071—2100 年 3 个研究阶段东北沼泽湿地潜在分布；孟焕（2016）利用最大熵模型、结合湿地分布数据及环境变量，对我国三江平原近 60 年来气候变化特征与沼泽湿地分布的时空变化特征进行了研究，并针对未来不同气候变化情景，模拟不同时段的沼泽湿地潜在分布区，定量分析影响湿地潜在分布的气候因素；宗敏等（2017）利用 MaxEnt 模型和 GIS 空间分析技术，模拟了黄河三角洲滨海湿地优势物种的潜在分布，定量分析优势物种的主导环境影响因子及其生态位参数。因此，本章内容采用 MaxEnt 模型，以 1990 年、2000 年、2010 年和 2020 年海南岛湿地景观空间分布数据为主要数据源，筛选环境参数并建立模型来研究湿地分布的气候适宜区，并预测气候变化情景模式下的湿地景观潜在分布情况，为气候变化背景下海南湿地保护和湿地适应性管理提供对策依据。

11.1 | 研究方法

11.1.1　数据来源及预处理

利用 MaxEnt 模型模拟气候变化对海南岛湿地景观潜在分布影响及预测的环境变量包括地形和气候数据，其中地形数据包含海拔、坡度和坡向 3 个因素变量（表 11-1），气候数据包括当代 1970—2000 年和未来 2050 年、2070 年两个时期的数据。

表 11-1　模拟气候变化对湿地分布影响的 22 个环境变量

类型	变量	描述	单位
气候变量	bio_01	年均气温	℃
	bio_02	平均气温日较差	℃
	bio_03	等温性	%
	bio_04	温度季节性变化	—
	bio_05	最热月最高温度	℃
	bio_06	最冷月最低温度	℃

（续）

类型	变量	描述	单位
	bio_07	年均温变化范围	℃
气候变量	bio_08	最湿季度平均温度	℃
	bio_09	最干季度平均温度	℃
	bio_10	最热季度平均温度	℃
	bio_11	最冷季度平均温度	℃
	bio_12	年均降水量	mm
	bio_13	最湿月降水量	mm
	bio_14	最干月降水量	mm
	bio_15	降水量变异系数	%
	bio_16	最湿季度降水量	mm
	bio_17	最干季度降水量	mm
	bio_18	最热季度降水量	mm
	bio_19	最冷季度降水量	mm
地形变量	dem	海拔	m
	slope	坡度	°
	aspect	坡向	°

11.1.1.1 地形数据

研究采用的地形因子数据包含海拔、坡度和坡向三种类型，数据来源于中国科学院计算机网络信息中心地理空间数据云平台（http://www.gscloud.cn）。从该平台获取空间分辨率为30m的DEM，以海南岛行政区划矢量图做掩膜，裁剪得到海南岛的DEM。运用ArcGIS中的"空间分析模块工具"提取得到研究区的海拔、坡度、坡向栅格图层。

11.1.1.2 气候数据

（1）1970—2000年当代气候数据。1970—2000年当代气候数据从世界气候数据库（http://www.worldclim.org/）下载，采用的数据版本为2.1。该数据库气候数据是由美国的Hijmans、Susan、Juan等6人（2005）合作共同开发，主要通过收集全球分布的各个气象观测站历年的气候数据，运用ANUSPLIN程序中的薄板平滑样条函数插值法（Hutchinson，1998），以海拔、经度、纬度为自变量，从而进行全球范围的插值，得到30″分辨率（约1km）的全球连续气候数据。与之前的全球气候数据相比，这套数据有着明显的改进及优势，具体体现在：①数据具有很高的精度分辨率，是之前的400倍甚至更高；②考虑了更多的观测站点，使结果更加精细准确；③使用了经过改进的高程数据，在很大程度上减少了海拔因素产生的错误偏差。

该数据中包括19个生物气候变量，分辨率30″（约为1km）（Hijmans et al，2005）。这19个生物气候变量是基于温度和降水量月值数据，通过相关计算而衍生出的更具有生物学意义的变量。这些生物气候变量能够描述某一区域内温度和降水的年度趋势（如年平均气温、年降水量）、季节性特征（如温度和降水的年度范围）和极端的环境条件（如最冷和最热月份的温度，以及潮湿和干燥地区的降水），通常被运用于物种分布建模和相关的生态建模中。

（2）未来时期气候数据。未来时期（2050年即2040—2060年时段的平均，2070年即2060—2080年时段的平均）气候数据同样来自世界气候数据库。该数据库发布的未来气候数据有9种气候模式的数据可供选择，其中的BCC-CSM2-MR（BC）模式是由中国国家气候中心开发，融合考虑了大气层、海洋层、陆地表面和海冰4个系统的全球气候耦合模式。其中，大气模式采用BCC-AGCM3-MR，海洋和海冰模式采取MOM4-L40和SIS，陆地表面模式则为BCC-AVIMI 2.0（辛晓歌等，2019）。BC模式不仅考虑了海洋气体及陆地气体界面碳通量的交换，而且包含了全球碳循环模块，能够对人类活动产生的碳排放量对气候变化造成的影响进行较为准确的模拟和预估。与其他模式相比较，BC模式对东亚季风地区的气候模拟性能更加良好（占明锦等，2013；朱俐南，2015）。基于此，本研究选择BC气候模式的数据进行模拟研究。

为了对未来全球范围和区域性地区的气候变化进行预估，需要提前掌握各温室气体以及硫酸盐等硫化物气溶胶在未来的排放状况，称为排放情景（占明锦等，2013）。2021年IPCC第六次评估报告中，采用最先进的CMIP6模型，对典型浓度路径（representative concentration pathways，RCPs）进行了更新，形成新的共享社会经济路径（shared socio-economic pathways，SSPs）情景，该情景包含SSP1-2.6、SSP2-4.5、SSP4-6.0、SSP5-8.5 4种路径，其中SSP1-2.6代表低强迫情景，SSP2-4.5代表中等强迫情景，SSP4-6.0代表中等至高等强迫情景，SSP5-8.5代表高强迫情景（张华等，2021）。由于我国推行开展的"气候减排"相关政策，初步制定了在"十四五""十五五"期间，我国将持续部署开展碳排放达峰行动。我国未来将采取更加有力的政策和措施，使二氧化碳排放量力争于2030年前达到峰值，并争取在2060年前实现碳中和。

2022年8月，海南省人民政府印发了《海南省碳达峰实施方案》（琼府〔2022〕27号），要求到2025年，初步建立绿色低碳循环发展的经济体系与清洁低碳、安全高效的能源体系，碳排放强度得到合理控制，为实现碳达峰目标打牢基础。非化石能源消费比重提高至22%以上，可再生能源消费比重达到10%以上，单位国内生产总值能源消耗和二氧化碳排放下降确保完成国家下达目标，单位地区生产总值能源消耗和二氧化碳排放继续下降。到2030年，现代化经济体系加快构建，重点领域绿色低碳发展模式基本形成，清洁能源岛建设不断深化，绿色低碳循环发展政策体系不断健全。非化石能源消费比重力争提高至54%左右，单位国内生产总值二氧化碳排放相比2005年下降65%以上，顺利实现2030年前碳达峰目标。在此背景下，本研究选取了BC模式下的SSP1-2.6路径来预测未来2050年和2070年低二氧化碳强迫情景下，海南岛湿地景观的潜在分布情况。

11.1.2　气候数据分析方法

为进一步提高气候数据分辨率，基于100m分辨率数据进行湿地的分布情况预测分析。本研究从中国气象数据共享服务网（http://data.cma.cn/）下载基于海南岛16个气象观测站1990—2020年30年的累年日值数据集（包括气温和降水等），通过相关计算得到当前时期16个站点上的19个气候变量数据，将这部分数据进行气候变量残差插值处理。

11.1.2.1　气候数据插值处理

在实际研究中，我们通常只能够获取一些离散点的数据，如分散的气象观测站数据，因此必须通过一定的方法将这些离散值生成在空间上连续分布的表面数据。而ArcGIS软件中空间分析提供的插值方法就能够很好地实现这一过程。基于空间分析，运用存储于点矢量图层或栅格图层中的已测量采样点信息，可以轻松地实现连续表面或地图的创建。

ArcGIS软件提供了多种不同类型的克里金（Kriging）插值方法。克里金插值方法又称空间局部插值法，基于变异函数理论和结构分析，以有限区域为插值研究区，实现变量在研究区内无偏最优线性内插估计的一种方法，主要有普通克里金法、简单克里金法、泛克里金法、协同克里金法、对数正态克里金法等几种类型。其中，协同克里金法指的是当同一空间位置样点的很多个属性中，某个属性的空间分布和其他一些属性高度相关，且该属性人为获取较为困难，而另一些属性则易于获取时，如果这两种属性存在空间相关的关系，则可以选择使用协同克里金法，从而得到难以获取的属性在这一空间上的连续分布。

本研究运用海南岛16个站点上的气候变量数据减去对应站点上的WorldClim数据值，得到19个气候变量的残差，经过在ArcGIS中分析这部分数据基本符合正态分布，证明可以运用协同克里金插值方法对气候数据残差值进行空间插值（宁瑶，2018）。因海南岛地形复杂，高山、山地众多，影响着水、热等条件的分布，以海南岛的经度、纬度及海拔（30m）3个栅格图层作为协变量，对残差进行协同克里金插值，生成经过地形校正的残差空间分布图层19个，再将残差图层与研究区当前时期、未来时期（2050年和2070年）的WorldClim数据相叠加，得到研究区内100m分辨率的19个气候变量栅格图层。

11.1.2.2　环境变量图层标准化

输入模型的所有环境数据需要统一格式，即采用统一的坐标系CGCS 2000，统一到海南岛的边界范围，数据格式均为栅格图层，分辨率为100m，统一在ArcGIS 10.3平台中进行操作，并将数据转换保存为MaxEnt支持的ASC Ⅱ文件。

11.1.3　最大熵模型

11.1.3.1　模型介绍

最大熵模型（Maximum Entropy，MaxEnt）是一种比较新的用于预测目标物种分布的方法，是基于最大熵原理，由Phillips等（2006）开发评价用于概率密度估计和预测物种潜在地理分布的模型。MaxEnt模型能够根据物种的实际地理分布点的环境特征得出约束条件，建立二者之间的相互关系，确定特征空间即物种的已知分布区域，继而探寻最大熵在此约束条件下（环境变量）的可能分布。MaxEnt模型可以用于模拟目标物种在目标地区既定环境条件下的可能分布、生境评价以及预测物种在目标地区的适宜和潜在分布区（Elith et al，2011）。该模型的预测性能是众多模型中较为优秀的，即使在小样本量即物种分布点非常有限时，仍然能够得到较为准确的预测结果（Kumar et al，2009；Deb et al，2017；宁瑶等，2018）。

MaxEnt模型具有以下几个优点：①只需要物种的已知存在（或发生）数据和一组环境信息（如地形、气候、土壤等）作为预测变量；②它可以同时使用连续和分类两种数据；③它可以很好地处理变量间复杂的相互作用（Phillips et al，2006）。

11.1.3.2　模型应用

本研究是基于MaxEnt模型和ArcGIS空间分析功能等技术进行研究的，具体研究方法分为以下几个步骤：

（1）模型输入层。研究使用了MaxEnt V3.4.1版本（http://biodiv ersityinformatics. amnh.org/open_source/maxent）。MaxEnt模型的主要输入有两组数据：一组是已知的现实地理分布点作为MaxEnt模型的样本输入数据，以经纬度的形式表示，即海南岛已知的湿地分布点情况（图11-1）；另一组是样本现实分布地区和目标地区的环境变量，作为MaxEnt模型的环境变量层输入，即研究区内湿地的气候数据等环境变量数据。

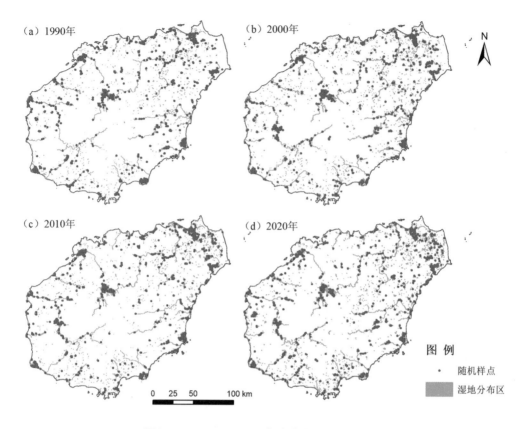

图11-1　1990—2020年海南岛湿地分布点

　　海南岛1990—2020年各历史时期湿地分布数据来源于本研究湿地景观遥感图像解译，将海南岛湿地景观的中心分布点经纬度转换成模型需要的CSV文件格式，同时利用ArcGIS的Kriging插值功能将影响湿地景观潜在分布的22个环境变量数据转换成ASC Ⅱ格式数据，作为输入数据备用。将海南岛不同时期环境变量数据及相应时段的湿地分布点数据分别导入到MaxEnt模型软件中，海南岛湿地景观分布信息（CSV格式）导入到模型"samples"，环境变量信息的ASC Ⅱ文件导入"environmental layers"。并随机选择3/4的分布点作为训练数据集，用于模型的建立；剩余的1/4的分布点作为检验数据集，用于模型的验证。

　　（2）初始模型构建。勾选"创建反应曲线"选项，其他参数选项采用模型的默认设置，构建海南岛湿地景观潜在分布的MaxEnt模型，并用"刀切法检验"进行检验。

　　（3）模型精度验证。为有效及客观地评估基于小样本建模的模型预测的准确性，选取受试者工作特征曲线下面积（AUC）指标综合评估模型预测的准确性。ROC曲线分析法应用范围广泛，最初用于评价雷达信号的接收能力，其诊断试验模型准确性的可信度较高（宁瑶，2018）。以假阳性率和灵敏度分别作纵横坐标绘成ROC曲线图，曲线下的面积就是AUC值。AUC值是指分类方案成功将预测正确的点与预测错误的点分开的概率，通过设置模型重复运算的次数来保证预测结果的稳定性，并选择AUC值最大的一次作为预测结果，同时采用AUC值对建立的MaxEnt模型模拟结果精度进行检验。AUC值的范围为0.50~1.00，AUC值越大说明构建的模型预测准确率越高、预测效果越好。

AUC值的评价标准如表11-2所示，AUC小于0.70时则模型预测效果很差，AUC在0.70~0.80说明模型一般，AUC在0.80~0.90时模型则较准确，而AUC大于0.90时则表明模型很优秀（Phillips，2004；齐增湘等，2011）。因此，本研究运用褚建民等（2017）提到的具体方法，随机生成与未参与建模的实际分布验证点相对应且个数相同的"真实"不存在数据（各时期分别随机采集样本500个），此过程重复10次，之后通过计算混淆矩阵，根据相关公式得到10套各评价指标的评估值（褚建民等，2017）。由于AUC值不受阈值的影响，是比较理想的评价指标，其结果更客观。

表11-2　AUC指标的评价标准等级

评估指标	失败	很差	一般	较准确	优秀
AUC	0.50~0.60	0.60~0.70	0.70~0.80	0.80~0.90	0.90~1.00

（4）主导环境因子及适宜区间。根据模型的Jackknife刀切法检验结果确定影响海南岛湿地景观分布的主导环境因子。为进一步探讨限制湿地分布的主导环境因子的适宜范围，根据MaxEnt模型输出的响应曲线用来测定各个环境变量对模型的作用区间，反映出环境变量的变化对湿地分布适宜性的影响。曲线的横坐标是环境变量变化范围，纵坐标是相对应的环境变量对适宜性贡献值的自然对数，值越大表明适宜度越高。分析各潜在气候、地形因子对湿地分布影响贡献率的大小，结合AUC值选取排名前6的环境变量，作为影响研究区湿地分布的主导环境因子，主导环境因子的适宜范围则根据模型输出的单因子反应曲线，选取存在概率在0.3以上的对应值范围，作为相应环境因子对海南岛湿地景观分布的适宜范围。

（5）适宜性等级划分。MaxEnt模型预测结果给出的是湿地景观在待预测地区的存在概率p，取值范围在0~1。模型输出结果为ASC II格式的逻辑值，0表示分布出现的最低概率，即完全不适宜；1代表分布出现的最高概率，即完全适宜。为得到湿地景观的气候适宜等级分区，将1990年、2000年、2010年和2020年各历史时期和未来时期（2050年和2070年）的模型模拟结果导入ArcGIS 10.3中利用"转换工具模块"下的"ASC II转栅格"转为栅格数据图层，再运用空间分析模块的"重分类工具"对图层进行重分类，选择合适的阈值进行气候适宜等级分区。参考IPCC报告关于评估可能性的划分方法，结合海南岛湿地景观分布实际情况，将研究区内的湿地划分为四个气候适宜等级分区（表11-3），最后得到海南岛湿地景观气候适宜性分布图层。

表11-3　气候适宜性等级划分

适宜性等级	p 值
气候不适宜区	$p < 0.05$
气候低度适宜区	$0.05 < p < 0.33$
气候中度适宜区	$0.33 < p < 0.66$
气候高度适宜区	$p > 0.66$

11.1.3.3　气候变化对湿地景观分布的影响及评估

利用最大熵模型对当前时期以及未来SSP1-2.6的气候情景模式下海南岛湿地景观的潜在分布影响进行分析与预测，将湿地景观潜在分布区的变化纳入评估框架（薛振山等，2015）。计算公式为：

$$I_{Cli} = \frac{PA_c - PA_b}{PA_b} \times 100\%$$

式中：I_{Cli}为气候变化对湿地景观分布的影响；PA_b、PA_c分别为不同时期湿地景观潜在分布区面积。当PA_c大于PA_b时，I_{Cli}为正值，即正增益，表明气候变化对湿地景观的分布有促进作用；反之为负值，即负增益，表明气候变化对湿地景观的分布具有抑制作用。

11.2 | 结果与分析

11.2.1　模型精度评价

通过对模型重复运算次数的设定确保预测结果的稳定性，借助模拟输出的ROC曲线下的面积AUC值来评估模型模拟的准确性。应用MaxEnt模型对1990年、2000年、2010年和2020年4个时期的海南岛湿地景观分布样点和变量进行模拟运算（图11-2），ROC曲线评价结果为训练集的AUC值分别为0.870、0.841、0.865和0.845，其对应的测试集的AUC值分别为0.857、0.888、0.868和0.863，各指标值均在0.80以上，表明各时期湿地景观分布MaxEnt模型的模拟预测结果较为精确。

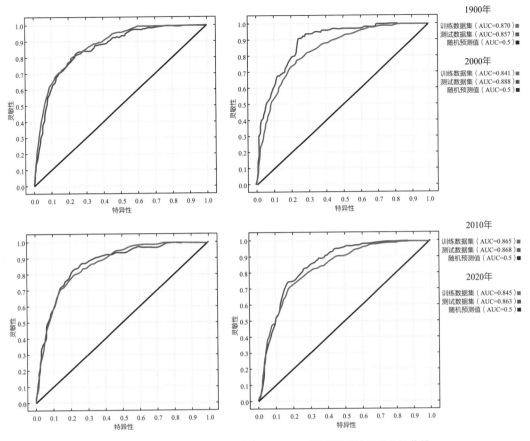

图 11-2　海南岛湿地景观分布 MaxEnt 模型预测结果 ROC 曲线

11.2.2　湿地景观分布变化的驱动因素

基于模型的 Jackknife 模块检验给出的 19 个环境变量对海南岛 1990 年、2000 年、2010 年和 2020 年 4 个时期的湿地景观分布影响的 AUC 值得分情况，以此反应各个变量的贡献（图 11-3），图中横轴表示变量得分值，纵轴表示各个环境变量。对 4 个时期各环境变量重要性平均值分析，各变量对海南岛湿地景观分布影响的贡献排序为：海拔（dem）＞坡度（slope）＞平均气温日较差（bio_02）＞最湿季度平均温度（bio_08）＞等温性（bio_03）＞最热月最高温度（bio_05）＞最热季度平均温度（bio_10）＞最冷月最低温度（bio_06）＞年平均温度（bio_01）＞坡向（aspect）＞最热季度降水量（bio_18）＞最冷季度降水量（bio_19）＞温度季节性变化（bio_04）＞最干季度平均温度（bio_09）＞最干季度降水量（bio_17）＞最湿季度降水量（bio_16）＞最湿月降水量（bio_13）＞年均温变化范围（bio_07）＞最冷季度平均温度（bio_11）＞最干月降水量（bio_14）＞降水量变异系数（bio_15）＞年均降水量（bio_12）。

结合 Jackknife 模块检验和环境变量相对贡献率来看，结果表明对海南岛湿地景观分布影响较大的主导环境因子主要包括了海拔、坡度、坡向3个地形因素，以及平均气温日较差、最湿季度平均温度、等温性、最热月最高温度和最热季度平均温度5个气候因素，它们对模型预测结果的增益较大，这8个主导因子的累计贡献率达到88%，也就是说这些环境因子对海南岛湿地景观的分布存在很大的影响。其中气候因素中，气温环境变量对湿地分布的影响最大。在前面章节对海南岛湿地景观格局驱动力分析的研究中，我们发现在气候环境因素方面，平均气温与水产养殖场、盐田和自然湿地面积存在有显著性（$P < 0.05$），且平均气温与分维数（PAFRAC）存在显著负相关性（$P < 0.05$），说明气温的变化对湿地的景观分布存在一定影响，这也间接验证了本研究的所得结果。

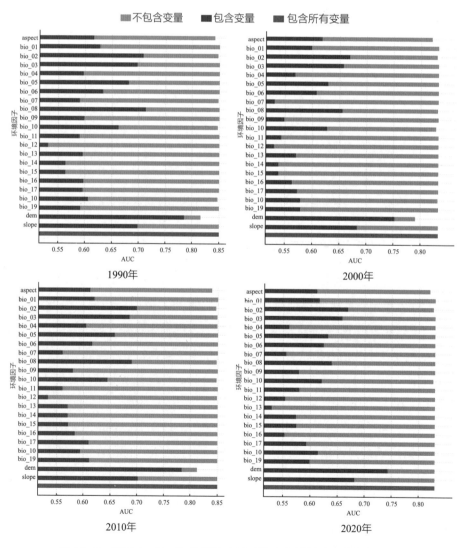

图11-3　基于Jackknife的环境变量对海南岛湿地景观分布的贡献

经Jackknife检验确定影响海南岛湿地景观地理分布的主要环境变量，研究选择了8个主导环境因子，根据模型输出结果中的主导环境因子响应曲线，确定存在概率＞0.3的范围为环境因子对海南岛湿地景观分布影响的相应适宜区间（表11-4）。可见，海南岛湿地景观适宜分布的环境条件为0~205m的海拔，坡向为0~360°，坡度为0~10°，平均气温日较差在2~7.8℃范围内为宜，等温性在15~46%内为宜，最热月最高温度和最湿季度平均温度在30.7~34℃和25.8~29℃范围内最佳，最热季度平均温度在27.3~30℃范围内为宜。

表11-4　海南岛湿地景观分布主要环境变量的适宜区间

环境变量	适宜区间	描述
海拔	0~205m	随着坡度的逐渐增大，适宜度逐渐减小
坡向	0~360°	区间内适宜度大，湿地分布多在平缓地面上
坡度	0~10°	随着坡度的逐渐增大，适宜度逐渐减小
平均气温日较差	2~7.8℃	＞7.8℃适宜度逐渐减小
等温性	15%~46%	＞45%时适宜度急剧下降，达到47%后适宜度降到最低
最热月最高温度	30.7~34℃	＜30.7℃适宜度逐渐减小，趋近于0
最湿季度平均温度	25.8~29℃	＜25.8℃适宜度逐渐减小，趋近于0
最热季度平均温度	27.3~30℃	＜27℃适宜度逐渐减小，趋近于0

11.2.3　气候变化对湿地景观分布的影响

参照IPCC第四次评估报告中对"可能性"的描述，结合海南岛湿地景观分布实际情况，利用空间分析模块下的重分类工具，将海南岛湿地景观分布适宜区划分为不适宜区、低度适宜区、中度适宜区、高度适宜区4个等级。从图11-4中可以看出，1990—2020年4个时期的海南岛湿地景观分布的不适宜区集中在五指山、白沙、琼中等中部山区和昌江、乐东、东方等西部地区，以及保亭、三亚等南部地区，整体呈现为缩小的趋势；低度适宜区占据了海南岛的大部分区域范围，呈现先缩小后扩大再减少的趋势，整体呈现出缩小的趋势；中度适宜区主要分布于近海地面区域及岛内的河流干线、湖泊等水域范围，呈现先增大后减少再增大的趋势，整体呈现出增大的趋势；高度适宜区主要分布在重要水库、滨海港湾和海岸线周边等范围，其连通性较差，1990—2020年呈现出一定的斑块化趋势，分布范围变得更为广泛。

对各时期海南岛湿地景观的适宜性分布面积进行计算，结果如表11-5所示。在

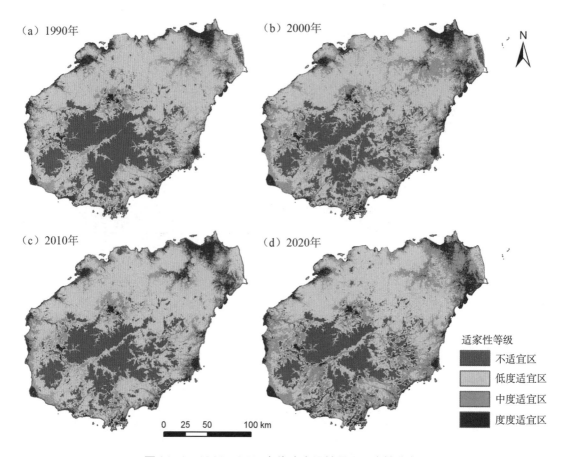

（a）1990年　（b）2000年

（c）2010年　（d）2020年

适宜性等级

■ 不适宜区
□ 低度适宜区
■ 中度适宜区
■ 度度适宜区

0　25　50　　　100 km

图11-4　1990—2020年海南岛湿地景观适宜性分布图

1990—2020年，海南岛湿地景观分布的不适宜区、低度适宜区、中度适宜区和高度适宜区的面积分别增长了-2002.90km²、-1297.16km²、3007.75km²和292.35km²，对应的面积比例分别增长了-5.81%、-3.76%、8.73%和0.85%。由表11-5可知，在1990—2000年，气候变化扩大了湿地景观分布的中度适宜区和高度适宜区，缩小了不适宜区和低度适宜区，促进了湿地景观的分布，即正增益；2000—2010年气候变化缩小了湿地分布的中度适宜区，扩大了不适宜区、低度适宜区和高度适宜区，抑制了湿地景观的分布，即负增益；而在2010—2020年气候变化则扩大了湿地景观分布的中度适宜区，缩小了不适宜区、低度适宜区和高度适宜区，对湿地景观分布呈正增益。从总体来看，1990—2020年湿地景观分布的不适宜区和低度适宜区的范围面积减少，中度适宜区和高度适宜区的范围面积增加，可见气候变化对海南岛湿地景观分布适宜区具有正向促进作用。

表 11-5　1990—2020 年海南岛湿地景观适宜性分布区情况

分区	年份	面积（km²）	面积占比（%）	I_{Cli} 值（%）
不适宜区	1990s	8123.06	23.57	—
	2000s	6609.84	19.18	−18.63
	2010s	7280.78	21.12	10.15
	2020s	6120.16	17.76	−15.94
低度适宜区	1990s	18547.05	53.81	—
	2000s	17238.02	50.02	−7.06
	2010s	19057.25	55.29	10.55
	2020s	17249.89	50.05	−9.48
中度适宜区	1990s	5696.58	16.53	—
	2000s	8363.68	24.27	46.82
	2010s	5691.60	16.51	−31.95
	2020s	8704.33	25.26	52.93
高度适宜区	1990s	2098.94	6.09	—
	2000s	2254.13	6.54	7.39
	2010s	2435.95	7.07	8.07
	2020s	2391.29	6.94	−1.83

11.2.4　未来气候变化情景下的湿地景观潜在分布预测

本研究选取了 BC 模式下的 SSP1-2.6 路径作为预测未来 2050 年和 2070 年海南岛湿地景观的潜在分布情况的气候变化情景模式，对未来气候情景下海南岛的气象数据进行处理，作为模型的环境变量输入层，同时将已有的湿地分布样点数据作为样本输入层，通过 MaxEnt 模型模拟预测得出未来气候情景模式下海南岛湿地景观的潜在分布情况。

11.2.4.1　模型验证

未来气候情景模式（SSP1-2.6）下，通过 MaxEnt 模型对 2050 年和 2070 年海南岛湿地景观的潜在分布进行了模拟预测，模型检验结果如图 11-5 所示，训练集的 AUC 值分别为 0.848 和 0.853，其对应的测试集的 AUC 值分别为 0.845 和 0.837，各指标值均在 0.8以上，表明模型预测结果较为准确，MaxEnt 模型能够用于未来 SSP1-2.6 模式下海南岛湿地景观潜在分布的预测与分析。

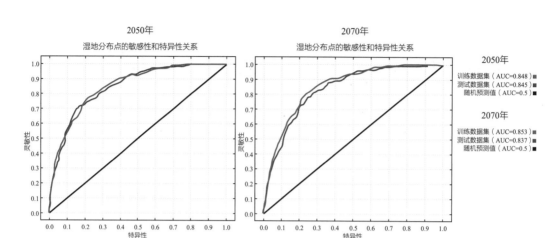

图11-5　未来气候情景模式（SSP1-2.6）下湿地分布MaxEnt模型预测结果ROC曲线

11.2.4.2　环境因子重要性分析

未来气候情景模式（SSP1-2.6）下，气候变化对海南岛湿地景观分布的主要影响因子与上述各历史时期的相一致。由表11-6可知，对未来SSP1-2.6模式下海南岛湿地景观潜在分布的影响较大的主导环境因子中，海拔因素的贡献率占比最大，均达45%以上；坡度因素的贡献率最小，均为1%左右，其他环境变量均与气候变化息息相关。SSP1-2.6模式下气候相关环境变量对海南岛湿地景观潜在分布的贡献率从大到小的依次为：等温性（bio_03）＞平均气温日较差（bio_02）＞最热月最高温度（bio_05）＞最热季度平均温度（bio_10）＞最湿季度平均温度（bio_08）。这些环境变量对模型预测结果的增益较大，其累计贡献率达到了88%，且海拔和坡向2个因素便占据了70%左右的贡献率，说明在未来SSP1-2.6模式下，海南岛湿地景观的潜在分布主要受地形和气温的影响，海拔越低、地面越平缓以及温度稳定、温差小的区域越适宜湿地的形成和分布。

表11-6　主要环境变量对MaxEnt预测海南岛湿地景观分布的相对贡献率

变量	2050s		2070s	
	贡献率（%）	重要性（%）	贡献率（%）	重要性（%）
海拔	46.1	62.8	45.5	59.3
坡向	23.4	4.9	25.3	4.9
坡度	1.3	1.6	1.1	1.3
平均气温日较差	4.6	3.2	3.5	2.6
最湿季度平均温度	1.9	4.3	1.4	3.6

（续）

变量	2050s		2070s	
	贡献率（%）	重要性（%）	贡献率（%）	重要性（%）
等温性	5	0.4	5.4	0.9
最热月最高温度	0.5	0.9	5.6	10.7
最热季度平均温度	4.9	10.3	0.8	1.6

11.2.4.3　未来气候情景模式下气候变化对湿地景观分布的影响

对未来气候情景模式下海南岛2050年和2070年时期湿地景观的潜在分布情况进行模拟，从图11-6可以看出，未来SSP1-2.6模式下海南岛湿地景观分布的不适宜区仍集中在五指山、白沙、琼中等中部山区和昌江、乐东等西部地区，以及保亭、三亚等南部地区；高度适宜区主要集中在重要水库、南渡江流域、滨海港湾及海岸线周边等范围，分布趋于广泛破碎化。未来SSP1-2.6模式下，在2050年，相比当前时期湿地景观潜在分布的不适宜区与低度适宜区面积均有所下降，面积分别缩小了0.12%和0.84%，而中度适宜区、高度适宜区的面积分别扩大了0.70%和0.25%。在2070年，相比当前时期湿地景观潜在分布的低度适宜区和高度适宜区分别缩小了1.44%和0.01%，而不适宜区和中度适宜区分别扩大了0.41%和1.04%。整体来看，海南岛湿地景观潜在分布呈现出低度适宜区分布范围内不适宜区面积萎缩、中度适宜区分布面积增大的现象。

图11-6　未来气候情景模式（SSP1-2.6）下2050年和2070年海南岛湿地景观潜在分布情况

利用MaxEnt模型得出的结果计算2050年和2070年在未来SSP1-2.6模式下气候变化对海南岛湿地景观潜在分布的影响，结果如表11-7所示。在SSP1-2.6情景下，相比当前时期，在2050年，气候变化导致了湿地景观分布不适宜与低度适宜区分布范围的缩小，其I_{Cli}值分别为–0.65%和–1.67%；并扩大了湿地中度适宜区和高度适宜区分布范围，其I_{Cli}值分别为2.79%和3.58%，这无疑促进了湿地景观的分布，即在2050年气候变化对海南岛景观湿地潜在分布的影响起正增益作用。而在2070年，相比当前时期气候变化缩小了湿地分布的低度适宜区和高度适宜区，而扩大了不适宜区和中度适宜区，仅从面积与分布范围的变化情况来看无法直接判断在此期间内气候变化对其产生的影响，但根据未来环境变量趋于上升变化趋势，长期内气候变化对海南岛湿地景观的分布整体仍起到促进作用。

表11-7　未来气候情景模式（SSP1-2.6）下气候变化对海南岛湿地景观分布的影响

分区	面积比例（%）			I_{Cli}值（%）	
	当前时期	2050s	2070s	2050s	2070s
不适宜区	17.76	17.64	18.16	−0.65	2.28
低度适宜区	50.05	49.21	48.61	−1.67	−2.88
中度适宜区	25.26	25.96	26.29	2.79	4.11
高度适宜区	6.94	7.19	6.93	3.58	−0.08

11.3 　本章小结

本章内容根据海南岛湿地景观空间分布数据以及相关环境变量数据，运用MaxEnt最大熵模型模拟不同时段的海南岛湿地景观适宜分布区，定量分析了影响湿地景观分布的主要气候因素，并预测未来气候情景下海南岛湿地景观潜在分布情况。其主要研究结论如下：

（1）应用MaxEnt模型对1990年、2000年、2010年和2020年4个时期的海南岛湿地景观分布模拟预测的各指标值均在0.8以上，说明湿地分布MaxEnt模型的模拟预测精度较高，结果较精确。

（2）通过Jackknife模块检验分析可知，19个环境变量对海南岛1990年、2000年、2010年和2020年4个时期的湿地景观分布影响的贡献率排序为海拔（dem）＞坡度（slope）＞平均气温日较差（bio_02）＞最湿季度平均温度（bio_08）＞等温性（bio_03）＞最热月最高温度（bio_05）＞最热季度平均温度（bio_10）＞最冷月最低温度（bio_06）＞年均温（bio_01）＞坡向（aspect）＞最热季度降水量（bio_18）＞最冷季度降水量（bio_19）＞温度季节性变化（bio_04）＞最干季度平均温度（bio_09）＞最干季度降水量（bio_17）＞最湿季度降水量（bio_16）＞最湿月降水量（bio_13）＞年均温变化范围（bio_07）＞最冷季度平均温度（bio_11）＞最干月降水量（bio_14）＞降水量变异系数（bio_15）＞年均降水量（bio_12）。

（3）对海南岛湿地景观分布影响较大的主导环境因子主要包括了海拔、坡度和坡向3个地形因素，以及平均气温日较差、最湿季度平均温度、等温性、最热月最高温度和最热季度平均温度5个气候因素，其累计贡献率达到88%，说明海南岛湿地景观的分布主要受到地形和气温的影响。各环境变量对海南岛湿地景观分布的最适宜区间：海拔为0～205m，坡向为0～360°，坡度为0～10°，平均气温日较差为2～7.8℃，等温性为15～46%，最热月最高温度和最湿季度平均温度为30.7～34℃和25.8～29℃，最热季度平均温度为27.3～30℃。海拔越低、地面越平缓以及温度稳定、温差小的区域越适宜湿地的形成和分布。

（4）1990—2020年的海南岛湿地景观分布的不适宜区集中在中部山区和南部、西部部分地区，整体呈现为缩小的趋势；低度适宜区占据了海南岛的大部分区域范围，呈现先缩小后扩大再减少的趋势，整体呈现出缩小的趋势；中度适宜区主要分布于近海地面区域及岛内的河流干线、湖泊等水域范围，呈现先增大后减少再增大的趋势，整体呈现出增大的趋势；高度适宜区主要分布在重要水库、滨海港湾和海岸线周边等范围，其连通性较差，1990—2020年呈现出一定的斑块化趋势，分布范围变得更为广泛。从总体来看，1990—2020年湿地分布的不适宜区和低度适宜区的范围面积减少，中度适宜区和高度适宜区的范围面积增加，说明了气候变化对海南岛湿地景观分布适宜区具有正向促进作用。

（5）未来气候情景模式（SSP1-2.6）下，MaxEnt模型对2050年和2070年海南岛湿地景观的潜在分布模拟预测的AUC值均在0.8以上，说明模型预测结果较为准确。未来SSP1-2.6模式下海南岛湿地景观潜在分布的影响较大的主导环境因子中，海拔因素的贡献率占比最大，坡度因素的贡献率最小。其他环境变量均与气候变化息息相关，SSP1-2.6模式下气候相关环境变量对海南岛湿地景观潜在分布的贡献率从大到小的依次为等温性（bio_03）＞平均气温日较差（bio_02）＞最热月最高温度（bio_05）＞最热季度平均温度（bio_10）＞最湿季度平均温度（bio_08）。

（6）与2020年相比，未来SSP1-2.6模式下2050年和2070年湿地景观的潜在分布面积均发生变化，不适宜区与低度适宜区分布范围有所下降，中高度适宜区面积有所增加，低度适宜区分布范围内呈现不适宜区面积萎缩、中度适宜区分布面积增大的现象。在2050年，不适宜与低度适宜区缩小、中高度适宜区增加，气候变化对海南岛湿地景观体现为正增益作用；在2070年，低度适宜区和高度适宜区缩小，不适宜区和中度适宜区增加，无法直接判断在此期间内气候变化对其产生的影响。但根据未来环境变量趋于上升变化趋势，气候将发生变化，季风气候加强，干旱的地区可能更加干旱，湿润的地区降水加大。海南岛整体呈现变暖、变湿的趋势，冷季降水减少，暖季降水增加（吴胜安和刘少军，2013），长期内气候变化对海南岛湿地景观的分布整体仍会起到促进作用。

主要参考文献

褚建民，李毅夫，张雷，等，2017. 濒危物种长柄扁桃的潜在分布与保护策略 [J]. 生物多样性, 25(8): 799–806.

贺伟，布仁仓，刘宏娟，等，2013. 气候变化对东北沼泽湿地潜在分布的影响 [J]. 生态学报, 33(19): 6314–6319.

刘立刚，2012. 湿地系统的生态作用与全球变暖的关系研究 [J]. 绿色科技 (2): 1–2.

孟焕，2016. 气候变化对三江平原沼泽湿地分布的影响及其风险评估研究 [D]. 北京：中国科学院研究生院 (东北地理与农业生态研究所).

宁瑶，雷金睿，宋希强，等，2018. 石灰岩特有植物海南凤仙花潜在适宜生境分布模拟 [J]. 植物生态学报, 42(9): 946–954.

宁瑶，2018. 气候变化下基于 MaxEnt 和 3S 技术的两种海南特有植物的适宜生境分布模拟 [D]. 海口：海南大学.

齐增湘，徐卫华，熊兴耀，等，2011. 基于 MaxEnt 模型的秦岭山系黑熊潜在生境评价 [J]. 生物多样性, 19(3): 343–352.

吴绍洪，赵宗慈，2009. 气候变化和水的最新科学认知 [J]. 气候变化研究进展, 5(3): 125–133.

吴胜安，刘少军，2013. 海南 21 世纪气候变化预估分析 [J]. 气象研究与应用, 34(S1): 55–57.

辛晓歌，吴统文，张洁，等，2019. BCC 模式及其开展的 CMIP6 试验介绍 [J]. 气候变化研究进展, 15(5): 533–539.

徐玲玲，张玉书，陈鹏狮，等，2009. 近 20 年盘锦湿地变化特征及影响因素分析 [J]. 自然资源学报, 24(3): 483–490.

薛振山，吕宪国，张仲胜，等，2015. 基于生境分布模型的气候因素对三江平原沼泽湿地影响分析 [J]. 湿地科学, 13(3): 315–321.

占明锦，殷剑敏，孔萍，等，2013. 典型浓度路径 (RCP) 情景下未来 50 年鄱阳湖流域气候变化预估 [J]. 科学技术与工程, 13(34): 10107–10115.

张华，赵浩翔，徐存刚，2021. 气候变化背景下孑遗植物杪椤在中国的潜在地理分布 [J]. 生态学杂志, 40(4): 968–979.

朱俐南，2015. 黄芩属三种植物适宜生境区划及其对气候变化的响应 [D]. 西安：陕西师范大学.

宗敏，韩广轩，栗云召，等，2017. 基于 MaxEnt 模型的黄河三角洲滨海湿地优势植物群落潜在分布模拟 [J]. 应用生态学报, 28(6): 1833–1842.

DEB C R, JAMIR N S, KIKON Z P, 2017. Distribution prediction model of a rare orchid species (*Vanda bicolor* Griff.) using small sample size[J]. American Journal of Plant Sciences, 8: 1388–1398.

ELITH J, LEATHWICK J R, 2009. Species distribution models: ecological explanation and prediction across space and time[J]. Annual Review of Ecology, Evolution, and Systematics, 40(1): 677–697.

ELITH J, PHILLIPS S J, HASTIE T, et al, 2011. A statistical explanation of MaxEnt for ecologists[J]. Diversity and Distributions, 17(1): 43–57.

HIJMANS R J, CAMERON S E, PARRA J L, et al, 2005. Very high resolution interpolated climate surfaces for global land areas[J]. International Journal of Climatology, 25(15): 1965–1978.

HUTCHINSON M F, 1998. Interpolation of rainfall data with Thin Plate Smoothing Splines–Part I: two dimensional smoothing of data with short range correlation[J]. Journal of Geographic Information & Decision Analysis, 2(2): 153–167.

KUMAR S, STOHLGREN T J, 2009. MaxEnt modeling for predicting suitable habitat for threatened andendangered tree Canacomyrica monticola in New Caledonia[J]. Journal of Ecology & the Natural Environment, 1(1): 94–98.

PHILLIPS S J, ANDERSON R P, SCHAPIRE R E, 2006. Maximum entropy modeling of species geographic distributions[J]. Ecological Modelling, 190(3–4): 231–259.

PHILLIPS S J, DUDÍK M, 2008. Modeling of species distributions with Maxent: new extensions and a comprehensive evaluation[J]. Ecography, 31(2): 161–175.

PHILLIPS S J, SCHAPIRE R E, 2004. A maximum entropy approach to species distribution modeling[C]//International Conference on Machine Learning: 655–662.

RUPPRECHT F, OLDELAND J, FINCKH M, 2011. Modelling potential distribution of the threatened tree species *Juniperus oxycedrus*: how to evaluate the predictions of different modelling approaches? [J]. Journal of Vegetation Science, 22(4): 647–659.

第三部分

海南岛湿地生态系统综合评估与系统管理

第12章

湿地生态系统服务价值评估

近年来，随着湿地面积缩减、湿地结构改变和功能退化、湿地污染等问题的日趋凸显，湿地资源利用与保护之间的矛盾不断激化，湿地生态系统服务功能及其价值研究成为当前迫切需要解决的重要问题。湿地生态系统服务功能价值评估简单来说是用直观的经济数据阐述湿地作为人类生存环境支持系统的重要性。对湿地生态系统服务功能的价值进行定量评估，能直观地了解湿地为人类带来的巨大效益，有利于强化对湿地生态系统各功能的生态过程及各项功能之间内在关系的认识，加强全社会对湿地资源保护重要意义的直观认识，进一步对湿地资源开发利用的政策选择和管理措施提供现实依据，也将对实施综合的国民经济与资源环境核算体系、生态补偿制度的制定与实施等提供基础数据支持。

湿地作为生态服务价值最高的生态系统，与人类生产活动和社会经济发展息息相关（荔琢等，2019；王泉泉等，2019），其所提供的物质产品、大气调节、水源涵养、休闲娱乐等服务功能是人类福祉不可或缺的。目前湿地生态系统服务价值评估的方法主要分为两种：一种是参照经济学估值方式，通过直接获取现场数据来计算的传统价值评估方法，主要包括直接市场法、陈述偏好法、显示偏好法等（De Groot et al，2006）；另一种是基于相同生境的价值转移法，通过借鉴研究地点的现有估值，推断政策地点的生态系统商品货币价值的方法（Brookshire et al，1992）。传统的价值评估是对特定的生态系统开展独立的实证研究（胡晓燕等，2022），评估精准却耗时耗力，成本较高，比较适用于地区尺度的精细化管理；相比之下，基于价值转换法来评估生态系统服务价值则更快速且节约成本，但估值不确定性大，影响因素较多，更适用于国家或区域尺度的评估和分级（周鹏等，2019）。

综合国内外所用到的湿地价值转移法，主要分为成果参照法、空间分析统计法以及Meta分析价值转移法等（Brookshire et al，1992；孙宝娣等，2018；崔丽娟等，2019）。其中Meta分析是能综合分析具有同一主题的多个独立研究的统计学方法（崔丽娟等，2019），能将实证研究作为样本，通过多元回归的方式来评估湿地价值。与其他效益转换方法相比，Meta分析评估效率更高，且对研究地与政策地间的异质性具有较高的包容性（胡晓燕等，2022），是一种可靠的价值转移方法（Brouwer et al，2000；Sun et al，2018；Zhou et al，2020）。Meta分析现已在湿地生态系统服务价值评估方面取得了较为成功的应用（周鹏等，2019），国外学者利用来源于不同国家地区的湿地案例，运用Meta价值转换模型对全球不同区域尺度的湿地进行了价值评估，探讨了社会、经济、地理等环境因子对评估结果的影响（Ghermandi et al，2016；Perosa et al，2021），并已经在国外形成了较为成熟的研究体系。国内有部分学者运用Meta分析对我国湖沼湿地（张玲等，2015）、滨海湿地（孙宝娣，2017）、青岛市湿地（杨玲等，2017）等生态系统服务价值进行了评估，虽然取得了长足的发展，但仍然存在一些局限性，如部分学者在价值转移研究中对生态因子的调整较多，忽视对地理环境和社会经济层面的调整（张玲等，2015；崔丽娟等，2019），最终导致评估结果出现较大的误差，关于Meta分析在湿地价值转换体系中的可应用性与发展前景等相关研究仍处于探索中。

海南岛拥有绵长的海岸线，独特的气候环境结合多样的地形地貌孕育了丰富的湿地资源，而针对海南全岛的湿地生态系统服务价值评估的研究尚未见报道。特别是随着海南自由贸易港建设，在快速发展的经济活动过程中，容易忽视对湿地资源的保护与合理利用，使原本脆弱的湿地生态系统加剧退化，进而影响湿地生态系统结构及其服务功能。基于此，本章内容通过统计分析与海南岛湿地类型相同的生态系统服务价值研究案例，构建Meta分析价值转移模型来评估1990年、2000年、2010年和2020年4个时期的海南岛各类湿地生态系统服务价值及其动态变化，并在此基础上探讨影响海南岛湿地生态系统服务价值的变量因素，为完善湿地生态系统服务价值评估体系、促进湿地生态保护修复及管理决策提供科学依据。

12.1 | 研究方法

12.1.1 构建Meta价值转移模型

Meta回归模型能系统地评估特定的生态系统服务研究中结果和解释变量的差异（Richardson et al，2015），其一般表现形式为：

$$\ln V_{ij}=\beta_0+\beta_w X_{wij}+\beta_m X_{mij}+\beta_c X_{cij}+U_{ij}$$

式中：V_{ij} 是指第 j 个研究中第 i 个观察值的生态系统服务价值 [元/(hm²·a)]；β_0 是常数项；β_w、β_m、β_c 分别是对应变量的系数项；X_w 为湿地特征变量；X_m 为评估方法变量；X_c 为环境特征变量；U 为随机误差项。

由于同一文献中样本所提供的价值观察值可能会存在相关性，因此本研究借鉴了国内外处理此类问题的经验（张玲等，2015；Chaikumbung et al，2016），采用了加权最小二乘法（Weighted Least Squares，WLS）来计算系数项β_w、β_m、β_c，并以文献价值观察值总数的倒数作为权重构建回归模型。Meta模型中的变量采用逐步排除的方法来得到最终的变量，最后计算每种类型湿地生态系统服务的价值。计算公式为：

$$V(ES_k)=\sum_{i=1}^{n}A(LU_k)\times V(ES_{ik})$$

式中：$V(ES_k)$表示第k种湿地类型的生态系统服务价值[元/(hm²·a)]；$A(LU_k)$表示第k种湿地类型的生态系统服务面积（hm²）；$V(ES_{ik})$表示第i种湿地生态系统服务的单位面积价值[元/(hm²·a)]。

12.1.2 湿地生态系统服务分类

湿地能为人类社会提供多种服务功能，具有高效的服务价值（王军等，2015）。本研究根据联合国千年生态系统评估（Millennium Ecosystem Assessment，MA）的分类体系，将生态系统服务分为供给、调节、支持和文化服务四类。结合价值转移数据库以及海南岛湿地生态系统的具体情况，本研究中供给服务是指人类从湿地生态系统获取的各类产品，包括物质生产、水资源供给；调节服务是指从生态系统调节作用中获取的利益，包括涵养水源、气体调节、气候条件、净化环境等；支持服务包括生物多样性维持和保持土壤，是一种间接为人类提供的利益；文化服务包括科研教育及旅游休闲，除此之外还应包括存在价值、遗产价值等，这类价值是对未来可能价值的推测（付来友，2022），其价值量评估较为困难，且在查阅的文献中只有极少数的研究对此进行了定量评估，故不将其纳入本研究的评估体系。参照已有的价值评估流程以及海南岛湿地资源特点，构建了海南岛湿地生态系统服务价值评估体系（表12-1）。

表12-1 Meta分析的湿地生态系统服务价值评估体系

一级类型	二级类型	价值评估指标	主要评估方法
供给服务	物质生产	食物、原材料、动植物产品	市场价值法
	水资源供给	工业用水、生活用水、灌溉用水	市场价值法
调节服务	涵养水源	涵养水源、洪水调蓄	影子工程法、影子价格法
	气体调节	温室气体排放、固碳释氧	碳税法、造林成本法、工业制氧法
	气候调节	降温增湿	市场价值法、碳税法、造林成本法
	净化环境	水质净化、污染物降解、滞留污染	生产成本法、影子工程法
支持服务	生物多样性维持	湿地动物、植物、微生物以及其生存环境	机会成本法、影子工程法
	保持土壤	保持土壤肥力、促淤造陆	替代成本法、影子工程法
文化服务	科研教育	科研投入、教学实习	费用支出法、专家评估法
	旅游休闲	休闲旅游收入	费用支出法、旅行费用法、专家评估法

根据表 12-1 所列举的湿地生态系统服务类型，从检索的文献中提取了题目、作者、研究时间、湿地面积、湿地类型、生态系统服务类型及其价值、评估方法、湿地的环境特点等信息，并将其录入 Excel 表格中，形成了最终的 Meta 分析数据库。在进行统计分析时，为避免时间因素对价值观察值的影响，本研究采用了各省的消费者物价指数（Consumer Price Index，CPI），将案例中不同年份的湿地生态系统服务价值观察值调整到以 2020 年为基准的物价水平，使不同的研究具有可比性。

12.1.3　数据库构建

本研究文献来源于中国知网（CNKI），以湿地、生态系统服务、价值评估等为主题词，搜索了 2022 年 5 月 10 日以前发表的所有有关河流湿地、潟湖、红树林、库塘、水产养殖场、盐田这六类湿地生态系统服务价值评估的实证研究文献。为了构建更为全面的数据库，本研究还交叉检查了每篇文献的参考文献列表，补充录入相关文献，初步检索 335 篇湿地价值评估的文献。

为确保 Meta 数据库录入信息的适用性和完整性，通过阅读全文对入选文献进一步筛选，文献检索过程中，有以下任一情况文献将会被筛除：①研究区域位于海南岛范围内；②仅研究湿地总价值而不评估各类生态系统服务功能的价值；③在湿地生态系统服务价值评估的过程中使用了能值分析法或价值转移法；④研究对象为同一湿地，仅保留最新一年的文献（杨玲等，2017；Zhou et al，2020）。经过以上标准筛选排除，最终 63 篇文献、1271 个价值观察值被纳入 Meta 价值转移数据库。文献包括 56 篇期刊论文，7 篇学位论文，这些文献最早发表于 2005 年，其中 13 篇发表于 2005—2010 年，44 篇发表于 2010—2020 年，仅有 6 篇发表在 2020 年以后。

12.1.4　自变量选取

参考了国内外在价值转移研究中选取的变量（张玲等，2015；Sun et al，2018），本研究将评估价值的影响因素主要分为以下几类：

（1）湿地特征变量。多项研究结果表明面积是影响湿地生态系统服务价值的重要因素，湿地生态系统服务的单位面积价值与湿地面积呈显著负相关关系（杨玲等，2017；崔丽娟等，2019）；湿地的类型或是生态系统服务功能不同，其所提供的服务价值也不同（张玲等，2015）。故本研究选取湿地面积、湿地类型和湿地所提供的生态系统服务功能作为湿地特征变量。

（2）评估方法变量。评估方法即在研究过程中使用的方法，主要包括市场价值法、替代成本法、影子价格法等。国内外对湿地服务价值的评估并没有统一的标准体系，研究者对湿地服务功能的理解不同，采取的研究方法不一致，评估中价格参数也会存在差异，均会影响湿地价值评估的结果（张翼然等，2015）。

（3）环境特征变量。有Meta分析的研究表明湿地的价值与社会地理特征和社会经济特征有一定相关性（Brander et al，2012；Chaikumbung et al，2016），本研究选取了地理区位、人均GDP、人口密度以及湿地受保护程度等指标作为衡量湿地所属环境特征的指标。以湿地所属的地级行政区为尺度界限，人均GDP、人口密度等数据来源于各省历年的《统计年鉴》。

考虑到不同的湿地类型具有不同的服务功能，因此在Meta数据库中引入了虚拟变量，其值为0或1，当出现某种服务类型时，将其赋值为1，反之则为0，将所有自变量的信息编码和赋值，最终Meta分析中变量信息统计见表12-2。

表12-2　Meta回归模型的变量信息

变量		变量描述	均值	标准差	价值观察值数量	单位
因变量						
Y：单位面积价值	湿地每公顷价值	湿地单位面积价值用对数形式表示	5.2500	0.5929	63	元/hm²
自变量						
Xw：湿地特征						
湿地规模	湿地面积大小	湿地面积用对数形式表示	4.6283	1.0605	63	hm²
湿地类型	潟湖	对照组			30	—
	河流湿地	湿地类型为河流湿地时 $BD=1$，否则 $BD=0$	0.6032	0.4892	38	—
	红树林湿地	湿地类型为红树林湿地时 $BD=1$，否则 $BD=0$	0.4286	0.4949	27	—
	库塘	湿地类型为库塘时 $BD=1$，否则 $BD=0$	0.4921	0.4999	31	—
	水产养殖场	湿地类型为水产养殖场时 $BD=1$，否则 $BD=0$	0.2857	0.4518	18	—
	盐田	湿地类型为盐田时 $BD=1$，否则 $BD=0$	0.3016	0.4589	19	—
湿地生态系统服务	水资源供给	对照组			25	—
	物质生产	有此项服务功能时 $BD=1$，否则 $BD=0$	0.9365	0.2438	59	—
	涵养水源	有此项服务功能时 $BD=1$，否则 $BD=0$	0.9365	0.2438	59	—
	气体调节	有此项服务功能时 $BD=1$，否则 $BD=0$	0.7460	0.4353	47	—
	气候调节	有此项服务功能时 $BD=1$，否则 $BD=0$	0.4921	0.4999	31	—
	净化污染	有此项服务功能时 $BD=1$，否则 $BD=0$	0.8571	0.3499	54	—
	生物多样性维持	有此项服务功能时 $BD=1$，否则 $BD=0$	0.9524	0.2130	60	—
	保持土壤	有此项服务功能时 $BD=1$，否则 $BD=0$	0.3810	0.4856	24	—
	科研教育	有此项服务功能时 $BD=1$，否则 $BD=0$	0.8413	0.3654	53	—
	休闲旅游	有此项服务功能时 $BD=1$，否则 $BD=0$	0.7778	0.4157	49	—
Xm：评估技术						
评估方法	市场价值法	对照组			60	—

（续）

变量		变量描述	均值	标准差	价值观察值数量	单位
评估方法	替代成本法	研究中使用替代成本法时$BD=1$，否则$BD=0$	0.5714	0.4949	36	
	影子价格法	研究中使用影子价格法时$BD=1$，否则$BD=0$	0.1270	0.3330	8	—
	影子工程法	研究中使用影子工程法时$BD=1$，否则$BD=0$	0.8413	0.3654	53	—
	碳税法	研究中使用碳税法时$BD=1$，否则$BD=0$	0.6508	0.4767	41	—
	工业制氧法	研究中使用工业制氧法时$BD=1$，否则$BD=0$	0.2540	0.4353	16	—
	费用支出法	研究中使用费用支出法时$BD=1$，否则$BD=0$	0.3016	0.4589	19	—
	旅行费用法	研究中使用旅行费用法时$BD=1$，否则$BD=0$	0.4603	0.4984	29	—
	造林成本法	研究中使用造林成本法时$BD=1$，否则$BD=0$	0.3333	0.4714	21	—
	机会成本法	研究中使用机会成本法时$BD=1$，否则$BD=0$	0.0794	0.2703	5	—
	专家评估法	研究中使用专家评估法时$BD=1$，否则$BD=0$	0.1746	0.3796	11	—
Xc：环境特征						
湿地地理区位	华东地区	对照组			20	—
	东北地区	研究位于东北地区时$BD=1$，否则$BD=0$	0.1429	0.3499	9	—
	华北地区	研究位于华北地区时$BD=1$，否则$BD=0$	0.1270	0.3330	8	—
	西北地区	研究位于西北地区时$BD=1$，否则$BD=0$	0.1111	0.3143	7	—
	华南地区	研究位于华南地区时$BD=1$，否则$BD=0$	0.1746	0.3796	11	—
	西南地区	研究位于西南地区时$BD=1$，否则$BD=0$	0.0476	0.2130	3	—
	华中地区	研究位于华中地区时$BD=1$，否则$BD=0$	0.0794	0.2703	5	—
	城市人均GDP	人均国内生产总值的对数形式	4.8080	0.5198	63	元
	人口密度	人口密度的对数形式	2.5570	0.6470	63	人/km²
	保护力度	研究区属于受保护的湿地，如为国家级湿地，或是自然保护区时$BD=1$，否则$BD=0$	0.5238	0.4994	33	—

注：BD代表二元变量，根据变量赋值0或1。

12.1.5 有效性检验

价值转换模型并不能取代实证研究（Richardson et al，2015），为检验模型的预测值与实证研究所得真实值之间的一致性，本研究采用了留一法交叉验证（Leave-One-Out Cross Validation）对样本外价值转移的有效性进行评估（Teoh et al，2019；邬紫荆等，2021），即依次选择数据库中每一个价值观察值作为测试集，其余价值观察值作为训练集，分别计算相应观察值的转移误差（Transfer Error，TE）。转移误差的绝对值越小则表明模型的预测作用越好，模型的有效性越强。一般转移误差在20%～40%是可以接受的，低于20%则认为政策地与研究地之间具有很好的匹配性（Brouwer et al，2000；Ready et al，2006）。计算公式为：

$$TE=（value_{est}－value_{obs}）/value_{obs}×100\%$$

式中：TE 为转移误差；$value_{est}$ 为实证研究所得的价值真实值；$value_{obs}$ 为模型的价值预测值。

12.2 | 结果与分析

12.2.1 各项生态系统服务价值特征

基于收集到的63个具有相同性质的湿地案例，经过统计分析获得了湿地生态系统服务功能的平均价值为22.98万元/hm²，将各项服务功能的价值由高到低进行排序依次为：涵养水源（6.67万元/hm²）＞气候调节（3.98万元/hm²）＞大气调节（3.35万元/hm²）＞旅游休闲（2.83万元/hm²）＞物质生产（2.69万元/hm²）＞净化环境（1.31万元/hm²）＞水资源供给（0.84万元/hm²）＞生物多样性维持（0.52万元/hm²）＞保持土壤（0.52万元/hm²）＞科研教育（0.27万元/hm²）（图12-1）。其中涵养水

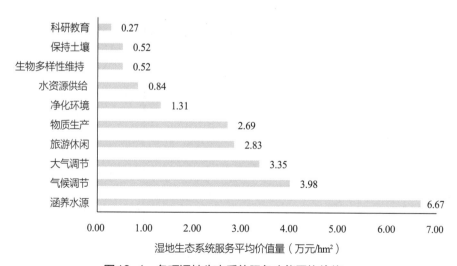

图12-1 各项湿地生态系统服务功能平均价值

源、气候调节、大气调节的单位面积服务价值最高，分别占总服务价值的29.02%、17.30%、14.56%。由此可见，这几类服务功能对维持湿地生态系统健康稳定具有重要作用。

12.2.2　Meta 回归模型的回归结果分析

本研究使用Stata/MP 17.0对表12-2中的变量进行了加权最小二乘回归分析。在构建回归模型的过程中，采用了向后消去法，逐一删除显著性水平较低、对因变量不具备显著解释能力的变量，直至模型中所有的解释变量都显著。回归结果由表12-3可知，Meta回归模型调整后R^2为0.626，这表示数据库中的实证研究有60%以上与本研究结果类似。除常数项外，最终参与回归的变量有10个，具体的回归结果分析如下：

（1）湿地特征对生态系统服务价值的影响。湿地面积的回归系数为−0.126，在0.05的水平上显著为负，表明随着湿地面积的增大，湿地的单位面积价值会减小，湿地面积每增加10%，湿地单位面积价值减少1.26%（两者取对数的形式）。红树林湿地的回归系数为正向显著，而盐田的回归系数为负向显著，这两类湿地生态系统服务价值均与潟湖（对照组）有着显著差异，回归系数的大小表明在其他条件不变的情况下，红树林的单位面积价值最高，盐田的单位面积价值最低。在湿地各项服务功能中，只有物质生产、气候调节、保持土壤、旅游休闲具有显著正相关，其中物质生产的回归系数最高，这表明在其他条件不变的情况下，物质生产的单位面积价值最高。

（2）湿地评估方法对服务价值的影响。在参与Meta回归的11种研究方法中，只有碳税法的回归系数在统计上负向显著，其他评估方法与替代成本法（对照组）并未呈现显著差异，表明在其他条件不变的情况下，采用碳税法所评估的湿地价值量最低。

（3）湿地环境特征对服务价值的影响。Meta回归模型的结果显示湿地所处的地理区位与湿地的服务价值并未有显著关系，社会经济特征与湿地的服务价值有显著关联，其中湿地的保护力度与湿地服务价值具有显著负相关，人口密度与湿地服务价值有显著正相关。通过本研究的模型预测，人口密度每增加10%，湿地单位面积价值约增1.79%。

表 12-3　Meta 回归模型的结果分析

变量	非标准化回归系数	标准差	t	Sig.
常数	4.770	0.395	12.084	0.000
湿地面积	−0.126	0.053	−2.388	0.021
红树林	0.231	0.110	2.102	0.040
盐田	−0.343	0.110	−3.118	0.003
物质生产	0.783	0.241	3.251	0.002

变量	非标准化回归系数	标准差	t	Sig.
气候调节	0.329	0.098	3.357	0.001
保持土壤	0.310	0.112	2.773	0.008
旅游休闲	0.301	0.126	2.395	0.020
碳税法	−0.517	0.128	−4.037	0.000
人口密度	0.179	0.079	2.255	0.028
保护力度	−0.319	0.120	−2.660	0.010

注：因变量：ln(湿地每公顷价值)，样本数 N=63，R^2= 0.686，Adjusted R^2= 0.626。

12.2.3　海南岛湿地生态系统服务价值评估

12.2.3.1　单位面积生态系统服务价值

根据Meta回归模型的结果，将反映政策地的变量（湿地类型、湿地面积、人口密度等）依据实际情况代入回归模型，其他变量取样本平均值，计算出了2020年海南岛不同类型湿地生态系统服务单位面积价值量，将其由高到低排序依次为：红树林（38.25万元/hm²）>河流湿地（25.81万元/hm²）>潟湖（25.29万元/hm²）>水产养殖场（24.55万元/hm²）>库塘（22.66万元/hm²）>盐田（14.37万元/hm²）。其中红树林湿地的单位面积服务价值最高，盐田的单位面积服务价值最低。作为一种"全能型"的湿地生态系统，红树林一直是海南岛所有湿地类型中单位面积价值最高的湿地，在维持海岸带防风抗浪、保护生物多样性等方面发挥着巨大价值。河流湿地的单位面积价值也较高，这主要与海南省重视对主要流域的管理与保护有关，持续为当地发挥重要生态服务。盐田的单位面积价值最低，分析认为虽然盐田具有较高的物质生产价值，但其物种多样性低，再加上规模程度不高，在休闲旅游、生物多样性维持、净化污染等方面的价值远不及其他类型的湿地，故其服务价值远低于其他湿地类型。

12.2.3.2　海南岛湿地生态系统服务价值

由表12-4可知，1990—2020年海南岛湿地生态系统服务总价值呈递增的趋势，由1990年的230.70亿元增加到2020年的326.02亿元，累计增加了95.32亿元，变化率为41.32%。从一级湿地类型来看，人工湿地总价值增加明显，由1990年的93.31亿元增加至2020年的202.59亿元，总价值增加了109.28亿元，变化率为117.11%；而自然湿地总价值略有减少，这30年间自然湿地总价值累计减少13.96亿元，变化率为−10.16%。从二级湿地类型来看，水产养殖场和库塘的价值增加最大，分别增加了66.55亿元和42.61亿元，变化率分别为1274.90%和51.56%，其次是河流湿地增加 8.34 亿元，变化率为 19.64%；服务价值量减少最多的是潟湖湿地，总价值由 1990 年的 80.46 亿元减少至 2020 年的 58.55 亿元，价值减少了 21.91 亿元，变化率为 -27.23%。红树林和盐田湿地的生态系统服务总价值变化不大，呈现较为稳定的状态。

结合海南岛湿地类型分布，从空间上看，水产养殖场的生态系统服务价值增加最大，主要分布在海南岛东北部及东南沿海一带；其次是库塘生态系统服务价值增加较多，主要分布在海南岛西南部，在此期间海南岛第二大水库大广坝水库建成使用，使得西南部水资源供给价值大幅度提升；相反，潟湖生态系统服务价值减少较多，且主要集中在海南岛东北部及东南沿海区域，此区域多为浅海港湾、风浪较小，适合水产养殖业的发展，故大量的潟湖转移为水产养殖场，导致潟湖生态系统服务价值显著减少，水产养殖场服务价值显著增加；红树林、盐田等湿地服务价值空间变化并不明显，总体相对稳定。

表 12-4　海南岛各类湿地的生态系统服务价值（亿元）

一级湿地类型	二级湿地类型	1990 年	2000 年	2010 年	2020 年	1990—2020 年变化量	1990—2020 年变化率
自然湿地		137.39	128.41	122.49	123.43	-13.96	-10.16%
	河流湿地	42.47	43.78	43.90	50.81	8.34	19.64%
	潟湖	80.46	70.15	63.56	58.55	-21.91	-27.23%
	红树林	14.47	14.48	15.04	14.07	-0.4	-2.76%
人工湿地		93.31	141.88	166.88	202.59	109.28	117.11%
	库塘	82.64	113.64	102.03	125.25	42.61	51.56%
	水产养殖场	5.22	22.93	59.13	71.77	66.55	1274.90%
	盐田	5.45	5.31	5.71	5.57	0.12	2.20%
总价值		230.70	270.28	289.37	326.02	95.32	41.32%

12.2.4　有效性检验

采用留一法交叉验证，依次计算每个价值观察值的转移误差，得到样本外价值观察值的转移误差范围在 0.09%～40.6%，其中 52.38% 的价值观察值的转移误差小于 20%，44.44% 的价值观察值的转移误差在 20%～40%，仅有 3.18% 的价值观察值的转移误差大于 40%。样本外价值转移的平均转移误差为 18.82%，小于 20%，表明本研究构建的 Meta 价值转移模型具有较高的有效性。在资源条件受限的情况下，运用 Meta 分析进行海南岛湿地生态系统服务价值的评估是一种较为有效的方法。

12.3 | 讨论

12.3.1 不同区域评估结果对比

目前，生态系统服务并没有统一的价值评估体系，研究者基于不同的视角选择不同的研究方法、不同的参数，都会使评估结果产生较大的差异（商慧敏等，2018），但这些并不影响不同区域研究结果的变化趋势以及在同一方法下评估结果的比较（邓楚雄等，2019）。如 Fu 等（2022）采用价值当量因子法对海南省生态系统服务价值进行评估，其中湿地单位面积服务价值为 12.14 万元/hm²；雷金睿等（2020）采用修订后的单位面积价值当量因子法计算出 2018 年海南岛湿地单位面积服务价值为 29.33 万元/hm²；隋磊等（2012）参照经济学估值方式，采用直接市场法计算出 2008 年海南岛湿地单位面积服务价值为 29.90 万元/hm²。本研究基于 Meta 分析价值转移模型计算出的海南岛 2020 年湿地单位面积服务价值为 24.17 万元/hm²，与雷金睿等（2020）和隋磊等（2012）的评估结果相近，但与 Fu 等（2022）相差 1 倍左右，这可能是由于采用不同研究方法以及价值评估的侧重点不同等因素综合导致的结果差异。

在评估方法上，研究者对 Meta 分析更倾向于研究由于政治或者科学利益而具有更高价值的湿地（Sun et al, 2018），但这会影响数据的代表性，使湿地价值转移发生偏倚。其次，Meta 分析要求数据库中研究地与政策地的湿地生态系统具有较高的相似性，如湿地规模、社会经济指数等特征相似。不同的研究对象存在时空差异，因此需要根据政策地实际情况对价值转移模型进行调整，此过程中会因为原始数据的缺乏或是湿地自身的异质性而产生误差，如何提升效益转换的精度、减少转移误差，也将是此类研究需要进一步探讨的问题。

12.3.2 湿地生态系统服务价值变化特征

研究表明，海南岛湿地面积在 30 年里发生了剧烈变化，人工湿地增加迅猛，面积占比由 1990 年的 44.88% 增加到 2020 年的 65.52%，面积净增加了 459.94km²，其中水产养殖场、库塘等面积增长最为明显，主要是由于在这期间海南岛库塘建设、水产养殖业发展迅速，大量的非湿地转换为人工湿地；另外也有部分滨海自然湿地转换为人工湿地。自然湿地面积占比则由 1990 年的 55.12% 减少到 2020 年的 34.48%，面积净减少了 55.32km²。湿地面积的变化也将导致湿地生态系统服务价值的协同改变（雷金睿等，2020），1990—2020 年海南岛湿地生态系统服务价值总体表现为递增的变化趋势，研究期间净增加 95.32 亿元，增长率为 41.32%，其中人工湿地增加 109.28 亿元，自然湿地减少13.96亿元。由此可见，海南岛人工湿地面积的增加导致了人工湿地生态服务价值大幅增加，从而使全岛湿地生态系统总服务价值的提升。但从单位面积价值来看，人工湿地的单位面积服务价值要远低于自然湿地，这可能是由于人工湿地在生产养殖的过程中消耗了更多的自然资源，且受人为干扰严重，生态系统稳定性较弱，虽然具有较高的物质生产价值，但在生物多样性维持、涵养水源、气候调节等方面的服务功能远不及自然湿地。因此，未来湿地保护工程的重点应立足于对自然湿地的保护和修复，开展滨海湿地、城市湿地、退化湿地等重点区域湿地恢复和综合治理，严格控制对自然湿地进行过度开发，以减少自然湿地的流失，促进湿地生态系统健康发展，以提升湿地生态系统服务价值向高质量转变。

12.3.3 湿地生态系统服务价值影响因素分析

由Meta回归模型的结果可知，湿地面积是影响湿地单位面积服务价值的重要因素，在其他条件不变的情况下，湿地面积每增加10%，湿地单位面积价值将减少1.26%，由此推测在一定的区间内中小型湿地单位面积服务价值会高于大型湿地，因此在今后的湿地资源管理中应当重视对小微湿地资源的保护。本研究结果也发现社会经济特征与湿地服务价值有显著关联，其中湿地保护力度与湿地单位面积服务价值具有显著负相关，人口密度与湿地单位面积服务价值有显著正相关，这与Sun等（2018）和Eric等（2022）的研究结果相似。通过本研究的模型预测，人口密度每增加10%，湿地单位面积价值约增加1.79%。分析认为一般人口密度较大的地区，其经济发展水平会较高（Güneralp et al，2020），当地人对生活品质的追求更高，主要体现在旅游消费支出增加，对湿地的科研价值和旅游价值的保护意愿会更强烈（Pedersen et al，2019；Song et al，2021），使湿地供给服务价值和文化服务价值显著增加（Wang et al，2019），这也表明对湿地资源进行合理开发，发展湿地旅游也是保障湿地健康安全和可持续利用、推进湿地更好地发挥生态系统服务功能的一种有效方式（Aazami et al，2020；Song et al，2021）。

12.4 本章小结

本章内容通过综合国内外有关湿地生态系统服务价值的63篇实证研究文献，结合相关的地理和社会经济数据，运用Meta分析构建了海南岛湿地生态系统服务价值转移模型，评估了1990年、2000年、2010年和2020年4个时期的海南岛各湿地类型的生态系统服务价值，并对影响湿地生态系统服务价值的因素及有效性进行了探讨。其主要研究结论如下：

（1）1990—2020年海南岛湿地生态系统服务总价值呈递增的趋势，30年间湿地价值共增加了95.32亿元，增长率高达41.32%，其中水产养殖场和库塘总价值增加最多，分别增加了66.55亿元和42.61亿元，相比之下潟湖生态系统服务价值降低了21.91亿元，红树林、盐田等湿地的生态系统服务价值呈现较为稳定的趋势。

（2）2020年海南岛湿地生态系统服务总价值为326.02亿元，其中库塘和水产养殖场服务价值较高，分别为125.25亿元和71.77亿元，盐田服务价值最低，为5.57亿元，各类型湿地生态系统服务单位面积价值由高到低依次为：红树林（38.25万元/hm²）＞河流湿地（25.81万元/hm²）＞潟湖（25.29万元/hm²）＞水产养殖场（24.55万元/hm²）＞库塘（22.66万元/hm²）＞盐田（14.37万元/hm²）。

（3）根据Meta回归模型的结果显示，湿地面积、湿地类型、评估方法、湿地生态系统服务类型、保护力度以及人口密度等要素都是影响湿地单位面积服务价值的重要因素，其中湿地面积、盐田、碳税法、保护力度等变量对湿地价值表现为负效应，而红树林、物质生产、气候调节、保持土壤、旅游休闲、人口密度等变量对湿地价值表现为正效应。

（4）本研究构建的Meta价值转移模型的转移误差为18.82%，小于20%，表明该模型具有较高的有效性。在资源条件受限的情况下，运用Meta分析进行湿地生态系统服务价值的评估是一种较为有效的方法。

主要参考文献

崔丽娟，康晓明，张曼胤，等，2019. 中国滨海湿地生态系统功能及服务评价[M]. 北京：中国林业出版社.

邓楚雄，钟小龙，谢炳庚，等，2019. 洞庭湖区土地生态系统的服务价值时空变化[J]. 地理研究，38(4): 844–855.

付来友，2022. 人类学的价值理论与文化遗产的价值——基于行动与时空的视角[J]. 中南民族大学学报（人文社会科学版），42(4): 92–99+185.

胡晓燕，于法稳，徐湘博，2022. 用效益转移法评估生态系统服务价值：研究进展、挑战及展望[J]. 长江流域资源与环境，31(9): 1963–1974.

雷金睿，陈宗铸，陈小花，等，2020. 1980—2018年海南岛土地利用与生态系统服务价值时空变化[J]. 生态学报，40(14): 4760–4773.

荔琢，蒋卫国，王文杰，等，2019. 基于生态系统服务价值的京津冀城市群湿地主导服务功能研究[J]. 自然资源学报，34(8): 1654–1665.

商慧敏，郗敏，李悦，等，2018. 胶州湾滨海湿地生态系统服务价值变化[J]. 生态学报，38(2): 421–431.

隋磊，赵智杰，金羽，等，2012. 海南岛自然生态系统服务价值动态评估[J]. 资源科学，34(3): 572–580.

孙宝娣，崔丽娟，李伟，等，2018. 湿地生态系统服务价值评估的空间尺度转换研究进展[J]. 生态学报，38(8): 2607–2615.

孙宝娣，2017. 基于尺度转换的辽宁省滨海湿地生态系统服务价值评估[D]. 北京：中国林业科学研究院.

王军，顿耀龙，2015. 土地利用变化对生态系统服务的影响研究综述[J]. 长江流域资源与环境，24(5): 798–808.

王泉泉，王行，张卫国，等，2019. 滇西北高原湿地景观变化与人为、自然因子的相关性[J]. 生态学报，39(2): 726–738.

邹紫荆，曾辉，2021. 基于Meta分析的中国森林生态系统服务价值评估[J]. 生态学报，41(14): 5533–5545.

杨玲, 孔范龙, 郗敏, 等, 2017. 基于Meta分析的青岛市湿地生态系统服务价值评估[J]. 生态学杂志, 36(4): 1038–1046.

张玲, 李小娟, 周德民, 等, 2015. 基于Meta分析的中国湖沼湿地生态系统服务价值转移研究[J]. 生态学报, 35(16): 5507–5517.

张翼然, 周德民, 刘苗, 2015. 中国内陆湿地生态系统服务价值评估——以71个湿地案例点为数据源[J]. 生态学报, 35(13): 4279–4286.

周鹏, 周婷, 彭少麟, 2019. 生态系统服务价值测度模式与方法[J]. 生态学报, 39(15): 5379–5388.

AAZAMI M, SHANAZI K, 2020. Tourism wetlands and rural sustainable livelihood: The case from Iran[J]. Journal of Outdoor Recreation and Tourism, 30: 100284.

BRANDER L M, BRÄUER I, GERDES H, et al, 2012. Using meta-analysis and GIS for value transfer and scaling up: valuing climate change induced losses of European wetlands[J]. Environmental and Resource Economics, 52(3): 395–413.

BROOKSHIRE D S, NEILL H R, 1992. Benefit transfers: conceptual and empirical issues[J]. Water Resources Research, 28(3): 651–655.

BROUWER R, 2000. Environmental value transfer: state of the art and future prospects[J]. Ecological Economics, 32(1): 137–152.

CHAIKUMBUNG M, DOUCOULIAGOS H, SCARBOROUGH H, 2016. The economic value of wetlands in developing countries: a meta-regression analysis[J]. Ecological Economics, 124: 164–174.

DE GROOT R S, STUIP M A M, FINLAYSON C M, et al, 2006. Valuing wetlands: guidance for valuing the benefits derived from wetland ecosystem services[R]. International Water Management Institute.

ERIC A, CHRYSTAL M P, ERIK A, et al, 2022. Evaluating ecosystem services for agricultural wetlands: a systematic review and meta-analysis[J]. Wetlands Ecology and Management, 1–21.

FU J, ZHANG Q, WANG P, et al, 2022. Spatio-temporal changes in ecosystem service value and its coordinated development with economy: a case study in Hainan Province, China[J]. Remote Sensing, 14: 970.

GHERMANDI A, SHEELA A M, JUSTUS J, 2016. Integrating similarity analysis and ecosystem service value transfer: results from a tropical coastal wetland in India[J]. Ecosystem Services, 22: 73–82.

GÜNERALP B, REBA M, HALES B U, et al, 2020. Trends in urban land expansion, density, and land transitions from 1970 to 2010: a global synthesis[J]. Environmental Research Letters, 15(4): 044015.

PEDERSEN E, WEISNER S E B, JOHANSSON M, 2019. Wetland areas' direct contributions to residents' well-being entitle them to high cultural ecosystem values[J]. Science of the Total Environment, 646: 1315–1326.

PEROSA F, FANGER S, ZINGRAFF-HAMED A, et al, 2021. A meta-analysis of the value of ecosystem services of floodplains for the Danube River Basin[J]. Science of the Total Environment, 777: 146062.

READY R, NAVRUD S, 2006. International benefit transfer: methods and validity tests[J]. Ecological Economics, 60(2): 429–434.

RICHARDSON L, LOOMIS J, KROEGER T, et al, 2015. The role of benefit transfer in ecosystem service valuation[J]. Ecological Economics, 115: 51–58.

SONG F, SU F L, MI C X, et al, 2021. Analysis of driving forces on wetland ecosystem services value change: A case in Northeast China[J]. Science of the Total Environment, 751: 141778.

SUN B D, CUI L J, LI W, et al, 2018. A meta-analysis of coastal wetland ecosystem services in Liaoning Province, China[J]. Estuarine, Coastal and Shelf Science, 200: 349–358.

TEOH S H S, SYMES W S, SUN H, et al, 2019. A global meta-analysis of the economic values of provisioning and cultural ecosystem services[J]. Science of the Total Environment, 649: 1293–1298.

WANG J L, ZHOU W Q, PICKETT S T A, et al, 2019. A multiscale analysis of urbanization effects on ecosystem services supply in an urban megaregion[J]. Science of the Total Environment, 662: 824–833.

ZHOU J B, WU J, GONG Y Z, 2020. Valuing wetland ecosystem services based on benefit transfer: a meta-analysis of China wetland studies[J]. Journal of Cleaner Production, 276: 122988.

第13章

湿地生态系统健康评价

生态系统健康评价是生态系统管理的重要内容之一，已成为环境管理和生态系统管理的新目标。将生态学、健康学、社会经济学纳入生态系统健康框架，探讨生态系统结构的现状和演变以及不健康症状的发生机制，提出生态系统调控措施，促进生态系统的良性循环和健康发展，从而实现区域经济社会和生态环境的可持续发展，均具有重要的理论和实践意义。湿地生态系统健康评价一直是湿地研究的热点，对湿地生态系统健康进行有效评价是开展湿地资源保护与修复的重要前提和基础，最终目的是退化湿地的恢复和管理，并实现湿地健康的可持续性（陈展等，2009），更好地服务于人类福祉（MA，2005）。

目前，生态系统健康评价方法主要有指示物种法和指标体系法（彭涛等，2014；高静湉等，2017；钱逸凡等，2019）。指标体系法根据生态系统的特征及其功能建立指标体系，进行定量评价，是近些年来生态系统健康评价的主要方法。国外比较成熟的是美国环保署（EPA）提出的景观评估、快速评估和集中现场评估3个层次的湿地健康评价方法（Reiss and Brown，2007），并确立相应的评价指标体系。国内对湿地生态系统健康评价方面的研究起步相对较晚，如吴春莹等（2017）通过构建水环境、土壤、生物、景观和社会5方面共13个指标的北京市重要湿地生态系统健康体系，对野鸭湖湿地、汉石桥湿地和密云水库开展了湿地健康评价；高静湉等（2017）基于"压力-状态-响应"（PSR）模型和层次分析法构建评价指标体系开展了包头南海湿地生态系统的健康评价；徐浩田等（2017）基于PSR模型对凌河口湿地5个时期的生态系统健康开展评价，并建立预测模型和预警机制；孙雪等（2019）同样采用PSR模型和层次分析法对海河南系子牙河流域的湿地生态系统健康开展评价研究；王富强等（2019）基于PSR模型和模糊数学理论、层次分析法对黄河三角洲刁口河尾闾湿地进行了生态系统健康评价；王贺年等（2019）采用从PSR模型改进而来的"驱动力-压力-状态-影响-响应"（DPSIR）模型，并结合模糊综合评价法对衡水湖湿地的生态环境质量进行评价。综合国内外有关研究，学者们大多采用PSR、DPSIR等模型和层次分析法进行湿地生态系统健康评价，但尚未形成一套统一的湿地生态系统健康综合评价体系（王贺年等，2019；李楠等，2019）。

海南省是21世纪中国海上丝绸之路的重要战略支点，其地理位置独特，地貌类型多样，其拥有的湿地资源是海南省发展的优势资源。2016年11月，国务院办公厅印发了《湿地保护修复制度方案》。2017年9月，海南省人民政府办公厅也印发了《海南省湿地保护修复制度实施方案》，明确提出"制定湿地生态状况评定标准，完善湿地生态系统健康评价指标体系""制定海南省湿地资源调查、监测、评价等技术规程或标准，湿地监测站点覆盖省级以上重要湿地"。为此，本章内容将探索构建湿地生态系统健康评价指标体系，以海南岛五源河、美舍河、东寨港、响水河、潭丰洋、三十六曲溪、铁炉溪、南丽湖8处典型重要湿地为评价对象，综合评价分析湿地生态系统的健康状况，以为海南省湿地生态状况评定标准制定、湿地资源保护与修复管理决策提供重要参考和科学依据。

13.1 | 研究方法

湿地生态系统是自然–经济–社会复合系统（崔保山和杨志峰，2002），湿地生态系统健康评价是一项综合的系统工程，其评价指标体系需要多学科的交叉合作，从生态系统健康的内涵出发，考虑湿地的自然属性，搭建一个明晰的系统模型来表述其内部指标的相互关系和层次结构（劳燕玲，2013）。

"压力–状态–响应"（Press–State–Response，PSR）模型是联合国经济合作与开发组织建立的一项反映可持续发展机理的概念框架（OECD，1998），该模型从社会经济与环境有机统一的观点出发，可精确地反映生态系统健康的自然、经济、社会因素间的关系，为生态系统健康指标构建提供一种逻辑基础，因而被广泛承认和使用，是国内开展湿地生态系统健康评价常用的概念模型。

13.1.1　评价体系构建

本研究依托"压力–状态–响应"（PSR）框架模型，根据湿地生态系统健康评价和管理的目的，并参考相关评价模型（崔保山和杨志峰，2002），对评价指标体系进行选择和构建。再经过专家层层筛选后，选取出具有一定代表性、科学性的31个评价指标，构建起以压力、状态、响应3个准则层的综合评价指标体系（表13-1）：最高层是最终目标层（A），第二层是对目标判别的准则层（B），第三层为因素层（C），第四层则是用于度量的评价指标层（D）。

具体指标则是依据PSR框架模型中压力、状态、响应作为准则的不同方面的特征和意义来确定的（劳燕玲，2013）。其中，压力系统（P）用资源、环境污染和人文社会指标反映，显示自然过程或人类活动给湿地生态系统健康所带来的影响与胁迫，包括人口经济、区域开发利用以及自然威胁等方面；状态系统（S）指湿地生态系统健康目前所处的一个状态或者趋势，包括水质、土壤、气候状况以及生物多样性、景观多样性等方面；响应系统（R）包括政府、企业、社会或个人为了停止、减缓、预防或恢复不利于人类生存与发展的环境变化而采取的措施，如管理、法规、技术的革新，以及环境意识的宣传教育等方面。在构建指标选取上，尽可能避免指标间信息冗余的现象，以增强湿地评价指标的科学性和实用性。

表13-1　海南省湿地生态系统健康评价指标体系和指标含义

目标层A	准则层B	因素层C	指标层D	数据来源	正向/负向	指标解释及计算方法
海南省湿地生态系统健康综合评价体系（A）	压力（B₁）	人口经济（C₁）	人口密度	统计数据（定量）	负向	是指单位面积土地上居住的人口数，表示区域人口的密集程度的指标
			人均GDP	统计数据（定量）	负向	反映研究区的经济发展水平
		开发利用（C₂）	土地利用强度	遥感数据（定量）	负向	表示区域内包括湿地、林地、耕地、草地、建设用地等土地利用类型的强度指数，根据庄大方和刘纪远（1997）提出的方法计算
			区域开发指数	遥感数据（定量）	负向	指区域内建设用地占区域总面积的比例，表征该区域的社会发展压力
			养殖规模	调查与统计数据（定量）	负向	表征区域内养殖程度，养殖程度越高，对生态系统带来的压力越大
		自然威胁（C₃）	湿地退化面积比	遥感数据（定量）	负向	表示区域内现有湿地面积内近5年湿地面积变化值所占湿地面积现值的比例
			污水排放	调查问卷（定性与定量）	负向	表示区域内的城市工业污水、生活污水等排放情况
			外来物种入侵度	调查问卷（定性与定量）	负向	表示外来入侵物种的危害程度
	状态（B₂）	水环境（C₄）	水体pH	检测数据（定量）	适度	表示水体的酸碱性强弱程度指数
			总有机碳	检测数据（定量）	负向	指水体中溶解性和悬浮性有机物含碳的总量，常以"TOC"表示，能完全反映有机物对水体的污染程度
			溶解性总固体	检测数据（定量）	负向	指水中溶解组分的总量，包括溶解于水中的各种离子、分子、化合物的总量，但不包括悬浮物和溶解气体。常用"TDS"表示

（续）

目标层A	准则层B	因素层C	指标层D	数据来源	正向/负向	指标解释及计算方法
海南省湿地生态系统健康综合评价体系(A)	状态（B_2）	土壤环境（C_5）	土壤pH	检测数据（定量）	适度	表示土壤的酸碱性强弱程度指数
			土壤含水率	检测数据（定量）	正向	是指土壤中所含水分的数量。一般是指土壤绝对含水量，即100g烘干土中含有若干克水分
			土壤重金属含量	检测数据（定量）	负向	表示土壤中所含重金属的总量
			土壤有机质	检测数据（定量）	正向	是指存在于土壤中所有含碳的有机物质
		气候状况（C_6）	年均气温	统计数据（定量）	适度	是指全年各日的日平均气温的算术平均值
			年均降水量	统计数据（定量）	正向	是指某地多年降雨量总和除以年数得到的均值，或某地多个观测点测得的年降雨量均值
		生物多样性（C_7）	植物多样性	调查数据（定量）	正向	表示区域内植物物种的数量
			动物物种多样性	调查数据（定量）	正向	表示区域内鸟类、鱼类和哺乳类等动物物种的数量
			关键物种活力	调查数据（定量）	正向	表示区域内保护物种、关键物种占区域物种的比例与分布情况
		景观多样性（C_8）	湿地面积占比	遥感数据（定量）	正向	表示为湿地面积占区域总面积的比值
			NDVI平均值	遥感数据（定量）	正向	表示为区域内归一化植被指数（$NDVI$）的平均值。计算公式为$NDVI=(NIR-R)/(NIR+R)$，其中NIR表示近红外波段，R表示可见光红波段
			景观多样性	遥感数据（定量）	正向	表示用来度量生态系统结构组成复杂程度的指数。计算公式为$H=-\sum_{i=1}^{n}P_i\ln P_i$，其中$P_i$为类型$i$在整个景观中所占的比例，$n$为景观中斑块数量
			景观破碎度	遥感数据（定量）	负向	用景观斑块数量来表示，反映该生态系统受干扰程度的指数
	响应（B_3）	湿地管理（C_9）	湿地管理机构健全程度	调查问卷（定性与定量）	正向	表示湿地管理机构和管理人员、技术人员的健全程度
			基础设施建设	调查问卷（定性与定量）	正向	表示湿地管理站、道路系统、监测设施等基础设施建设情况

（续）

目标层A	准则层B	因素层C	指标层D	数据来源	正向/负向	指标解释及计算方法
海南省湿地生态系统健康综合评价体系（A）	响应（B₃）	湿地保护（C₁₀）	湿地恢复工程实施度	调查问卷（定性与定量）	正向	表示受损湿地恢复工程的实施情况
			污水处理率	调查问卷（定性与定量）	正向	表示为城市污水的处理比例，反映排放的生活污水污染源强度，能直接或间接地表示湿地生物多样性的影响大小
			专门湿地法规完善程度	调查问卷（定性与定量）	正向	表示针对该区域湿地的法律制定与实施情况
		湿地宣教（C₁₁）	社会宣传	调查问卷（定性与定量）	正向	表示利用网页、宣传资料等手段的公众宣传程度
			公众对湿地重视程度	调查问卷（定性与定量）	正向	表示通过自然教育、旅游活动影响、科研投入等方面提高湿地保护意识的程度

13.1.2　数据来源及标准化

根据评价指标，海南省湿地生态系统健康评价体系的数据来源主要有5个渠道：①统计数据，主要依靠海南省统计年鉴和地方统计年鉴获取指标数据；②遥感数据，以评价对象在同一年度下的遥感影像采取人工解译的方法获取空间数据，并依据相应的公式计算获取指标数据；③调查数据，主要为动物、植物的多样性调查，依据《全国湿地资源调查与监测技术规程》中的调查方法开展，并依据相应的生物多样性公式计算获取指标数据；④检测数据，每个评价对象需分别采集不少于3份的地表水和土壤检测样本，由具有专业资质的检测机构进行化验分析获取相关数据，最终取检测指标平均值；⑤调查问卷，以调查问卷的方式获取数据的指标，采用0～100分制通过同行专家打分后取平均值。

为了有效地消除不同指标量纲和数量级差异的影响，便于综合对比评价，本研究采用最常用的数据量纲规范方法——极差标准化法。该方法变换式简便且特性优良，是当前多指标评价最常用的一种规范化方法（李悦等，2019；Ma et al，2019）。计算公式分别为：

（1）正向指标 $X'_{ij} = \dfrac{X_{ij} - \min X_{ij}}{\max X_{ij} - \min X_{ij}}$

（2）负向指标 $X'_{ij} = \dfrac{\max X_{ij} - X_{ij}}{\max X_{ij} - \min X_{ij}}$

$$（3）适度指标\begin{cases} \dfrac{a-X_{ij}}{a-\min X_{ij}} & X_{ij}<a \\ 1 & a<X_{ij}<b \\ \dfrac{X_{ij}-b}{\max X_{ij}-b} & X_{ij}>b \end{cases}，其中[a,b]是指标X_{ij}的最优范围。$$

式中：X'_{ij} 为指标标准化分值；X_{ij} 为原始指标值；$\max X_{ij}$、$\min X_{ij}$ 为原始指标中的最大值和最小值。

13.1.3　指标权重值计算

指标权重确定的主要方法有主观赋权法和客观赋权法，这两种方法有各自优缺点和侧重点。主观赋权方法主要有专家评判法和层次分析法等。其中层次分析法逻辑性比较强，能很好地表示指标间的数值对比，系统性强，算式较复杂，但容易实现软件操作。对于那些因素复杂的系统或者评价对象，往往能够得到比较满意的结果，但同时也存在主观判断性较强的不足。通过对各种方法进行分析比较，本研究采用层次分析法来求取湿地生态系统健康评价体系指标权重。

层次分析法（Analytic Hierarchy Process，AHP）是 1977 年由美国运筹学家托马斯·萨迪（Thomas L Saaty）提出的一种多目标决策分析方法，它依据数学模型将评价体系从定性向定量过渡，具备诸多优点，在生态评价中运用广泛（雷金睿等，2016；高静滟等，2017；吴春莹等，2017；钱逸凡等，2019；李悦等，2019）。

13.1.3.1　构建判断矩阵

邀请 20 名相关领域测试者（高校教师和研究生、科研人员以及公园管理者各 5 名），采用层次分析法 1～9 比例标度，对海南省湿地生态系统健康评价体系中同一层次下的评价指标通过两两对比建立判断矩阵（表 13-2 和表 13-3）。

表 13-2　层次分析法判断矩阵构建

A	B_1	B_2	B_3	$\cdots$	B_n
B_1	a_{11}	a_{12}	a_{13}	$\cdots$	a_{1n}
B_2	a_{21}	a_{22}	a_{23}	$\cdots$	a_{2n}
B_3	a_{31}	a_{32}	a_{33}	$\cdots$	a_{3n}
$\cdots$	$\cdots$	$\cdots$	$\cdots$	a_{II}	$\cdots$
B_n	a_{n1}	a_{n2}	a_{n3}	$\cdots$	a_{nn}

注：矩阵中 a_{ij} 为两个因子（a_i 和 a_j）的相对重要比例标度，任何判断矩阵都应满足 $a_{ii}=1$，$a_{ij}=1/a_{ji}$。

表13-3　因子对比时重要性等级及其赋值

序号	重要性等级	a_{ij}赋值	序号	重要性等级	a_{ij}赋值
1	i，j两因子同样重要	1	6	i因子比j因子稍不重要	1/3
2	i因子比j因子稍重要	3	7	i因子比j因子明显不重要	1/5
3	i因子比j因子明显重要	5	8	i因子比j因子强烈不重要	1/7
4	i因子比j因子强烈重要	7	9	i因子比j因子极端不重要	1/9
5	i因子比j因子极端重要	9			

注：在上述两相邻判断的中间值时，a_{ij}可赋值2、4、6、8、1/2、1/4、1/6、1/8。

13.1.3.2　一致性检验

为了确保专家主观评价的精确度，消除指标两两对比时产生的误差，有必要对其判断矩阵作一致性检验。计算公式为：

$$CI = \frac{\sum_{i=2}^{n} \lambda_i}{n-1} = \frac{\lambda_{\max} - n}{n-1}$$

式中：n为判断矩阵阶数；$\lambda_{\max}$为判断矩阵最大特征值。

判断矩阵通过检验的条件是$CR=CI/RI<0.10$；若$CR=CI/RI\geqslant0.10$，则需要进行调整，直到满足条件为止。其中随机一致性指标的RI取值见表13-4。

表13-4　一致性指标RI值

阶数	1	2	3	4	5	6	7	8	9	10	11
RI值	0	0	0.58	0.96	1.12	1.24	1.32	1.41	1.45	1.49	1.52

13.1.3.3　指标权重计算

指标权重的计算原理是采用公式：

$$W_i = \frac{\sqrt[n]{\prod_{j=1}^{n} a_{ij}}}{\sum_{k=1}^{n} \sqrt[n]{\prod_{j=1}^{n} a_{kj}}}$$

式中：W_i为指标权重；i、j、k为1，2，3，…，n；a_{ij}为两个因子相对重要比例标度。本研究采用yaahp层次分析法软件V12.0软件计算各指标权重值。

13.1.4　综合指数计算

综合指数法具有综合性、整体性和层次性好，计算简便等优点，结合各项指标得分及权重（徐浩田等，2017），得到不同湿地生态系统健康的综合指数CEI。计算公式为：

$$CEI = \sum_{i=1}^{N}(W_i \times X_i)$$

式中：*CEI* 为综合指数；X_i 为指标标准化分值；W_i 为指标权重值；*N* 为指标数量。

13.1.5 生态系统健康等级划分

海南省湿地生态系统健康评价等级划分参考崔保山和杨志峰（2002）提出的健康评价标准，并结合前人学者的众多研究（劳燕玲，2013；孙才志和陈富强，2007；李悦等，2018），将湿地生态系统健康评价等级划分为5个等级，分别为：很健康、健康、临界健康、不健康和病态（表13-5）。

表13-5 湿地生态系统健康等级划分标准

健康等级	综合指数	等级特征
很健康	0.8~1.0	湿地保持健康的自然状态，结构完整，生态系统活力极强，生态功能完善，外界压力很小，生态系统主要服务功能发挥正常
健康	0.6~0.8	湿地保持较好的健康状态，组织结构比较合理，生态功能比较完善，生态系统活力较强，外界影响和胁迫比较小，生态系统服务功能较完善
临界健康	0.4~0.6	湿地生态受到一定的改变，整体结构比较完整，但部分功能退化，外界影响和压力较大，对外部环境影响敏感，接近湿地生态阈值，生态系统可维持
不健康	0.2~0.4	湿地生态受到相当破坏，景观出现了破碎，组织结构出现缺陷，受环境污染、人为破坏和不合理开发等外界压力大，湿地生态系统服务功能已开始退化，系统不稳定
病态	0~0.2	湿地生态受到严重破坏，结构不合理，生态功能基本消失，湿地斑块破碎化严重，生态恢复与重建非常困难，环境问题严重，湿地生态系统主要服务功能大部分丧失

13.2 结果与分析

13.2.1 湿地评价指标数据标准化

由于湿地生态系统健康评价体系各个评价指标值的单位不一、量纲不同，不能进行直接运算和比较，因此需要根据它们对湿地生态系统质量影响的大小分级，把指标值进行标准化处理后才能使用，如采用调查问卷方式获取的指标数据，其指标分值一般设定为0~100分。为了简便、明确和易于计算，需要先将其原始指标值进行归一化处理，得到了标准化指标值，再进行生态系统健康评价计算与分析。因此需要对本研究中选取的31个指标值进行量纲统一，在量纲化过程中，取值设定在0~1，评价指标标准化见表13-6。

表13-6　湿地生态系统健康评价指标标准化

准则	指标	代码	五源河	美舍河	东寨港	响水河	潭丰洋	三十六曲溪	铁炉溪	南丽湖
压力	人口密度	D1	0.65	0.05	0.40	0.46	0.00	0.81	0.80	1.00
	人均GDP	D2	0.76	0.39	0.72	0.58	0.00	0.96	0.95	1.00
	土地利用强度	D3	0.86	0.69	1.00	0.46	0.00	0.60	0.83	0.59
	建设用地面积占比	D4	0.80	0.00	1.00	0.08	0.77	0.84	0.75	0.39
	养殖规模	D5	0.83	0.67	1.00	0.33	0.00	0.50	0.33	1.00
	湿地退化面积比率	D6	1.00	0.09	0.05	0.15	0.16	0.00	0.16	0.09
	污水排放	D7	1.00	0.75	0.50	0.50	0.00	0.50	0.50	0.75
	外来物种入侵度	D8	0.00	0.25	0.63	0.25	0.69	0.44	1.00	0.81
状态	水体pH	D9	1.00	1.00	1.00	1.00	1.00	1.00	1.00	1.00
	总有机碳	D10	1.00	0.86	0.68	0.74	0.88	0.93	0.61	0.00
	溶解性总固体	D11	0.78	0.00	0.65	0.18	0.34	0.75	1.00	0.36
	土壤pH	D12	1.00	1.00	1.00	1.00	1.00	1.00	1.00	1.00
	土壤含水率	D13	0.00	0.46	0.69	0.32	0.03	1.00	0.08	0.21
	土壤重金属含量	D14	0.88	0.50	0.25	0.50	1.00	1.00	0.42	0.75
	土壤有机质	D15	0.66	0.30	1.00	0.42	0.29	0.27	0.39	0.00
	年均气温	D16	1.00	1.00	1.00	1.00	1.00	1.00	1.00	1.00
	年均降水量	D17	0.24	0.18	0.00	0.17	0.57	0.40	0.62	1.00
	植物物种多样性	D18	0.84	1.00	0.33	0.77	0.80	0.23	0.00	0.22
	动物物种多样性	D19	0.60	0.36	1.00	0.19	0.00	0.23	0.15	0.20
	关键物种活力	D20	0.50	1.00	0.75	0.25	0.50	0.25	0.25	0.00
	湿地面积占比	D21	0.85	0.39	1.00	0.20	0.00	0.96	0.72	0.17
	NDVI平均值	D22	0.17	0.84	0.00	1.00	0.89	0.13	0.29	0.81
	景观多样性	D23	0.37	0.71	0.00	1.00	0.79	0.36	0.55	0.59
	景观破碎度	D24	0.80	1.00	0.00	0.42	0.17	0.67	0.22	0.74
响应	湿地管理机构健全程度	D25	0.67	0.67	1.00	0.00	0.00	0.00	0.00	0.33
	基础设施建设	D26	0.60	0.83	1.00	0.33	0.50	0.00	0.17	0.67
	湿地恢复工程实施度	D27	0.67	0.83	1.00	0.17	0.17	0.00	0.00	0.50
	污水处理率	D28	0.73	1.00	0.67	0.27	0.80	0.00	0.00	0.67
	专门湿地法规完善程度	D29	0.71	0.86	1.00	0.29	0.29	0.00	0.00	0.86
	社会宣传	D30	0.57	0.86	1.00	0.14	0.29	0.00	0.00	0.57
	公众对湿地重视程度	D31	0.57	0.86	1.00	0.29	0.57	0.00	0.00	0.51

13.2.2 评价指标权重确定

根据海南省重要湿地生态功能的具体特点，将各个评价指标的赋分标准通过专家咨询，再利用yaahp层次分析法软件V12.0进行数据统计运算，并将没有达到一致性的数据通过专家回访调整比较判断矩阵，使之满足一致性检验，得出总目标层判断矩阵（表13-7）。

表13-7 总目标层（A）判断矩阵

A	压力（B_1）	状态（B_2）	响应（B_3）	W_i
压力（B_1）	1.0000	0.5000	2.0000	0.3108
状态（B_2）	2.0000	1.0000	2.0000	0.4934
响应（B_3）	0.5000	0.5000	1.0000	0.1958

注：λ_{max} 为3.0536，$CR=0.0516<0.1$，判断该矩阵满足一致性检验。

接着分别对准则层、因素层和指标层构造出判断矩阵（表13-8～表13-21）。各层次中因子的权重计算，可归结为计算判断矩阵的特征值，整理并检验，最终得到各层权重结果。

表13-8 压力层（B_1）判断矩阵

压力（B_1）	人口经济（C_1）	开发利用（C_2）	自然威胁（C_3）	W_i
人口经济（C_1）	1.0000	0.5000	2.0000	0.2970
开发利用（C_2）	2.0000	1.0000	3.0000	0.5396
自然威胁（C_3）	0.5000	0.3333	1.0000	0.1634

注：λ_{max} 为3.0092，$CR=0.0088<0.1$，判断该矩阵满足一致性检验。

表13-9 状态层（B_2）判断矩阵

状态（B_2）	水环境（C_4）	土壤环境（C_5）	气候状况（C_6）	生物多样性（C_7）	景观多样性（C_8）	W_i
水环境（C_4）	1.0000	1.0000	2.0000	0.5000	0.3333	0.1387
土壤环境（C_5）	1.0000	1.0000	2.0000	0.5000	0.3333	0.1387
气候状况（C_6）	0.5000	0.5000	1.0000	0.3333	0.2500	0.0797
生物多样性（C_7）	2.0000	2.0000	3.0000	1.0000	4.0000	0.3748
景观多样性（C_8）	3.0000	3.0000	4.0000	0.2500	1.0000	0.2681

注：λ_{max} 为5.4121，$CR=0.0920<0.1$，判断该矩阵满足一致性检验。

表 13-10　响应层（B₃）判断矩阵

响应（B₃）	湿地管理（C₉）	湿地保护（C₁₀）	湿地宣教（C₁₁）	Wᵢ
湿地管理（C₉）	1.0000	3.0000	5.0000	0.6267
湿地保护（C₁₀）	0.3333	1.0000	4.0000	0.2797
湿地宣教（C₁₁）	0.2000	0.2500	1.0000	0.0936

注：λ_{max} 为 3.0858，$CR=0.0825<0.1$，判断该矩阵满足一致性检验。

表 13-11　人口经济（C₁）判断矩阵

人口经济（C₁）	人口密度	人均GDP	Wᵢ
人口密度	1.0000	1.0000	0.5000
人均GDP	1.0000	1.0000	0.5000

注：λ_{max} 为 2.0000，$CR=0.0000<0.1$，判断该矩阵满足一致性检验。

表 13-12　开发利用（C₂）判断矩阵

开发利用（C₂）	土地利用强度	建设用地面积占比	养殖规模	Wᵢ
土地利用强度	1.0000	0.5000	3.0000	0.3196
建设用地面积占比	2.0000	1.0000	4.0000	0.5584
养殖规模	0.3333	0.2500	1.0000	0.1220

注：λ_{max} 为 3.0183，$CR=0.0176<0.1$，判断该矩阵满足一致性检验。

表 13-13　自然威胁（C₃）判断矩阵

自然威胁（C₃）	湿地退化面积比率	污水排放	外来物种入侵度	Wᵢ
湿地退化面积比率	1.0000	0.3333	2.0000	0.2385
污水排放	3.0000	1.0000	4.0000	0.6250
外来物种入侵度	0.5000	0.2500	1.0000	0.1365

注：λ_{max} 为 3.0183，$CR=0.0176<0.1$，判断该矩阵满足一致性检验。

表 13-14　水环境（C₄）判断矩阵

水环境（C₄）	水体pH	总有机碳	溶解性总固体	Wᵢ
水体pH	1.0000	2.0000	0.5000	0.2970
总有机碳	0.5000	1.0000	0.3333	0.1634
溶解性总固体	2.0000	3.0000	1.0000	0.5396

注：λ_{max} 为 3.0092，$CR=0.0088<0.1$，判断该矩阵满足一致性检验。

204

表13-15 土壤环境（C₅）判断矩阵

土壤环境（C₅）	土壤pH	土壤含水率	土壤重金属含量	土壤有机质	W_i
土壤pH	1.0000	2.0000	1.0000	0.3333	0.2029
土壤含水率	0.5000	1.0000	0.5000	0.2500	0.1123
土壤重金属含量	1.0000	2.0000	1.0000	1.0000	0.2670
土壤有机质	3.0000	4.0000	1.0000	1.0000	0.4179

注：λ_{max}为4.1171，$CR=0.0439<0.1$，判断该矩阵满足一致性检验。

表13-16 气候环境（C₆）判断矩阵

气候状况（C6）	年均气温	年均降水量	W_i
年均气温	1.0000	0.3333	0.2500
年均降水量	3.0000	1.0000	0.7500

注：λ_{max}为2.0000，$CR=0.0000<0.1$，判断该矩阵满足一致性检验。

表13-17 生物多样性（C₇）判断矩阵

生物多样性（C₇）	植物多样性	动物多样性	关键物种活力	W_i
植物多样性	1.0000	2.0000	0.5000	0.2970
动物多样性	0.5000	1.0000	0.3333	0.1634
关键物种活力	2.0000	3.0000	1.0000	0.5396

注：λ_{max}为3.0092，$CR=0.0088<0.1$，判断该矩阵满足一致性检验。

表13-18 景观多样性（C₈）判断矩阵

景观多样性（C₈）	湿地面积占比	NDVI平均值	景观多样性	景观破碎度	W_i
湿地面积占比	1.0000	2.0000	3.0000	2.0000	0.4326
NDVI平均值	0.5000	1.0000	1.0000	1.0000	0.1954
景观多样性	0.3333	1.0000	1.0000	1.0000	0.1766
景观破碎度	0.5000	1.0000	1.0000	1.0000	0.1954

注：λ_{max}为4.0206，$CR=0.0077<0.1$，判断该矩阵满足一致性检验。

表13-19 湿地管理（C₉）判断矩阵

湿地管理（C₉）	湿地管理机构健全程度	基础设施建设	W_i
湿地管理机构健全程度	1.0000	3.0000	0.7500
基础设施建设	0.3333	1.0000	0.2500

注：λ_{max}为2.0000，$CR=0.0000<0.1$，判断该矩阵满足一致性检验。

表13-20 湿地保护（C_{10}）判断矩阵

湿地保护（C_{10}）	湿地恢复工程实施度	污水处理率	专门的湿地法规完善程度	W_i
湿地恢复工程实施度	1.0000	1.0000	2.0000	0.3874
污水处理率	1.0000	1.000	3.0000	0.4434
专门的湿地法规完善程度	0.5000	0.3333	1.0000	0.1692

注：λ_{max} 为3.0183，CR=0.0176＜0.1，判断该矩阵满足一致性检验。

表13-21 湿地宣教（C_{11}）判断矩阵

湿地宣教（C11）	社会宣传	公众对湿地重视程度	W_i
社会宣传	1.0000	1.0000	0.5000
公众对湿地重视程度	1.0000	1.0000	0.5000

注：λ_{max} 为2.0000，CR=0.0000＜0.1，判断该矩阵满足一致性检验。

根据以上计算过程，采用层次分析法（AHP）两两比较建立判断矩阵确定各指标的权重值，其权重判断矩阵A—B、B—C、C—D的一致性比率值均小于0.10，通过一致性检验，表明权重分布合理，最终得到海南省湿地生态系统健康评价指标体系的权重分配表（表13-22）。

在评价体系中各指标的权重值不尽相同，反映出各指标本身在湿地生态系统健康评价过程中不同的重要性，权重值越大，影响就越大。其中，准则层的影响程度大小依次为状态层（0.4934）＞压力层（0.3108）＞响应层（0.1958），这表明湿地承受的压力和湿地本身状态对湿地生态环境的影响要大于人类响应对湿地生态环境的影响，同时也说明如需恢复湿地生态被破坏后造成的压力和损失，需要人类付出更多的代价。因此，保护湿地生态环境应该首先摆脱"先污染、后治理"的落后观念，树立"预防为主、治理为辅"的湿地保护理念。从压力层看，人口增长和经济开发建设等因素是海南省湿地共同面临的主要压力来源；从状态层看，生物多样性和景观多样性因素占比最重，对湿地生态环境的影响较大；从响应层看，湿地整体管理水平对湿地生态环境的影响较大，此外污水处理、湿地恢复工程等有关湿地保护因素也占有重要的作用。

从因素层指标权重来看，影响最大的因素层指标为生物多样性，权重为0.1849；其次是开发利用，权重为0.1677；再次是景观多样性，权重为0.1323。各指标层中与湿地生态系统健康关联度较大的指标为关键物种活力（0.0998）、建设用地面积占比（0.0936）和湿地管理机构健全程度（0.0920）。湿地生物多样性是维持湿地生态系统稳定性的关键，而景观多样性指数能直接反映出湿地生境现状，湿地生境质量则直接影响其湿地的抗外界干扰和自我修复能力，因此这两项因素指标的权重占比很大；此外，过度的社会开发利用活动必然会威胁到湿地生态环境的健康状况，因此其权重值也较大。各项指标权重值分布基本符合海南省典型湿地区域的自然、经济和社会条件实际情况。

表13-22　海南省湿地生态系统健康评价体系各指标权重分配表

准则	权重值	因素	权重值	评价指标	综合权重
压力	0.3108	人口经济C_1	0.0923	人口密度	0.0462
				人均GDP	0.0462
		开发利用C_2	0.1677	土地利用强度	0.0536
				建设用地面积占比	0.0936
				养殖规模	0.0205
		自然威胁C_3	0.0508	湿地退化面积比率	0.0121
				污水排放	0.0317
				外来物种入侵度	0.0069
状态	0.4934	水环境C_4	0.0684	水体pH	0.0203
				总有机碳	0.0112
				溶解性总固体	0.0369
		土壤环境C_5	0.0684	土壤pH	0.0139
				土壤含水率	0.0077
				土壤重金属含量	0.0183
				土壤有机质	0.0286
		气候状况C_6	0.0393	年均气温	0.0098
				年均降水量	0.0295
		生物多样性C_7	0.1849	植物物种多样性	0.0549
				动物多样性	0.0302
				关键物种活力	0.0998
		景观多样性C_8	0.1323	湿地面积占比	0.0572
				NDVI平均值	0.0258
				景观多样性	0.0234
				景观破碎度	0.0258
响应	0.1958	湿地管理C_9	0.1227	湿地管理机构健全程度	0.0920
				基础设施建设	0.0307
		湿地保护C_{10}	0.0548	湿地恢复工程实施度	0.0212
				污水处理率	0.0243
				专门湿地法规完善程度	0.0093
		湿地宣教C_{11}	0.0183	社会宣传	0.0092
				公众对湿地重视程度	0.0092

13.2.3　湿地生态系统健康评价

13.2.3.1　总体状况

由表13-23可知，海南省各典型湿地生态系统健康状况综合指数CEI值排序依次为：东寨港（0.748）＞五源河（0.699）＞美舍河（0.556）＞南丽湖（0.491）＞三十六曲溪（0.460）＞铁炉溪（0.454）＞潭丰洋（0.378）＞响水河（0.365），各湿地综合指数CEI的平均值为0.519，处于临界健康水平，这表明湿地生态系统健康状况总体较为脆弱，部分功能有所退化。

其中，东寨港和五源河湿地生态系统健康状况为健康水平，说明其湿地生态环境较少受到破坏，组织结构较完整，生态功能较为完善，生态系统活力比较强，外界影响和胁迫比较小，湿地拥有较好的自我恢复能力。响水河和潭丰洋湿地生态系统健康状况为不健康水平，说明其湿地生态环境受到极大破坏，生态系统结构破坏较大，生态景观出现破碎，生态功能产生了较大的退化，生态问题和生态灾害较多，受外界干扰后较难恢复，湿地生态系统处于不稳定状态。而美舍河、南丽湖、三十六曲溪和铁炉溪湿地生态系统健康状况均处于临界健康水平，说明其湿地整体环境处于安全边缘，景观状态发生了一定变化，整体结构仍保持较完整状态，生态功能开始产生退化现象，外界影响和压力较大，对外部环境影响敏感，接近生态阈值，生态灾害时有发生，湿地生态系统尚处于稳定状态，但抗干扰能力低下，一旦受到外界破坏则容易产生生态环境持续恶化。

表13-23　海南省重要湿地生态系统健康评价结果

指标	五源河	美舍河	东寨港	响水河	潭丰洋	三十六曲溪	铁炉溪	南丽湖
压力层	0.247	0.098	0.240	0.106	0.079	0.222	0.227	0.212
状态层	0.322	0.306	0.321	0.232	0.250	0.238	0.222	0.184
响应层	0.129	0.153	0.188	0.027	0.049	0.000	0.005	0.096
综合指数	0.699	0.556	0.748	0.365	0.378	0.460	0.454	0.491
安全等级	健康	临界健康	健康	不健康	不健康	临界健康	临界健康	临界健康

13.2.3.2　压力分析

各湿地压力层指标生态评价指数结合图13-1和图13-2分析表明，湿地压力层指数排序为五源河＞东寨港＞铁炉溪＞三十六曲溪＞南丽湖＞响水河＞美舍河＞潭丰洋，其中五源河、东寨港面临的湿地生态压力最小，而美舍河、潭丰洋的湿地生态压力最大。从压力层各指标指数来看，建设用地面积占比和土地利用强度是所有湿地共同面临的主要压力来源，同时人口密度、人均GDP、污水排放以及养殖规模所带来的压力也较大，而外来物种入侵度对压力层指数贡献相对较小。可见，城市化进程加快和城

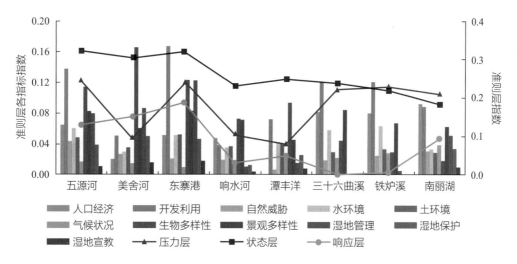

图13-1 各湿地公园压力-状态-响应层综合评价图

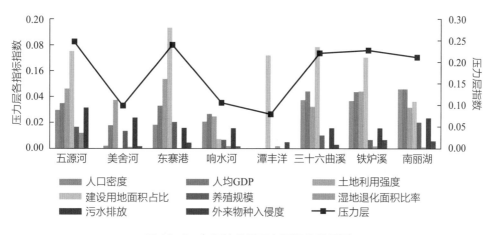

图13-2 各湿地公园压力层评价结果图

市扩张是影响海南省各典型湿地压力变化的主要人为因素。但是，各湿地的压力层指标贡献程度均存在一定差异，其中响水河湿地的生态压力主要来自人口密度、外来物种入侵和建设用地面积占比；五源河湿地的生态压力主要来自外来物种入侵；东寨港位于海口市东部，拥有我国面积最大的红树林湿地，其生态压力主要来自湿地退化面积比率；美舍河湿地公园因穿越海口市中心城区，其生态压力主要来自人口密度、人均GDP和建设用地面积占比；潭丰洋湿地的生态压力主要来自养殖规模和污水排放；三十六曲溪和铁炉溪湿地的生态压力主要来自湿地退化面积比率和养殖规模；南丽湖湿地的生态压力则主要来自湿地退化面积比率和建设用地面积占比。

13.2.3.3 状态分析

各湿地状态层指标生态评价指数由图13-3所示，结合图13-1分析表明，各湿地状态层指数排序为五源河＞东寨港＞美舍河＞潭丰洋＞三十六曲溪＞响水河＞铁炉溪＞

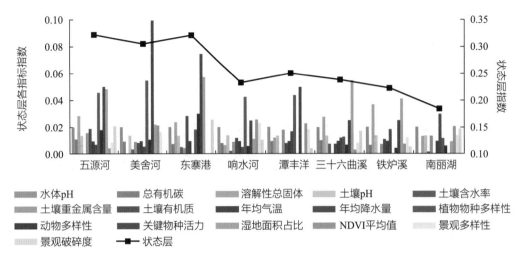

图13-3 各湿地公园状态层评价结果图

南丽湖，其中五源河湿地的状态层指数最高，而南丽湖湿地的状态层指数最低。从状态层各指标指数来看，关键物种活力、植物物种多样性和湿地面积占比指标指数对湿地状态层指数的贡献率较大，而土壤pH、土壤含水率、土壤重金属含量和平均气温等因素对状态层指数的贡献率较小。其中，东寨港、五源河湿地状态层指数贡献最大的是关键物种活力和湿地面积占比；美舍河和潭丰洋湿地状态层指数贡献最大的是关键物种活力和植物物种多样性；铁炉溪和三十六曲溪湿地状态层指数贡献最大的是湿地面积占比和溶解性总固体；响水河湿地状态层指数贡献最大的是植物物种多样性和NDVI平均值；而南丽湖湿地生态状态的贡献最大的是年均降水量和NDVI平均值。

13.2.3.4 响应分析

各湿地响应层指标生态评价指数由图13-4所示，结合图13-1分析表明，各湿地响

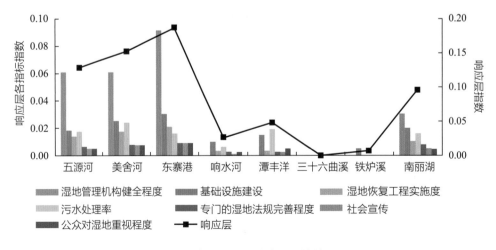

图13-4 各湿地公园响应层评价结果图

应层指数排序为：东寨港＞美舍河＞五源河＞南丽湖＞潭丰洋＞响水河＞铁炉溪＞三十六曲溪，其中东寨港湿地生态响应综合指数最高，而铁炉溪、三十六曲溪湿地生态响应综合指数最低。从响应层各指标指数来看，湿地管理机构健全程度指数是导致东寨港、美舍河、五源河湿地响应指数显著高于其他湿地的根本原因，该3处湿地均为国家级，有比较健全的湿地管理机构和基础设施，社会宣传和公众重视程度均较高。铁炉溪、三十六曲溪湿地因刚新建省级湿地公园，各项配套均不完善，因此响应指数很低。

13.3 | 讨论

湿地生态系统健康评价是从整体上对湿地生态系统进行评估，不仅能反映湿地生态系统本身的物理、化学、生态功能的完整性，而且能反映湿地生态系统本身的健康以及湿地生态系统对人类福祉的影响，还能间接反映经济发展、人类活动对湿地生态系统的扰动（马广仁，2016）。

本研究对海南省8处典型重要湿地生态系统健康状况的评价结果与实际情况基本吻合，反映出本研究提出的评价体系的科学性。由8处湿地各评价指标的权重可知，人口增长、区域经济开发建设和养殖规模扩张等因素是湿地生态系统压力的主要来源；生物多样性、景观多样性、管理水平和污水处理等因素是影响湿地健康的重要指标。目前，8处湿地在管理水平、湿地恢复工程实施和湿地法规完善等方面总体上发展缓慢，8处湿地的保护和管理水平整体上仍有待提高。

应当建立以湿地自然保护区或湿地公园为代表的城市湿地生态功能区，这样有利于湿地资源更好地管理与保护，同时还可以带动生态旅游业的发展，整体提高湿地生态系统的健康水平，这在五源河湿地和东寨港湿地得以充分体现。而人口、经济和区域开发压力大，湿地大面积退化则成为导致美舍河湿地和响水河湿地生态系统健康水平下降的重要因素。此外，生物多样性、景观破碎化程度、湿地管理水平、规模化养殖等成为其他区域湿地的主要限制因素。今后，为了海南省湿地生态系统健康的可持续发展，在管理方面，应该划定湿地保护红线，并立桩定界，合理规划湿地功能区，加强对湿地的保护和管理；在产业发展方面，应注重产业优化升级，加快向生态产业转型，摒弃粗放、高污染产业（李悦等，2019）；同时，应该加大对湿地管理机构的建设力度，完善制度和法规，提高湿地保护与管理水平。

为了保持湿地生态系统健康的良性发展趋势，需要对各重要湿地实行定期、规范和科学的动态监测，构建评价体系，增加湿地科研投入，建立湿地生态系统保护与管理的长效机制，从而掌握不同阶段湿地生态系统健康状况，直观判断湿地生态修复的实施效果。

针对海南省一些湿地外来物种入侵程度严重的现象，建议加快建立并完善外来入侵物种监测和防控体系。同时，采取有效的工程和生物措施，积极治理已入侵的外来物种，恢复湿地生态环境和生态功能，提高湿地生态系统服务价值。

13.4 | 本章小结

本章内容采用"压力–状态–响应"（PSR）模型，构建了海南省湿地生态系统健康评价指标体系，运用层次分析法确定指标权重，通过遥感影像数据提取、实地调查和采样以及查阅统计年鉴、发放调查问卷等方式获取数据，对海南省8处典型重要湿地的健康状况开展了综合评价，研究结果可为海南省重要湿地资源保护与修复管理决策提供重要决策依据。其主要研究结论如下：

（1）在海南省的8处典型重要湿地中，东寨港湿地和五源河湿地为健康湿地，美舍河湿地、南丽湖湿地、三十六曲溪湿地和铁炉溪湿地为临界健康湿地，而潭丰洋湿地和响水河湿地为不健康湿地。

（2）从各评价指标的权重来看，人口增长、区域经济开发建设和养殖规模扩张等因素是湿地生态系统压力的主要来源；生物多样性、景观多样性、管理水平和污水处理等因素是提升湿地健康状况的重要指标。

主要参考文献

陈展, 尚鹤, 姚斌, 2009. 美国湿地健康评价方法[J]. 生态学报, 29(9): 5015–5022.

崔保山, 杨志峰, 2002. 湿地生态系统健康评价指标体系 II 方法与案例[J]. 生态学报, 22(8): 1231–1239.

高静湉, 王晓云, 李卫平, 等, 2017. 包头南海湿地生态系统健康评价[J]. 湿地科学, 15(2): 207–213.

劳燕玲, 2013. 滨海湿地生态安全评价研究[D]. 北京 : 中国地质大学.

雷金睿, 辛欣, 宋希强, 等, 2016. 基于AHP的海口市公园绿地植物群落景观评价与结构分析[J]. 西北林学院学报, 31(3): 262–268.

李楠, 李龙伟, 陆灯盛, 等, 2019. 杭州湾滨海湿地生态安全动态变化及趋势预测[J]. 南京林业大学学报 (自然科学版), 43(3): 107–115.

李悦, 袁若愚, 刘洋, 等, 2019. 基于综合权重法的青岛市湿地生态安全评价[J]. 生态学杂志, 38(3): 847–855.

马广仁, 2016. 中国国际重要湿地生态系统评价[M]. 北京 : 科学出版社.

彭涛, 陈晓宏, 王高旭, 等, 2014. 基于集对分析与三角模糊数的滨海湿地生态系统健康评价[J]. 生态环境学报, 23(6): 917–922.

钱逸凡, 刘道平, 楼毅, 等, 2019. 我国湿地生态状况评价研究进展[J]. 生态学报, 39(9): 3372–3382.

孙雪, 于格, 刘汝海, 等, 2019. 海河南系子牙河流域湿地生态系统健康评价研究[J]. 中国海洋大学学报 (自然科学版), 49(11): 120–132.

王富强, 刘沛衡, 杨欢, 等, 2019. 基于PSR模型的刁口河尾闾湿地生态系统健康评价[J]. 水利水电技术, 50(11): 75–83.

王贺年, 张曼胤, 崔丽娟, 等, 2019. 基于DPSIR模型的衡水湖湿地生态环境质量评价[J]. 湿地科学, 17(2): 193–198.

吴春莹, 陈伟, 刘迪, 等, 2017. 北京市重要湿地生态系统健康评价 [J]. 湿地科学, 15(4): 516−521.

徐浩田, 周林飞, 成遣, 2017. 基于 PSR 模型的凌河口湿地生态系统健康评价与预警研究 [J]. 生态学报, 37(24): 8264−8274.

庄大方, 刘纪远, 1997. 中国土地利用程度的区域分异模型研究 [J]. 自然资源学报, 12(2): 105−111.

MA (Millennium Ecosystem Assessment), 2005. Ecosystems and human well−being [M]. Washington, DC: Island Press.

MA L B, BO J, LI X Y, et al, 2019. Identifying key landscape pattern indices influencing the ecological security of inland river basin: The middle and lower reaches of Shule River Basin as an example[J]. Science of the Total Environment, 674: 424−438.

OECD, 1998. Towards sustainable development: environmental indicators[M]. Paris, OECD.

REISS K C, BROWN M T, 2007. Evaluation of florida palustrine wetlands: application of USEPA levels 1, 2, and 3 assessment methods[J]. Ecohealth, 4(2): 206−218.

第14章

湿地生态系统保护管理及其对策

湿地保护与管理是生态文明建设的重要内容，关系到国家生态安全和经济社会可持续发展。湿地保护和修复涉及科学、政策、法律、制度等一系列问题，而缺乏强调生态系统整体性的单要素管理模式被认为是我国湿地保护与修复成效低下的重要原因之一（雷光春和范继元，2014）。生态系统管理基于对生态系统组分、结构、过程、功能完整性的理解，将人类价值整合到生态系统经营中，是湿地保护和修复的重要工具，在现今湿地危机背景下具有迫切现实需求和广泛应用前景（郑宇梅等，2022）。

海南省是我国拥有湿地类型最多样化、最丰富的地区之一，堪称"湿地博物馆"。湿地作为绿色生态的重要组成部分，是大自然赐予海南的宝贵财富，合理保护与利用湿地有利于海南发挥绿色生态的最大优势、创建绿色生态品牌，谱写治山理水、显山露水的新篇章，为建设海南自由贸易港奠定优良的生态基础。加强湿地保护管理有效性，维护湿地及其独特自然生态系统的完整性，有利于保护湿地生物多样性，构建"山水林田湖草沙"生命共同体。探索湿地保护与开发新模式，努力提高湿地巨大的生态、经济和社会效益，有利于海南探索绿色崛起的新途径，走出一条提高湿地生态保护水平和促进经济发展互动双赢的新路子。在推动湿地生态保护共建共享的同时，满足社会的公共需求，有利于把实现湿地生态价值与经济效益有机结合起来，探索生态产品价值实现的新路径，形成人与自然和谐发展新格局。

湿地管理活动起源于人们对经济快速发展区域河湖环境恶化的关注和行动。我国开展湿地保护方面的研究比较晚，前期的研究成果主要是介绍国外的湿地保护经验。近年来，国内越来越多的学者开始对湿地保护管理进行研究，但研究的内容主要集中在对湿地保护理论进行分析以及对国内湿地保护经验进行总结，并大多局限于科研、监测和基础设施建设等几个方面，很少有从公共管理角度对湿地保护进行分析的。本章内容基于海南省湿地保护现状和存在的问题，借鉴相关省区的湿地保护管理实践经验，将湿地保护与公共管理理论结合起来，运用湿地保护与管理的理论和原则，探讨提出加强湿地保护管理有效性的方法对策，构建合理、科学、规范的湿地保护管理制度体系，使湿地的各项生态功能和效益能够得到最大程度的发挥，对于提升海南省湿地综合管理水平、促进地方社会经济发展具有重要的现实意义。

14.1 | 湿地保护管理理论

14.1.1 可持续发展理论

湿地可持续管理就是以湿地可持续发展和利用为目的而进行湿地管理的行动方针和采取的活动方式。对于不同类型、不同区域的湿地在不同的发展阶段也应根据其特殊性而制定相应的管理策略（储蓉，2007）。鉴于海南岛湿地景观已经遭受区域性的、不同程度的破坏的客观事实，对于湿地的可持续管理主要应该聚焦于两方面：一方面是在那些湿地已受到人类干预而严重改变的区域，可持续利用是湿地的主要考虑因素，在有条件的地区可以实施湿地的恢复与重建计划；另一方面是对于那些仍有大面积的、未受改变的湿地区域应首先考虑保护，特别是优先保护具有区域性和国际性的重要湿地。无论是已开发的湿地还是未开发的湿地，可持续性的管理是其共性，可持续发展是所有湿地管理的共同目标，这样在湿地管理中就有了一系列共同管理策略。包括：①社区共管策略；②加强湿地保护管理立法和宣传教育；③加强湿地科学调查与研究；④人与人之间关系和人与自然之间关系并重的策略；⑤因时因地制宜、分层管理的策略；⑥积极开展国际合作与交流，多层次、多渠道筹措湿地保护资金等。

14.1.2 系统管理理论

系统管理理论就是在管理理念之中融入一般系统理论，通过系统研究的方法，对于各学派的观点融会贯通，建立通用的模式和方法，开展有效管理。系统理论最早由社会系统学派代表、被誉为"现代管理理论之父"的美国新泽西贝尔电话公司前总裁巴纳德于1938年提出，他主张组织管理的问题应该从系统的角度来研究，该理论奠定了现代组织理论的基础。

湿地本身是一个庞大的生态系统，具有整体性、开放性和动态性。从系统观点来考察湿地保护地管理的具体职能，有利于提高湿地保护地管理的整体效率，实现保护的目标。湿地保护地系统管理理论就是从系统理论的角度出发，将湿地保护地看作一个完整的系统来进行分析与管理，并试图突破单个湿地保护区的局限性，而从湿地生态系统保护全局出发来完善湿地保护与管理职能（黄江，2018）。强调系统观点可以使湿地保护地管理人员既重视保护地的特殊职能，又重视湿地保护地系统的总目标，清楚地认识湿地保护地系统的地位和作用，并利用湿地保护系统平台推广湿地保护地的最佳实践，从系统层面探索加强湿地保护地管理有效性的方法。

14.1.3 利益相关者理论

"利益相关者"这一词最早被提出可以追溯到弗里曼出版的《战略管理：利益相关者管理的分析方法》一书，明确提出了利益相关者管理理论。利益相关者理论是20世纪60年代左右在西方国家逐步发展起来的，进入20世纪80年代以后其影响迅速扩大。该理论认为各利益相关者的投入或参与是组织发展的动力，组织不能只关注某些主体的利益，而应追求利益相关者的整体利益。因此，管理活动的目标应该是经营管理者综合考虑各个利益相关者的诉求，并尽可能地予以满足。

湿地生态系统是一个有机整体，湿地自然保护地开展湿地保护与管理活动的利益相关者包括政府及相关部门、周边社区居民、非政府组织（NGO）等，他们的投入和参与影响着湿地保护管理的有效性（郑宇梅等，2022）。让利益相关者更多地参与湿地保护相关活动能有效减少负外部性对湿地保护地的不利影响，为湿地保护地形成正外部性的有利局面，从整体上加强湿地保护地的管理有效性。

14.1.4 参与式管理理论

参与式管理理论强调利益相关者能够积极地参与决策、实施、管理和利益分享的全过程。根据该理论要求，湿地保护地开展参与式管理时，不仅要让利益相关者参与湿地保护活动过程，还应让他们及时获取信息，参与湿地保护法律、法规、政策制定等过程，为湿地保护地制定规章制度、开展保护与管理活动建言献策，进行良好互动，在湿地保护活动完成时，提供反馈意见（张晓妮，2012）。

在湿地资源管理和决策中加强利益相关者参与的重要性随着湿地社会化程度的提高而表现得越来越明显，由于不同的利益相关者的利益诉求不同，他们参与湿地保护与管理的积极性也会不同。因此，要提高利益相关者的参与式管理积极性，必须根据他们的诉求，选择适合的方式、途径和程序开展湿地保护参与式管理（黄江，2018）。

14.2 | 湿地生态系统管理原则

湿地生态系统管理是根据湿地生态系统固有的生态规律与外部扰动的反应进行各种调控，从而达到系统总体最优的过程（吕宪国和刘红玉，2004）。因此，湿地生态系统管理必须遵循湿地过程的自然规律，了解湿地生态平衡机制，以生态学原理为指导，根据湿地生态系统的特性和管理内涵、管理目标，以及湿地生态系统存在的普遍性问题，在开展湿地生态系统管理活动中需坚持如下原则（唐国华，2017）。

14.2.1　系统管理原则

湿地生态系统是一个整体，首先依赖有形的物理条件，包括河湖岸线形态、水体及其携带的物质，湿地生态系统中所有生物组成是一个有机整体，遵循物质、能量守恒定律。生态系统是开放系统，需要输入自由能来维持其功能，有的生态过程是不可逆的，并且消耗自由能。如果输入的自由能超出了生态系统维持自身功能的需要，过剩的自由能会推动生态系统进一步远离热力学平衡。生态系统有许多远离热力学平衡的可能性，并且系统会选择使其离平衡状态最远的那条途径。生态系统具有层级结构，每一个层级都具有多样性，生态系统中的所有组分在一个网络中协同工作，因此具有较高的应对变化的弹性和缓冲能力。生态系统显示出复杂系统的特征，在一定的限度内，某个环节受到损害，系统具有一定的修复或恢复能力，但是损害程度超越了系统自身的调节能力，这种损害不会仅仅停留在这一环节，而是通过食物链和反馈环一个又一个环节传递、扩散下去，引起一系列指标的恶化。多个环节的生态环境问题具有积累性，且不可逆转（如物种一旦灭绝便无法恢复），各种生态与环境问题相互影响交错，通过系统内部相互作用、互为因果、反馈循环等机制，使生态问题不断传递、放大和扩散，逐步趋向复杂化，形成恶性循环，从局部问题演变为全局性问题，湿地生态系统则面临系统性风险。

14.2.2　适应性管理原则

适应性管理是一项过程管理，首先在生态系统功能和社会需要两方面建立可测定的目标，根据对复杂、不确定系统内在机制的现有认识，拟定若干管理方案。在实施某一方案时，不确定性、系统恢复能力、脆弱性、信息和新知识在管理中的应用，通过对方案实施后系统行为的观察、监测、信息收集，掌握方案实施效果以及与预定目标的偏差。根据整体环境的现状、未来可能出现的状况及满足发展目标等方面的新信息和新知识，识别变化的条件，制定政策并持续学习，调整下一步实施方案和战略目标。所以，适应性管理是一个不断调整行动和方向的过程，隐含着新的信息不断被验证、评估，必要时相应调整战略决策。适应性管理也是一个动态的、不断学习完善的过程，通过反馈循环，使管理方案具有足够的弹性和适应能力，用以适应不断变化的生物物理环境和人类目标的变化，尽可能达到理想的效果。

14.2.3　工程与非工程措施结合原则

水资源在经济、社会和生态系统中不可缺少、不可取代的特殊地位，使得人类为了生存和发展需要去不断适应、开发、利用和管理天然水资源。当前，面对水环境、水生态和水安全等方面的问题，人们正在积极探索与生态环境更为友好、协调、和谐的水资源开发利用方式。工程与非工程措施结合，是水资源可持续利用的举措之一。在水文情势发生变化的情况下，采取一定的工程措施恢复和调整河湖水文关系是必要的。为了减少部分湿地污染负荷，建设污水处理装置和防治面源污染的水土保持设施也是必要的。工程措施与节约用水、减少污染物排放、调整人类活动对生态系统的损害、加强管理等非工程措施相配套，则是现代资源开发利用的方向。

纵观人类改造自然、开发资源的过程可以看到，关键问题不是能否利用大坝水闸来开发利用水资源，而是如何生态友好地开发利用资源。生态文明建设要求人们能在遵循自然规律的前提下积极友好地利用和改造自然，与自然和谐相处；而不是在自然面前无所作为，消极对待、放纵自流（胡振鹏，2010）。例如，都江堰水利工程遵循自然规律，适应自然环境，充分利用有利条件，改造不利条件，在不过分改变河川径流自然状态的前提下，以简单的工程设施调节复杂的水沙运动，从而取得了显著的社会、经济和生态环境效益。

14.2.4　地区经济与生态建设相统一原则

湿地是独特的生态系统，是世界上重要的自然生态景观之一，在实现可持续发展进程中，它不仅关系着国家的生态战略安全，还影响着当地的子孙万代。湿地的独特价值功能为当地提供了大量的生态服务功能，这些服务功能主要体现在防风护堤、涵养水源、调节气候、净化水质、美化环境和维护区域生态平衡等方面，并且在改善生态环境、确保水资源安全、促进经济社会可持续发展方面发挥了重要作用。

湿地保护管理与经济社会发展是辩证统一的关系，湿地可以通过多种途径促进当地经济社会的持续发展，实现生态产品价值转换，比如提供生产、生活资源，如植物资源、鱼类等；改善环境质量，提供景观、娱乐、美学与旅游资源；教育和科研资源；调节小气候，提高固碳促汇能力；生物多样性保护，特别是物种资源的保护。与此同时，经济的发展可以反过来加强对湿地的保护，经济的发展带动了人民生活水平的提高，公众有能力参与湿地保护管理。并且，社会公众通过旅游、休闲、教育等活动，提高湿地保护管理的自觉性和积极性。

14.3 湿地生态系统管理及其对策建议

湿地虽然是陆地上的三大生态系统之一，但人类对其重要性的认识比较晚。在世界范围内，湿地保护工作大致都经历了一个从被忽视到被重视的过程。长期以来，人们把湿地当作荒滩和荒地，进行无度的开发利用，致使大量的湿地资源遭到破坏。直到近些年，随着人们环保意识的加强，湿地作为一个重要的生态系统逐渐受到各国政府的重视，盲目开发湿地的现象越来越少了，取而代之的是越来越多的湿地保护与修复工作。

党的十八大把生态文明建设纳入中国特色社会主义事业"五位一体"总体布局，明确提出大力推进生态文明建设，努力建设美丽中国，实现中华民族永续发展。从生态文明建设的整体视野提出"山水林田湖草沙是一个生命共同体"的系统思想，要求按照自然生态的整体性、系统性及其内在规律进行系统保护、宏观管控、综合治理，增强生态系统循环能力，维护生态平衡。为履行《湿地公约》和加强湿地保护，党的十八大提出了"扩大湿地面积"的要求；党的十九大又作出了"强化湿地保护和恢复"的重大决策部署，这是在新时代赋予了湿地工作新使命，同时也提供了新机遇和新方向。尤其是国家印发的《湿地保护修复制度方案》（国办发〔2016〕89号），对新形势下湿地保护修复作出部署安排，开启了全面保护湿地的新篇章。从2016年起，国家将"湿地保护率"纳入绿色发展指标体系，对各省（自治区、直辖市）实行生态文明建设年度评价，有效推动了湿地保护责任的落实。2022年10月，《全国湿地保护规划（2022—2030年）》印发，提出到2025年，全国湿地保有量总体稳定，湿地保护率达到55%，科学修复退化湿地，红树林规模增加、质量提升，健全湿地保护法规制度体系，提升湿地监测监管能力水平，提高湿地生态系统质量和稳定性。

2017年9月，为加快建立海南省系统完整的湿地保护修复制度，海南省人民政府办公厅印发了《海南省湿地保护修复制度实施方案》（琼府办〔2017〕148号），提出将海南省所有湿地纳入保护范围，强化湿地利用监管，全面提升湿地保护与修复水平。2019年5月，中共中央办公厅、国务院办公厅印发的《国家生态文明试验区（海南）实施方案》，对海南省湿地保护又提出了明确要求。因此，为加强海南省湿地生态系统保护与管理，本研究基于系统管理的理论与原则，探讨从湿地保护管理的体制机制、立法规章、科研监测、宣传监督以及考核评价等方面提出相应的对策建议。

14.3.1　加强管理体制机制建设

14.3.1.1　建立协调合作机制

建立湿地保护管理协调机制是实现湿地可持续发展的重要手段。海南岛湿地类型多，实施湿地保护管理涉及的部门多，政策性强，关系到政府部门和行业等多方的经济利益，必须建立上下联动、统一协调的保护管理机制。一是湿地保护地与相关部门合作建立部门内部和外部协调机制。湿地保护与管理工作涉及部门多，与经济决策、城市发展、民生、司法等部门联系紧密。根据湿地的类型和各部门管辖范围，将海南湿地管理权限落实到具体业务部门。多部门协同，将湿地保护理念置于相关部门的决策和执行中，共同推进湿地保护工作，能从根源上加强湿地管理有效性。通过多部门联合执法等形式形成合力，提高湿地保护与管理能力，针对破坏湿地等行为进行严厉打击，作出实质性处罚，提高其违法成本。二是建立湿地保护跨区域协调机制。通过建立纵向的跨区域协调机制，协调上下级政府间的湿地保护利益冲突，确定共同的湿地生态环境保护标准；通过建立横向的跨区域协调机制，防止地方政府因湿地保护外部性而陷入非合作博弈；通过建立信息沟通机制、湿地保护危机事件应急机制、合作约束和监督机制等强化地方政府间的湿地保护与管理合作。三是建立湿地保护地管理成果共享机制。顺应国家各部委改革趋势和要求，自上而下加快湿地保护管理机构改革，适当提高湿地保护地系统管理机构级别，根据各湿地保护地的实际情况统筹安排资金和人员，将管理成果在湿地保护系统内推广，并收集反馈信息，进一步完善现有湿地保护地管理经验，扩大成果影响范围和效果。在成果共享时注重湿地生态系统整体性，防止湿地生态系统保护与管理工作碎片化，努力形成湿地生态系统保护管理合力。

14.3.1.2　健全湿地保护管理体系

据统计，当前海南省的湿地保护率达37%，但仍然还有很多具有重要价值的湿地未受到有效保护。建立湿地公园或湿地保护区作为保护自然湿地的有效措施，具有显著的生态效益、社会效益和经济效益，符合海南"绿色崛起"和"全域旅游"的发展战略。建设湿地公园或湿地保护区是在当前湿地面积继续缩减、湿地生态系统加速退化的形势下维持和扩大湿地保护面积最直接且行之有效的途径，科学合理规划建设湿地公园或湿地保护区能有效地补偿在城市发展建设过程中对自然环境尤其是湿地的破坏而带来的损失。比如近几年海口市已规划建立了美舍河国家湿地公园、五源河国家湿地公园、响水河省级湿地公园、潭丰洋省级湿地公园等，抢救性修复湿地生态系统，对当地湿地资源及其生物多样性保护起到显著作用。因此，要优先将珍稀濒危动植物的分布地、越冬水鸟的聚集地以及生态系统脆弱敏感的湿地区域纳入保护地体系中，通过利用多种社会资源和投融资方式，加快湿地公园或湿地保护区建设步伐，让珍贵的湿地资源得到有效的保护和利用，进一步优化海南省湿地保护网络的空间布局体系。

此外，自然保护小区是我国正在逐渐推广、且数量上升较快的一类保护形式，作为当前自然保护地体系的有效补充，它一般面积较小，用于保护县级以下行政机关设定的保护区域，或者未有任何形式保护但却具有重要保护价值的地段。目前全省已建有湿地保护小区45处，应该加大鼓励建设湿地自然保护小区，并尽快制定出台《自然保护小区管理办法》，在管理上以村社自主管理为主，也可以由社会组织或者企业参与管理，当地政府负责指导和监管，加强资金、技术扶持。在保护众多重要湿地或小微湿地斑块的同时，还可达到建设美丽乡村、推进乡村振兴、建设生态文明的目的。

14.3.1.3 建立生态补偿机制

生态保护补偿是生态文明制度的重要组成部分。习近平总书记指出，要健全区际利益补偿机制，形成受益者付费、保护者得到合理补偿的良性局面。长期以来海南湿地生态系统的服务价值并未得到应有的重视，湿地保护资金投入不足，受益者和破坏者没有体现相应的代价，而受害者和保护者也没有获得补偿，致使湿地遭到破坏，生态功能下降。特别是与国家对森林、草原实行生态效益补偿机制相比，湿地还未建立相应的生态效益补偿制度。与此同时，2022年正式施行的《湿地保护法》也提出国家建立湿地生态保护补偿制度。因此，探索建立湿地生态效益补偿制度，积极开展湿地生态补偿工作，弥补湿地保护与管理活动给周边社区居民生产、生活带来的限制，提升参与湿地保护工作的积极性，强化湿地产出正外部性，加快打通"绿水青山"向"金山银山"高质量转化的通道，势在必行。

生态补偿应遵循谁破坏，谁受益，谁付费；谁保护，谁受损，补偿谁；以及公平性、效率性和可操作性的原则，有序推进湿地保护补偿机制建设，提高资本配置效率，提升湿地资源承载潜力。一是做好试点和推广工作，补偿资金来自湿地保护的受益者、自然资源的使用者和生态环境的破坏者，包括中央和地方财政、国际组织、湿地资源开发使用企业等，率先在国家级湿地自然保护区和国家重要湿地开展补偿试点。二是尽早实现湿地保护重点区域生态保护补偿全覆盖，补偿水平与经济社会发展状况相适应，开展跨地区、跨流域补偿试点示范，建立多元化的、符合海南省省情的湿地生态保护补偿制度体系，促进形成与湿地保护工作相适应的绿色生产方式和生活方式。三是加强湿地生态补偿效益评估，完善湿地生态保护成效与资金分配挂钩的激励约束机制，加强对湿地生态补偿资金使用的监督管理。四是引入市场机制，加快形成受益者付费、保护者得到合理补偿的运行机制，创新生态补偿方式。

14.3.1.4 创新提升湿地综合管理水平

2018年4月，中共中央、国务院印发的《关于支持海南全面深化改革开放的指导意见》提出"全面实施河长制、湖长制、湾长制、林长制"。2018年底，《海南省河长制湖长制规定》和《海南省全面推行河长制湖长制工作方案》全面施行，河湖长制管理范畴包括江河、湖泊、水库、山塘、渠道等水体，实现陆域水体全覆盖，并建立了省、市、县、乡四级河湖长体系，也是全国首个以河长制湖长制为主要内容的地方性法规。2021年3月，海南省又印发《海南省全面推行湾长制实施方案》，建立了海南省沿海市县海湾管理保护责任体系。利用海南省河长制、湖长制、湾长制等创新制度实施，将湿地保护率、湿地资源保护管理纳入林长制、河湖湾长制考核范围，压实地方政府湿地保护主体责任。把海南省湿地综合管理提升到一个新水平，是保护湿地生态系统健康最坚实的基础，需要从实际出发，坚持可持续发展理念，做好顶层设计，统筹河湖湾保护管理规划，落实最严格的生态环境管理制度。开展江河源头和饮用水源地保护，加强水体污染综合防治，使人民群众切实得到实惠。建立陆海共治、部门联治、全民群治的河湖湾保护管理长效机制，加强水管理，保护水资源，防治水污染，维护水生态，推动河湖湾生态环境保护与修复，加强水域岸线及采砂管理，保障河湖湾湿地生态系统健康。

14.3.2 加强立法和规章制度建设

立法是湿地保护管理的基础，完善的政策和法制体系是有效保护湿地生态系统和实现对湿地资源可持续利用的关键，建立行之有效的湿地管理法律政策体系对保护我国湿地，促进湿地资源的合理利用具有极为重要的意义。通过建立对威胁湿地生态系统活动的限制性政策和有利于湿地资源保护活动的鼓励性政策，协调湿地保护与区域经济发展，并通过建立和完善法制体系，依法对湿地及其资源进行保护和可持续利用，才能发挥湿地的综合效益。

目前，我国颁布的涉及湿地保护管理的法律较多，立法机关和有关法制部门先后颁布实施了《环境保护法》《水法》《海洋环境保护法》《森林法》《草原法》《湿地保护法》《野生动物保护法》和《自然保护区条例》等法律法规；同时海南也在2018年颁布实施了《海南省湿地保护条例》，为湿地资源保护管理提供了较为全面的法律保障。在众多法律法规中，仍然有部分领域的法律空缺，比如很少涉及滨海湿地保护相关法规条款（左平等，2014；孙嘉槟，2014），尤其是海南的湿地类型绝大部分是滨海湿地。通过建立、健全滨海湿地管理的法制体系，可为各级管理者与开发利用者提供基本的行为准则，使滨海湿地的保护和管理逐步步入法制化、规范化和科学化轨道，逐步与国际滨海湿地保护与管理相接轨。同时，大力推进海南省湿地自然保护区或湿地公园"一区（园）一法"的制定，使相关法规条例更具针对性；鼓励市县级立法机构建立并完善地方性湿地保护法规和规章，并注重发挥当地的民间习俗和乡规民约等的综合作用。此外，推动海南省自然湿地纳入各市县生态红线进行管控，已经纳入市县生态红线的湿地按照生态红线的有关规定进行严格保护，对未纳入各市县生态红线的湿地按照国家有关规定加强保护和管理。严格实施湿地开发的生态影响评估制度，严格实施对天然湿地开发以及用途变更的生态影响评估、审批管理程序，严格依法论证、审批并监督实施。

与此同时，建立健全执法队伍体系在湿地保护管理中同样十分关键，也是创新湿地保护管理的必然要求。要建设一支思想过硬、作风优良、业务精通、执法严明的湿地保护管理执法队伍，除了要加强业务培训、提高执法能力，还要加强职业道德的培养，要形成社会主义核心价值观。同时要加大惩处力度，严禁滥建、滥垦、滥渔、滥猎及污染湿地生态环境等现象发生，以能执法、会执法、文明执法的实际行动，坚决打击干扰破坏湿地不法行为，坚决维护湿地持续、健康发展，为子孙后代留下一片碧水蓝天。

14.3.3　完善科研监测和评估机制

14.3.3.1　完善湿地科研监测机制

目前，海南省对湿地的环境监测手段依然比较落后，虽然已在东寨港、清澜港等重点湿地区域建立了部分监测站点，但各站点基本是独立运行，缺乏统一的标准规范和技术方法，数据管理水平不高。随着人们对全球气候变化等重大科学问题的日益关注，以及网络和信息技术的飞速发展，生态系统观测研究已从基于单个生态站的长期观测研究，向跨国家、跨区域、多站参与的全球化、网络化观测研究体系发展。要建立完善湿地生态环境监测体系和监测网络，充分利用3S技术以及计算机网络技术，对典型的重要湿地进行长期定位的系统观测和实验研究，对湿地水质变化、地下水位、土壤养分、植物群落、湿地动物、环境状况、景观格局的变化等进行监测分析，及时评价湿地生态系统变化、水文气候条件变化，逐步建立湿地数据库、动态模型。用大数据技术构建海南省湿地监测网络信息管理系统平台，提供各种类型湿地变化动态、发展趋势监测报告，为各级政府科学决策依据。

因此，为提高湿地生态系统监测水平及数据质量，完善观测基础数据库，有效支撑海南宏观战略决策。一是加强科研监测体系建设，包括湿地保护地之间联合开展的同步调查、常规的综合科考、专项调查及专题研究；综合运用遥感、大数据、云计算、物联网、移动互联网等先进手段对湿地生态环境、重点保护对象等进行全面、深入、连续地监测。充分利用完善的湿地监测体系建立湿地面积变化和保护率变化的遥感监测平台，实施动态管理模式。二是进一步建设和完善基础设施与设备，全面提高保护管理效率，包括修建维护巡护路线，改善巡护交通工具（开展水上巡护与执法检查），配备无人机等先进巡护设备。三是加强与相关科研单位和大专院校的合作，为其提供科学研究和教育实践基地，通过培训、交流等方式提高省内湿地保护地科研人员素质，增强科研队伍整体实力。

14.3.3.2　加快建立水质监测体系

对湿地来说，水是维持其生态系统稳定的最关键的生态因子之一。水作为一个系统而存在，水质的污染会严重地影响人与自然的和谐共存，在很大程度上破坏自然生态系统的平衡与区域农业、水产等经济的发展。因此，加快重要湿地水质监测系统建设，准确预警分析水质污染原因或程度，建立高水平的污水处理机制和措施，降低水质的污染指数，对湿地水质的改善和湿地生态系统健康具有十分重要的意义。针对研究发现的部分重要湿地水体污染和富营养化比较严重的问题，要降低水体中氨氮的含量可以通过改善水中溶氧状况，可促进氨的硝化，使氨转化为硝酸态氮，改善水体的溶氧状况在一定程度上可降低氨含量和氨的危害。根据生物操纵原理可以通过投放鱼类和试种大型漂浮水生植物，来吸收水体中的氮、磷等营养物，从而降低水体中浮游植物的现存量和氮、磷含量；减少鱼类的捕捞和水产养殖污染等可以降低水体中的五日生化需氧量的数值（储蓉，2007）。

14.3.3.3 健全科技支撑体系

湿地作为一个复合的生态系统，在保护管理、发展利用及其生物多样性、生态系统稳定性等方面，有许多亟待解决的理论和现实问题。同时，湿地生态涉及面广以及专业性、学科综合性强，因此，加强湿地基础科学及应用研究，突出湿地与气候变化、生物多样性、水资源安全等关系，强化科技支撑机制，提高科学决策水平，显得十分有必要。主要包括：一是加强海南省湿地的基础研究，开展湿地生态系统结构与功能的研究，以及湿地形成、发展、分布和演替规律的研究。二是加强应用技术研究，主要包括湿地保护技术、湿地恢复和修复技术、固碳增汇技术、污染防治技术、可持续利用技术、管理技术和资源监测技术。三是加强湿地对环境调节功能和环境变化对湿地影响的研究，特别是全球气候变化对海南省湿地的影响及其响应。四是加强湿地污染、外来物种和水旱灾害对湿地生态系统的影响研究。

其次，开展区域性和国际性合作，引进先进的保护、管理、开发、利用经验和技术，提高科技支撑水平，以促进湿地保护管理工作健康、可持续发展。开展红树林等湿地保护与修复技术示范，省级湿地主管部门要建设一批不同类型的湿地保护修复、新建湿地的示范区，统筹研究山水林田湖草沙一体化治理模式的湿地保护和修复技术并逐步推广应用。支持相应的湿地恢复修复和生态系统管理技术体系的科技研发工作，在湿地修复关键技术上取得突破，有效促进整个湿地保护修复工作的推进。强化林草大数据智能采集与融合等信息化技术在湿地保护修复中的应用。

14.3.3.4 完善湿地健康评估机制

湿地生态系统健康评价是生态系统管理的重要内容之一，已成为环境管理和生态系统管理的新目标。制定湿地生态状况评定标准，从影响湿地生态系统健康的水量、水质、土壤、野生动植物等方面完善评价指标体系。组织实施省级、市县级重要湿地的健康监测评价，加强湿地保护管理部门间湿地健康监测评价协调工作，林业、国土资源、环境保护、水利、农业、海洋等部门间的湿地资源相关数据要实现有效集成、互联共享，统筹解决重大问题；依据资源调查结果，提高监测数据质量和信息化水平，并将健康监测评价结果向社会公布。

此外，湿地生态系统服务功能价值也是衡量湿地健康及保护必要性的一个重要条件和依据。在加强湿地生态功能价值评估工作力度、增加评估准确性的同时，各相关管理部门应当将湿地生态系统服务功能价值，尤其是间接价值作为依据，制定湿地的保护规划，将其纳入国民经济预算和湿地生态补偿制度中。湿地生态系统服务价值变化也可作为湿地恢复和综合治理的重要指标，保障湿地资源健康安全和可持续利用，推动湿地更好地发挥生态系统服务功能。

14.3.4　完善宣传和监督机制

14.3.4.1　制定科普宣教机制

湿地保护地是开展自然环境、生物多样性保护及宣教的重要场所，虽然省内如东寨港、美舍河、五源河等湿地保护地已有一些宣教设施设备，但这些设施设备功能不够完善、手段方式简单，还不能满足各类人群认识和了解湿地保护的需要。因此，省内湿地保护地需要建设具有本地特色，制定长期的科普宣教规划，利用现代技术、人工智能充分展示湿地保护地的优美环境和丰富物种资源，建设集科普、宣教、展示等功能为一体的多功能、沉浸式、现代化场馆，成为传承湿地文化的重要载体、对外宣传的特色窗口、科普宣教的示范基地，进一步提高公众保护自然资源的意识。同时，通过开展全国爱鸟周、野生动植物日、世界湿地日、观鸟节等宣传活动，建设湿地科普馆、红树林博物馆、湿地生态科普教育基地等宣教设施，让广大群众真正了解湿地的价值，让湿地保护管理成为广大群众的自觉行动。

14.3.4.2　完善媒体监督机制

湿地保护工作离不开全社会共同参与和努力，媒体监督是实现湿地保护管理的基础，也是保障湿地保护管理的重要手段，它担负着重要而艰巨的社会责任，这种监督不能流于形式，也不能走过场。有效的舆论监督，可以及时有效地揭露、惩罚破坏湿地环境的行为，而且可以扩大监督的范围，让损坏行为无所遁形，也能及时得到查处。充分利用电视、广播等媒体进行有效的媒体监督，可以强化公众保护湿地的紧迫感、危机感和资源忧患意识，还可以实现呼吁全社会行动起来爱护湿地，为湿地持续发展献计出力的目标。一是要建立媒体监督办法，利用媒体、网络、报纸、杂志等各种传播手段实施监督，制定实施意见；二是要拓展监督领域，让普通居民成为媒体监督的推动力量，建立普通居民与媒体的沟通渠道和监督平台，例如建立微博和微信平台，让每一个普通居民都成为监督的主导力量，这样才能发挥有效快速的媒体监督作用；三是明确监督内容，重点监督湿地保护管理的目标实施、湿地破坏、治污成果、执法落实等一系列情况。

14.3.4.3　制定公众参与机制

建立湿地保护管理的公众参与机制和利益相关者参与机制。湿地保护的利益相关方参与是湿地保护的重要手段，建立以行政主导、多方社会力量共同参与的湿地保护与管理多元共治制度，是提高利益相关者参与度的有效途径。通过利益相关方的参与，可妥善协调不同部门与利益集团的利益。为此，在提高政府、非政府组织、当地社区在湿地保护和合理利用的能力方面，一是建立和完善湿地保护信息公开制度，使利益相关者具有湿地保护知情权，为管理者、非政府组织、政府和社会公众提供更多的信息，帮助政府及相关政策制定部门及时分析和解决湿地保护存在的普遍管理问题，加大与媒体合作力度，通过宣传，使湿地保护工作公开透明，进一步提高公众的湿地保护意识。二是决策时应采用听证会、座谈会、民意调查等制度，吸纳利益相关者意见，强化湿地生态环境影响评价中的利益相关者参与环节，充分考虑决策对湿地生态保护的影响，保证决策的科学性和民主性。三是制定湿地生态环境保护激励政策，调动政府、企业、公众等参与湿地保护与管理的积极性，鼓励科研院校和非政府组织加入湿地保护与管理队伍，建立湿地保护地公众教育基地，健全志愿服务机制和社会监督机制。

14.3.5 建立考核评价与责任追究体系

14.3.5.1 建立决策和评价体系

要逐步将湿地保护纳入行政部门决策体系，地方政府在做经济发展等重大决策时，要充分考虑资源环境的承载能力，要召开听证会，认真听取湿地相关专家的咨询意见，准确估量经济决策对环境可能产生的负面影响。要建立党政"一把手"负总责的湿地管理决策机制的思路，完善专家论证、部门会审、群众参与、领导决策的环境与发展综合决策程序，建立重大事项湿地保护委员会审议制，逐步完善政府部门的决策体系。

要根据湿地承载量、国家政策及相关法律法规，科学合理地制定发展规划。要根据生态功能区，结合湿地环境的容量，确保环境的安全，积极引导和优化湿地管理体制的合理布局，建立综合评价制度和体系，实现可持续发展目标。要把环境影响的评价、规划环境影响评价和区域开发环境影响评价作为宏观调控的重要手段，充分发挥环境影响评价在湿地管理中的重要作用，要在这个方面体现宏观调控的整体性和规范性。另外，还要严格执行规划环评的有关规定，强化各自的责任意识，把预防或减轻不良环境影响的关口前移。

14.3.5.2 建立责任考核机制

国家实行湿地保护目标责任制，将湿地保护纳入地方人民政府综合绩效评价内容，在林长制考核范围中开展湿地保护率等指标考核。从2016年起，国家将"湿地保护率"纳入绿色发展指标体系，对各省（自治区、直辖市）实行生态文明建设年度评价，五年一考核，作为党政领导综合考核评价、干部奖惩任免的重要依据，同时建立领导干部离任生态审查制度，有效推动了湿地保护责任的落实。

因此，各级政府对本行政区域内湿地保护负总责，政府主要领导成员承担主要责任，其他有关领导成员在职责范围内承担相应责任，运用监测评价体系，认真贯彻执行国家《绿色发展指标体系》，将湿地面积、保护率、生态状况等保护成效指标纳入本市县生态文明建设目标评价考核等制度体系，建立健全奖励机制和终身追责机制。对于因失职或决策失误因此的重大湿地保护事故，要严肃处理，发现一起处理一起，绝不姑息；对未完成任务的、造成环境质量恶化的责任人要依法依纪追究责任。而对于在湿地保护管理工作中作出突出贡献的单位和个人要给予表彰和奖励。

14.3.5.3　建立成效奖惩机制

按照主体功能定位，确定各类湿地功能，完善涉及湿地相关资源的用途管理制度，确定各类湿地的负面清单，将用途管理制度与负面清单纳入重要湿地与一般湿地的管理办法以及其他湿地相关管理办法，合理设立湿地相关资源利用的强度和时限，实施负面清单管理，避免对湿地生态要素、生态过程、生态服务功能等方面造成破坏。结合海南省深化行政执法体制改革工作，相关部门依法依规对湿地保护、修复、利用等活动进行监督检查，推进湿地综合行政执法，严厉查处违法利用湿地的行为。造成湿地生态系统破坏的，依据《海南省湿地保护条例》，由湿地保护管理相关部门责令限期恢复原状；情节严重或逾期未恢复原状的，依法给予相应处罚；涉嫌犯罪的，移送司法机关严肃处理。对湿地破坏严重的市县政府或有关部门进行约谈，探索建立湿地利用预警机制，遏制各种破坏湿地生态的行为。

14.4 | 展望

湿地生态系统管理以长期的湿地生态系统保护恢复及合理利用为目标，但湿地危机及其保护、修复和可持续利用引发的关注仍在日益增加，因此湿地生态系统管理实践和研究具有迫切的现实需求和广泛的应用前景（郑宇梅等，2022）。总结现有研究并结合理论发展、方法创新、现实应用，对未来研究展望如下：

（1）多学科交叉，特别是社会科学的进一步深入与融合。现有研究在湿地生态系统运行机理、规律等方面已获得很大进展，但湿地与人类活动的复杂关系尚未得到充分认清；湿地保护与人类需求协调、局地与区域利益协调、短期与长期目标协调等方面仍有大量问题需要研究；另外湿地生态系统管理其本质是一种人类活动，其目标、方案、实施、评价、调整等一系列过程无不与人类社会紧密相关。因此未来研究亟须各类社会科学的参与，如湿地收益的跨代际分析，跨区域冲突与协同，利益相关者心理、行为分析，不同利益群体的协作机制，湿地生态补偿制度与法律构建，社会舆论与公民引导等。在这些研究领域拓展的同时，社会科学与自然科学方法的交叉与融合会进一步深化。

（2）多尺度研究的综合与协同。现阶段研究大多为中小尺度，基于实现湿地生态系统管理的长期可持续性往往需要在较大尺度上进行权衡协同这一认识，未来局域与区域、短期与长期相结合的多尺度综合研究将是一个发展方向。具体包括较大空间尺度上的湿地生态系统综合管理，湿地生态系统与其他陆地、水域或人工生态系统间的交互机制与协同管理，不同时间尺度上管理目标、措施的协同等。另外区域和时间差异往往使不同利益相关者在湿地利用和管理上具有不同偏好和目标，因此不同区域尺度、时间尺度、行政尺度的协同研究将有助于为湿地生态系统管理提供更完整的科学依据。

（3）湿地生态系统服务评估和生态产品价值实现。生态系统服务以生态系统完整性为基础，将自然资源纳入人类社会价值体系中，为湿地生态系统管理提供了框架性依据。未来围绕这一方向的研究可能会快速增加，包括基础性的湿地生态系统功能与服务间关系的量化，以及可纳入管理决策的湿地生态系统服务特别是文化服务如美学、精神、教育价值的测量、合理评估和表达。2021年12月，中共海南省委办公厅、海南省人民政府办公厅印发了《海南省建立健全生态产品价值实现机制实施方案》的通知，提出加快建立健全海南省生态产品价值实现机制，将生态资源特色优势向绿色发展后发优势转化。湿地作为海南省的优势资源，其价值实现方式是连接人类利用与湿地资源可持续间的重要形式，可直接作为湿地生态系统管理的实施途径，围绕这一领域的研究具有重要的科学和实践价值。

（4）案例研究的丰富、深入和接续。案例研究在已有研究中占比较大，但由于不同湿地所处的自然地理差异和社会经济状况在区域间的极不均衡，且考虑到大多数管理活动开展的现实可行性，未来针对特定湿地的案例研究仍将是关注热点，包括：①海南红树林湿地、火山熔岩湿地等典型湿地。②非典型湿地，如人工、半人工湿地的开创性研究和对已有案例的深入，后者可分为两个方面，一是在一定时间横截面上的接续与丰富，如在湿地生态系统评价的基础上制定管理方案、湿地生态生物模型的案例定制等；二是在时间纵向轴上的接续，如一定管理措施下湿地生态系统的响应、干预措施的效果评价、应对新出现不确定性因素（如气候变化、海平面上升等）的适应性管理等。

主要参考文献

储蓉, 2007. 洞庭湖湿地生态系统保护与管理研究[D]. 长沙: 中南林业科技大学.

胡振鹏, 2010. 流域综合管理的理论与实践[M]. 北京: 科学出版社.

黄江, 2018. 加强湿地保护区管理有效性的方法探究[D]. 南昌: 南昌大学.

雷光春, 范继元, 2014. 我国湿地生态环境问题及根源探析[J]. 环境保护, 42(8): 15–18.

吕宪国, 刘红玉, 2004. 湿地生态系统保护与管理[M]. 北京: 化学工业出版社.

孙嘉槟, 2014. 辽河三角洲滨海湿地保护管理研究[D]. 大连: 大连理工大学.

唐国华, 2017. 鄱阳湖湿地演变、保护及管理研究[D]. 南昌: 南昌大学.

张晓妮, 2012. 中国自然保护区及其社区管理模式研究[D]. 杨凌: 西北农林科技大学.

郑宇梅, 沈洁, 雷光春, 2022. 湿地生态系统管理: 热点领域与研究方法[J]. 世界林业研究, 35(6): 1–9.

左平, 吴其江, 等, 2014. 江苏盐城滨海湿地生态系统与管理——以江苏盐城国家级珍禽自然保护区为例[M]. 北京:
　中国环境出版社.

附表　海南岛湿地维管植物名录

序号	种名	拉丁名	科名	属名	生活型	植物来源
1	铺地蜈蚣	*Lycopodium cernuum* L.	石松科	石松属	藤本	本地种
2	七指蕨	*Helminthostachys zeylanica* (L.) Hook.	七指蕨科	七指蕨属	草本	本地种
3	芒萁	*Dicranopteris pedata* (Houtt.) Nakaike	里白科	芒萁属	草本	本地种
4	海金沙	*Lygodium japonicum* (Thunb.) Sw.	海金沙科	海金沙属	藤本	本地种
5	小叶海金沙	*Lygodium microphyllum* (Cav.) R. Br	海金沙科	海金沙属	藤本	本地种
6	异叶双唇蕨	*Schizoloma heterophyllum* (Dry.) J. Sm.	碗蕨科	鳞始蕨属	草本	本地种
7	凤尾蕨	*Pteris cretica* L. var. *nervosa* (Thunb.) Ching & S. H. Wu	凤尾蕨科	凤尾蕨属	草本	本地种
8	半边旗	*Pteris semipinnata* L.	凤尾蕨科	凤尾蕨属	草本	本地种
9	蜈蚣草	*Pteris vittata* L.	凤尾蕨科	凤尾蕨属	草本	本地种
10	卤蕨	*Acrostichum aureum* L.	卤蕨科	卤蕨属	草本	本地种
11	尖叶卤蕨	*Acrostichum speciosum* Willd.	卤蕨科	卤蕨属	草本	本地种
12	光叶藤蕨	*Stenochlaena palustris* (Burm.) Bedd.	乌毛蕨科	光叶藤蕨属	藤本	本地种
13	乌毛蕨	*Blechnopsis orientalis* C. Presl	乌毛蕨科	乌毛蕨属	草本	本地种
14	邢氏水蕨	*Ceratopteris shingii* Y.H.Yan & Rui Zhang	水蕨科	水蕨属	草本	本地种
15	菜蕨	*Diplazium esculentum* (Retz.) Sm.	蹄盖蕨科	菜蕨属	草本	本地种
16	毛蕨	*Cyclosorus interruptus* (Willd.) H. Ito	金星蕨科	毛蕨属	草本	本地种
17	华南毛蕨	*Cyclosorus parasiticus* (L.) Farwell.	金星蕨科	毛蕨属	草本	本地种
18	肾蕨	*Nephrolepis cordifolia* (L.) C. Presl	肾蕨科	肾蕨属	草本	本地种
19	海南苏铁	*Cycas taiwaniana* Carruth.	苏铁科	苏铁属	草本	特有种
20	暗罗	*Polyalthia suberosa* (Roxb.) Thw.	番荔枝科	暗罗属	乔木	本地种
21	刺果番荔枝	*Annona muricata* L.	番荔枝科	番荔枝属	乔木	栽培种
22	假鹰爪	Desmos chinensis Lour.	番荔枝科	假鹰爪属	灌木	本地种
23	细基丸	*Huberantha cerasoides* (Roxb.) Chaowasku	番荔枝科	细基丸属	乔木	本地种
24	山椒子	*Uvaria grandiflora* Roxb.	番荔枝科	紫玉盘属	攀缘灌木	本地种
25	紫玉盘	*Uvaria macrophylla* Roxb.	番荔枝科	紫玉盘属	攀缘灌木	本地种
26	毛黄肉楠	*Actinodaphne pilosa* (Lour.) Merr.	樟科	黄肉楠属	乔木	本地种
27	潺槁木姜子	*Litsea glutinosa* (Lour.) C. B. Rob.	樟科	木姜子属	乔木	本地种
28	假柿木姜子	*Litsea monopetala* (Roxb.) Pers.	樟科	木姜子属	乔木	本地种

（续）

序号	种名	拉丁名	科名	属名	生活型	植物来源
29	无根藤	*Cassytha filiformis* L.	樟科	无根藤属	草本	本地种
30	阴香	*Cinnamomum burmanni* (Nees & T.Nees) Blume	樟科	樟属	乔木	本地种
31	香樟	*Cinnamomum camphora* (L.) presl	樟科	樟属	乔木	栽培种
32	黄樟	*Cinnamomum parthenoxylon* (Jack.) Meissn	樟科	樟属	乔木	本地种
33	红花青藤	*Illigera rhodantha* Hance	莲叶桐科	青藤属	藤本	本地种
34	毛叶轮环藤	*Cyclea barbata* Miers	防己科	轮环藤属	藤本	本地种
35	粪箕笃	*Stephania longa* Lour.	防己科	千金藤属	藤本	本地种
36	中华青牛胆	*Tinospora sinensis* (Lour.) Merr.	防己科	青牛胆属	藤本	本地种
37	细圆藤	*Pericampylus glaucus* (Lam.) Merr.	防己科	细圆藤属	藤本	本地种
38	耳叶马兜铃	*Aristolochia tagala* Champ.	马兜铃科	马兜铃属	藤本	本地种
39	猪笼草	*Nepenthes mirabilis* (Lour.) Merr.	猪笼草科	猪笼草属	灌木	本地种
40	假蒟	*Piper sarmentosum* Roxb.	胡椒科	胡椒属	草本	本地种
41	皱子白花菜	*Cleome rutidosperma* DC. Prodr.	白花菜科	白花菜属	草本	归化种
42	黄花草	*Arivela viscosa* (L.) Raf.	白花菜科	黄花草属	草本	本地种
43	梁氏槌果藤	*Capparis micracantha* DC.	白花菜科	槌果藤属	攀缘灌木	本地种
44	落地生根	*Bryophyllum pinnatum* (L. f.) Oken	景天科	落地生根属	草本	逸生种
45	马齿苋	*Portulaca oleracea* L.	马齿苋科	马齿苋属	草本	本地种
46	白花蓼	*Polygonum coriarium* Grig.	蓼科	冰岛蓼属	草本	归化种
47	毛蓼	*Persicaria barbata* (L.) H. Hara	蓼科	蓼属	草本	本地种
48	火炭母	*Persicaria chinensis* (L.) H. Gross	蓼科	蓼属	草本	本地种
49	辣蓼	*Persicaria hydropiper* (L.) Spach	蓼科	蓼属	草本	本地种
50	红蓼	*Persicaria orientalis* (L.) Spach	蓼科	蓼属	草本	本地种
51	土荆芥	*Dysphania ambrosioides* (L.) Mosyakin & Clemants	藜科	藜属	草本	外来归化种
52	莲子草	*Alternanthera sessilis* (L.) DC.	苋科	莲子草属	草本	本地种
53	喜旱莲子草	*Alternanthera philoxeroides* (Mart.) Griseb.	苋科	莲子草属	草本	外来归化种
54	银花苋	*Gomphrena celosioides* Mart.	苋科	千日红属	草本	外来归化种
55	千日红	*Gomphrena globosa* L.	苋科	千日红属	草本	栽培种
56	青葙	*Celosia argentea* L.	苋科	青葙属	草本	本地种

（续）

序号	种名	拉丁名	科名	属名	生活型	植物来源
57	土牛膝	*Achyranthes aspera* L.	苋科	牛膝属	草本	本地种
58	野苋	*Amaranthus blitum* L.	苋科	苋属	草本	外来归化种
59	刺苋	*Amaranthus spinosus* L.	苋科	苋属	草本	外来归化种
60	落葵	*Basella alba* L.	落葵科	落葵属	草本	栽培种
61	酢浆草	*Oxalis corniculata* L.	酢浆草科	酢浆草属	草本	本地种
62	水角	*Hydrocera triflora* (L.) Wight. & Arn.	凤仙花科	水角属	草本	本地种
63	香膏萼距花	*Cuphea carthagenensis* (Jacq.) J. F. Macbr.	千屈菜科	萼距花属	草本	逸生种
64	圆叶节节菜	*Rotala rotundifolia* (Buch.-Ham. ex Roxb.) Koehne	千屈菜科	节节菜属	草本	本地种
65	海桑	*Sonneratia caseolaris* (L.) Engl.	海桑科	海桑属	乔木	本地种
66	无瓣海桑	*Sonneratia apetala* Buchanan-Hamilton	海桑科	海桑属	乔木	逸生种
67	水龙	*Ludwigia adscendens* (L.) Hara	柳叶菜科	丁香蓼属	草本	本地种
68	草龙	*Ludwigia hyssopifolia* (G. Don) Exell	柳叶草科	丁香蓼属	草本	本地种
69	毛草龙	*Ludwigia octovalvis* (Jacq.) Raven	柳叶菜科	丁香蓼属	草本	本地种
70	细花丁香蓼	*Ludwigia perennis* L.	柳叶菜科	丁香蓼属	草本	本地种
71	丁香蓼	*Ludwigia prostrata* Roxb.	柳叶菜科	丁香蓼属	草本	本地种
72	土沉香	*Aquilaria sinensis* (Lour.) Spreng.	瑞香科	沉香属	乔木	本地种
73	黄细心	*Boerhavia diffusa* L.	紫茉莉科	黄细心属	草本	本地种
74	避霜花	*Pisonia aculeata* L.	紫茉莉科	腺果藤属	藤状灌木	本地种
75	三角梅	*Bougainvillea glabra* Choisy	紫茉莉科	叶子花属	灌木	栽培种
76	台琼海桐	*Pittosporum pentandrum* var. *formosanum* (Hayata) Z. Y. Zhang & Turland	海桐花科	海桐花属	乔木	本地种
77	红海兰	*Rhizophora stylosa* Griff.	红树科	红树属	乔木	本地种
78	角果木	*Ceriops tagal* (Perr.) C. B. Rob.	红树科	角果木属	乔木	本地种
79	木榄	*Bruguiera gymnorrhiza* (L.) Poir.	红树科	木榄属	乔木	本地种
80	海莲	*Bruguiera sexangula* (Lour.) Poir.	红树科	木榄属	乔木	本地种
81	秋茄树	*Kandelia obovata* Sheue et al	红树科	秋茄树属	乔木	本地种
82	竹节树	*Carallia brachiata* (Lour.) Merr.	红树科	竹节树属	乔木	本地种
83	刺篱木	*Flacourtia indica* (Burm. f.) Merr.	大风子科	刺篱木属	灌木	本地种
84	嘉赐树	*Casearia glomerata* Roxb.	天料木科	嘉赐树属	乔木	本地种
85	海南嘉赐树	*Casearia membranacea* Hance	天料木科	嘉赐树属	乔木	本地种
86	龙珠果	*Passiflora foetida* L.	西番莲科	西番莲属	藤本	外来归化种

（续）

序号	种名	拉丁名	科名	属名	生活型	植物来源
87	毒瓜	*Diplocyclos palmatus* (L.) C. Jeffery	葫芦科	毒瓜属	藤本	本地种
88	红瓜	*Coccinia grandis* (L.) Voigt	葫芦科	红瓜属	藤本	外来归化种
89	胡瓜	*Cucumis sativus* L.	葫芦科	黄瓜属	藤本	栽培种
90	金瓜	*Trichosanthes* costata Blume	葫芦科	栝楼属	藤本	本地种
91	凤瓜	*Trichosanthes scabra* Loureiro	葫芦科	栝楼属	藤本	本地种
92	木鳖子	*Momordica cochinchinensis* (Lour.) Spreng.	葫芦科	苦瓜属	藤本	本地种
93	番木瓜	*Carica papaya* L.	番木瓜科	番木瓜属	乔木	栽培种
94	木荷	*Schima superba* Gardn. & Champ.	山茶科	木荷属	乔木	本地种
95	油茶	*Camellia oleifera* Abel.	山茶科	山茶属	灌木	本地种
96	海南杨桐	*Adinandra hainanensis* Hayata	山茶科	杨桐属	乔木	本地种
97	金莲木	*Ochna integerrima* (Lour.) Merr.	金莲木科	金莲木属	乔木	本地种
98	窿缘桉	*Eucalyptus exserta* F. V. Muell.	桃金娘科	桉属	乔木	栽培种
99	桉	*Eucalyptus robusta* Smith	桃金娘科	桉属	乔木	栽培种
100	细叶桉	*Eucalyptus tereticornis* Smith	桃金娘科	桉属	乔木	栽培种
101	番石榴	*Psidium guajava* Linn.	桃金娘科	番石榴属	乔木	栽培种
102	岗松	*Baeckea frutescens* L.	桃金娘科	岗松属	灌木	本地种
103	乌墨	*Syzygium cumini* (L.) Skeels	桃金娘科	蒲桃属	乔木	本地种
104	黑嘴蒲桃	*Syzygium bullockii* (Hance) Merr. & Perry	桃金娘科	蒲桃属	乔木	本地种
105	方枝蒲桃	*Syzygium tephrodes* (Hance) Merr. & Perry	桃金娘科	蒲桃属	灌木	特有种
106	水翁	*Syzygium nervosum* Candolle	桃金娘科	水翁属	乔木	本地种
107	桃金娘	*Rhodomyrtus tomentosa* (Ait.) Hassk.	桃金娘科	桃金娘属	灌木	本地种
108	红花玉蕊	*Barringtonia acutangula* (L.) Gaertn.	玉蕊科	玉蕊属	乔木	栽培种
109	玉蕊	*Barringtonia racemosa* (L.) Spreng.	玉蕊科	玉蕊属	乔木	本地种
110	谷木	*Memecylon ligustrifolium* Champ.	野牡丹科	谷木属	灌木	本地种
111	细叶野牡丹	*Melastoma intermedium* Dunn	野牡丹科	野牡丹属	灌木	本地种
112	野牡丹	*Melastoma malabathricum* L.	野牡丹科	野牡丹属	灌木	本地种
113	毛稔	*Melastoma sanguineum* Sims	野牡丹科	野牡丹属	灌木	本地种
114	榄李	*Lumnitzera racemosa* Willd.	使君子科	对叶榄李属	灌木	本地种
115	榄仁树	*Terminalia catappa* L.	使君子科	诃子属	乔木	本地种

（续）

序号	种名	拉丁名	科名	属名	生活型	植物来源
116	诃子	*Terminalia chebula* Retz.	使君子科	诃子属	乔木	栽培种
117	小叶榄仁	*Terminalia neotaliala* Capuron	使君子科	诃子属	乔木	栽培种
118	拉关木	*Laguncularia racemosa* C. F. Gaertn.	使君子科	拉关木属	乔木	栽培种
119	使君子	*Quisqualis indica* L.	使君子科	使君子属	灌木	本地种
120	琼崖海棠	*Calophyllum inophyllum* L.	藤黄科	红厚壳属	乔木	本地种
121	黄牛木	*Cratoxylum cochinchinense* (Lour.) Bl.	藤黄科	黄牛木属	乔木	本地种
122	地耳草	*Hypericum japonicum* Thunb. ex Murray	藤黄科	金丝桃属	草本	本地种
123	山竹	*Garcinia mangostana* L.	藤黄科	藤黄属	乔木	栽培种
124	岭南山竹子	*Garcinia oblongifolia* Champ. ex Benth.	藤黄科	藤黄属	乔木	本地种
125	刺蒴麻	*Triumfetta rhomboidea* Jacq.	椴树科	刺蒴麻属	灌木	本地种
126	破布叶	*Microcos paniculata* L.	椴树科	破布叶属	乔木	本地种
127	田麻	*Corchoropsis crenata* Sieb. & Zucc.	椴树科	田麻属	草本	本地种
128	锡兰榄	*Elaeocarpus serratus* Benth.	杜英科	杜英属	乔木	栽培种
129	翻白叶树	*Pterospermum heterophyllum* Hance	梧桐科	翅子树属	乔木	本地种
130	窄叶半枫荷	*Pterospermum lanceifolium* Roxburgh	梧桐科	翅子树属	乔木	本地种
131	马松子	*Melochia corchorifolia* L.	梧桐科	马松子属	草本	本地种
132	假苹婆	*Sterculia lanceolata* Cav.	梧桐科	苹婆属	乔木	本地种
133	山芝麻	*Helicteres angustifolia* L.	梧桐科	山芝麻属	灌木	本地种
134	蛇婆子	*Waltheria indica* L.	梧桐科	蛇婆子属	灌木	外来归化种
135	海南梧桐	*Firmiana hainanensis* Kosterm.	梧桐科	梧桐属	乔木	特有种
136	银叶树	*Heritiera littoralis* Dryand.	梧桐科	银叶树属	乔木	本地种
137	鹧鸪麻	*Kleinhovia hospita* L.	梧桐科	鹧鸪麻属	乔木	本地种
138	发财树	*Pachira aquatica* AuBlume	木棉科	瓜栗属	乔木	栽培种
139	吉贝	*Ceiba pentandra* (L.) Gaertn.	木棉科	吉贝属	乔木	栽培种
140	木棉	*Bombax ceiba* L.	木棉科	木棉属	乔木	本地种
141	地桃花	*Urena lobata* L.	锦葵科	梵天花属	灌木	本地种
142	黄花稔	*Sida acuta* Burm. f.	锦葵科	黄花稔属	草本	本地种
143	桤叶黄花稔	*Sida alnifolia* L.	锦葵科	黄花稔属	灌木	本地种
144	心叶黄花稔	*Sida cordifolia* L.	锦葵科	黄花稔属	灌木	本地种
145	白背黄花稔	*Sida rhombifolia* L.	锦葵科	黄花稔属	草本	本地种
146	榛叶黄花稔	*Sida subcordata* Span.	锦葵科	黄花稔属	灌木	本地种

序号	种名	拉丁名	科名	属名	生活型	植物来源
147	黄槿	*Talipariti tiliaceum* (L.) Fryxell.	锦葵科	黄槿属	乔木	本地种
148	锦葵	*Malva cathayensis* M. G. Gilbert, Y. Tang Dorr	锦葵科	锦葵属	草本	栽培种
149	刺芙蓉	*Hibiscus surattensis* L.	锦葵科	木槿属	草本	本地种
150	玫瑰茄	*Hibiscus sabdariffa* L.	锦葵科	木槿属	草本	栽培种
151	黄葵	*Abelmoschus moschatus* Medicus	锦葵科	秋葵属	草本	本地种
152	赛葵	*Malvastrum coromandelianum* (L.) Gurcke	锦葵科	赛葵属	灌木	外来归化种
153	杨叶肖槿	*Thespesia populnea* (L.) Soland. ex Corr.	锦葵科	桐棉属	乔木	本地种
154	磨盘草	*Abutilon indicum* (L.) Sweet	锦葵科	苘麻属	草本	本地种
155	盾翅藤	*Aspidopterys glabriuscula* (Wall.) A. Juss.	金虎尾科	盾翅藤属	藤本	本地种
156	白饭树	*Flueggea virosa* (Roxb. ex Willd.) Voigt	大戟科	白饭树属	灌木	本地种
157	白树	*Suregada multiflora* (Jussieu) Baillon	大戟科	白树属	乔木	本地种
158	白桐树	*Claoxylon indicum* (Reinw. ex Bl.) Hassk.	大戟科	白桐树属	乔木	本地种
159	蓖麻	*Ricinus communis* L.	大戟科	蓖麻属	草本	外来逸生种
160	白苞猩猩草	*Euphorbia heterophylla* L.	大戟科	大戟属	草本	本地种
161	通奶草	*Euphorbia hypericifolia* L.	大戟科	大戟属	草本	本地种
162	地杨桃	*Sebastiania chamaelea* (L.) Muell. Arg.	大戟科	地杨桃属	草本	本地种
163	海漆	*Excoecaria agallocha* Linn.	大戟科	海漆属	乔木	本地种
164	黑面神	*Breynia fruticosa* (L.) Hook. f.	大戟科	黑面神属	乔木	本地种
165	滑桃树	*Trewia nudiflora* L.	大戟科	滑桃树属	乔木	本地种
166	留萼木	*Blachia pentzii* (Muell. Arg.) Benth.	大戟科	留萼木属	灌木	本地种
167	麻风树	*Jatropha curcas* L.	大戟科	麻疯树属	乔木	逸生种
168	木薯	*Manihot esculenta* Crantz	大戟科	木薯属	灌木	栽培种
169	秋枫	*Bischofia javanica* Bl.	大戟科	秋枫属	乔木	本地种
170	羽脉山麻杆	*Alchornea rugosa* (Lour.) Muell. Arg.	大戟科	山麻杆属	乔木	本地种
171	热带铁苋菜	*Acalypha indica* L.	大戟科	铁苋菜属	灌木	本地种
172	土蜜树	*Bridelia tomentosa* Bl.	大戟科	土蜜树属	乔木	本地种
173	大叶土蜜树	*Bridelia retusa* (L.) Spreng.	大戟科	土蜜树属	乔木	本地种
174	乌桕	*Triadica sebifera* (Linn.) Small	大戟科	乌桕属	乔木	本地种
175	山乌桕	*Triadica cochinchinensis* Loureiro	大戟科	乌桕属	乔木	本地种
176	五月茶	*Antidesma bunius* (L.) Spreng	大戟科	五月茶属	乔木	本地种

（续）

序号	种名	拉丁名	科名	属名	生活型	植物来源
177	方叶五月茶	*Antidesma ghaesembilla* Gaertn.	大戟科	五月茶属	乔木	本地种
178	山地五月茶	*Antidesma montanum* Bl.	大戟科	五月茶属	乔木	本地种
179	橡胶树	*Hevea brasiliensis* (Willd. ex A. Juss.) Muell. Arg.	大戟科	橡胶树属	乔木	栽培种
180	白背叶	*Mallotus apelta* (Lour.) Muell. Arg.	大戟科	野桐属	乔木	本地种
181	粗毛野桐	*Mallotus hookerianus* (Seem.) Muell. Arg.	大戟科	野桐属	乔木	本地种
182	粗糠柴	*Mallotus philippinensis* (Lam.) Müll. Arg.	大戟科	野桐属	乔木	本地种
183	山苦茶	*Mallotus peltatus* (Geiseler) Müll. Arg.	大戟科	野桐属	乔木	本地种
184	白楸	*Mallotus paniculatus* (Lam.) Muell. Arg.	大戟科	野桐属	乔木	本地种
185	石岩枫	*Mallotus repandus* (Willd.) Muell. Arg.	大戟科	野桐属	攀缘灌木	本地种
186	云南野桐	*Mallotus yunnanensis* Pax & Hoffm.	大戟科	野桐属	乔木	本地种
187	余甘子	*Phyllanthus emblica* L.	大戟科	叶下珠属	乔木	本地种
188	苦味叶下珠	*Phyllanthus amarus* Shumacher & Thonning	大戟科	叶下珠属	草本	本地种
189	小果叶下珠	*Phyllanthus reticulatus* Poir.	大戟科	叶下珠属	灌木	本地种
190	叶下珠	*Phyllanthus urinaria* L.	大戟科	叶下珠属	草本	本地种
191	银柴	*Aporusa dioica* (Roxb.) Muell. Arg.	大戟科	银柴属	灌木	本地种
192	小盘木	*Microdesmis caseariifolia* Planch.	小盘木科	小盘木属	乔木	本地种
193	粗叶悬钩子	*Rubus alceaefolius* Poir.	蔷薇科	悬钩子属	攀缘灌木	本地种
194	山莓	*Rubus corchorifolius* L. f.	蔷薇科	悬钩子属	灌木	本地种
195	蛇藨筋	*Rubus cochinchinensis* Tratt.	蔷薇科	悬钩子属	攀缘灌木	本地种
196	巴西含羞草	*Mimosa diplotricha* C. Wright	含羞草科	含羞草属	草本	逸生种
197	光荚含羞草	*Mimosa bimucronata* (Candolle) O. Kuntze	含羞草科	含羞草属	灌木	外来归化种
198	含羞草	*Mimosa pudica* L.	含羞草科	含羞草属	草本	外来归化种
199	黄豆树	*Albizia procera* (Roxb.) Benth.	含羞草科	合欢属	乔木	本地种
200	阔荚合欢	*Albizia lebbeck* (Linn.) Benth.	含羞草科	合欢属	乔木	栽培种
201	猴耳环	*Archidendron clypearia* (Jack) I. C. Nielsen	含羞草科	猴耳环属	乔木	本地种
202	亮叶猴耳环	*Archidendron lucidum* (Benth) I. C. Nielsen	含羞草科	猴耳环属	乔木	本地种
203	大叶相思	*Acacia auriculiformis* A. Cunn. ex Benth.	含羞草科	金合欢属	乔木	栽培种
204	台湾相思	*Acacia confusa* Merr.	含羞草科	金合欢属	乔木	栽培种

（续）

序号	种名	拉丁名	科名	属名	生活型	植物来源
205	马占相思	*Acacia mangium* Willd	含羞草科	金合欢属	乔木	栽培种
206	羽叶金合欢	*Senegalia pennata* (L.) Maslin	含羞草科	儿茶属	攀缘灌木	本地种
207	银合欢	*Leucaena leucocephala* (Lam.) de Wit	含羞草科	银合欢属	乔木	逸生种
208	望江南	*Senna occidentalis* (L.) Link	苏木科	番泻决明属	灌木	本地种
209	决明子	*Senna tora* (L.) Roxburgh	苏木科	番泻决明属	草本	外来归化种
210	龙须藤	*Bauhinia championii* (Benth.) Benth.	苏木科	羊蹄甲属	藤本	本地种
211	锈荚藤	*Bauhinia erythropoda* Hayata	苏木科	羊蹄甲属	藤本	本地种
212	刺果苏木	*Caesalpinia bonduc* (L.) Roxb.	苏木科	云实属	藤本	本地种
213	云实	*Caesalpinia decapetala* (Roth) Alston	苏木科	云实属	藤本	本地种
214	蝙蝠草	*Christia vespertilionis* (L. f.) Bahn. f.	蝶形花科	蝙蝠草属	草本	本地种
215	铺地蝙蝠草	*Christia obcordata* (Poir.) Bahn. f.	蝶形花科	蝙蝠草属	草本	本地种
216	扁豆	*Lablab purpureus* (L.) Sweet	蝶形花科	扁豆属	藤本	栽培种
217	刺桐	*Erythrina variegata* L.	蝶形花科	刺桐属	乔木	本地种
218	小刀豆	*Canavalia cathartica* Thou.	蝶形花科	刀豆属	藤本	本地种
219	海刀豆	*Canavalia rosea* (Sw.) DC.	蝶形花科	刀豆属	藤本	本地种
220	合萌	*Aeschynomene indica* L.	蝶形花科	合萌属	草本	本地种
221	葫芦茶	*Tadehagi triquetrum* (L.) Ohashi	蝶形花科	葫芦茶属	草本	本地种
222	灰毛豆	*Tephrosia purpurea* (L.) Pers.	蝶形花科	灰毛豆属	灌木	本地种
223	两粤黄檀	*Dalbergia benthamii* Prain	蝶形花科	黄檀属	藤本	本地种
224	弯枝黄檀	*Dalbergia candenatensis* (Dennst.) Prainin Journ.	蝶形花科	黄檀属	藤本	本地种
225	降香	*Dalbergia odorifera* T. Chen	蝶形花科	黄檀属	乔木	特有种
226	显脉山蚂蝗	*Grona reticulata* (Champ. ex Benth.) A. Ohashi & Ohashi	蝶形花科	假地豆属	灌木	本地种
227	三点金	*Grona triflora* (L.) H. Ohashi & K. Ohashi	蝶形花科	假地豆属	草本	本地种
228	狸尾豆	*Uraria lagopodioides* (L.) Desv. ex DC.	蝶形花科	狸尾豆属	草本	本地种
229	密子豆	*Pycnospora lutescens* (Poir.) Schindl.	蝶形花科	密子豆属	草本	本地种
230	蔓草虫豆	*Cajanus scarabaeoides* (L.) Thouars	蝶形花科	木豆属	藤本	本地种
231	毛排钱草	*Phyllodium elegans* (Lour.) Desv.	蝶形花科	排钱树属	灌木	本地种
232	水黄皮	*Pongamia pinnata* (L.) Pierre	蝶形花科	水黄皮属	乔木	本地种
233	田菁	*Sesbania cannabina* (Retz.) Poir.	蝶形花科	田菁属	草本	逸生种
234	毛相思子	*Abrus pulchellus* subsp. *mollis* (Hance) Verdc.	蝶形花科	相思子属	藤本	本地种

（续）

序号	种名	拉丁名	科名	属名	生活型	植物来源
235	鸽仔豆	*Dunbaria truncata* (Miquel) Maesen	蝶形花科	野扁豆属	草本	本地种
236	鱼藤	*Derris trifoliata* Lour.	蝶形花科	鱼藤属	藤本	本地种
237	中南鱼藤	*Derris fordii* Oliv.	蝶形花科	鱼藤属	灌木	本地种
238	粉叶鱼藤	*Derris glauca* Merr. & Chun	蝶形花科	鱼藤属	藤本	本地种
239	猪屎豆	*Crotalaria pallida* Ait.	蝶形花科	猪屎豆属	灌木	本地种
240	紫檀	*Pterocarpus indicus* Willd.	蝶形花科	紫檀属	乔木	栽培种
241	枫香树	*Liquidambar formosana* Hance	金缕梅科	枫香树属	乔木	本地种
242	木麻黄	*Casuarina equisetifolia* L.	木麻黄科	木麻黄属	乔木	栽培种
243	假玉桂	*Celtis timorensis* Span.	榆科	朴属	乔木	本地种
244	朴树	*Celtis sinensis* Pers.	榆科	朴属	乔木	本地种
245	光叶山黄麻	*Trema cannabina* Lour.	榆科	山黄麻属	乔木	本地种
246	山黄麻	*Trema tomentosa* (Roxb.) Hara	榆科	山黄麻属	乔木	本地种
247	波罗蜜	*Artocarpus heterophyllus* Lam.	桑科	波罗蜜属	乔木	栽培种
248	白桂木	*Artocarpus hypargyreus* Hance	桑科	波罗蜜属	乔木	本地种
249	黄芝	*Maclura cochinchinensis* (Lour.) Corner	桑科	橙桑属	灌木	本地种
250	见血封喉	*Antiaris toxicaria* Lesch.	桑科	见血封喉属	乔木	本地种
251	牛筋藤	*Malaisia scandens* (Lour.) Planch.	桑科	牛筋藤属	攀缘灌木	本地种
252	鹊肾树	*Streblus asper* Lour.	桑科	鹊肾树属	乔木	本地种
253	叶被木	*Streblus taxoides* (Heyne) Kurz	桑科	鹊肾树属	灌木	本地种
254	高山榕	*Ficus altissima* Blume	桑科	榕属	乔木	本地种
255	山榕	*Ficus heterophylla* L. f.	桑科	榕属	灌木	本地种
256	粗叶榕	*Ficus hirta* Vahl	桑科	榕属	乔木	本地种
257	对叶榕	*Ficus hispida* L.	桑科	榕属	乔木	本地种
258	榕树	*Ficus microcarpa* L. f.	桑科	榕属	乔木	本地种
259	琴叶榕	*Ficus pandurata* Hance	桑科	榕属	藤本	本地种
260	薜荔	*Ficus pumila* L.	桑科	榕属	攀缘灌木	本地种
261	斜叶榕	*Ficus tinctoria* Forst subsp. *gibbosa* (Bl.) Corner	桑科	榕属	乔木	本地种
262	黄葛榕	*Ficus virens* Ait.	桑科	榕属	乔木	本地种
263	桑树	*Morus alba* L.	桑科	桑属	乔木	逸生种
264	小叶冷水花	*Pilea microphylla* (L.) Liebm.	荨麻科	冷水花属	草本	栽培种

（续）

序号	种名	拉丁名	科名	属名	生活型	植物来源
265	荨麻	*Urtica fissa* E. Pritz.	荨麻科	荨麻属	草本	本地种
266	雾水葛	*Pouzolzia zeylanica* (L.) Benn.	荨麻科	雾水葛属	草本	本地种
267	苎麻	*Boehmeria nivea* (L.) Gaudich.	荨麻科	苎麻属	灌木	逸生种
268	铁冬青	*Ilex rotunda* Thunb.	冬青科	冬青属	乔木	本地种
269	变叶裸实	*Gymnosporia diversifolia* Maxim.	卫矛科	美登木属	灌木	本地种
270	小果微花藤	*Iodes vitiginea* (Hance) Hemsl.	茶茱萸科	微花藤属	藤本	本地种
271	广寄生	*Taxillus chinensis* (DC) Danser	桑寄生科	钝果寄生属	寄生灌木	本地种
272	寄生藤	*Dendrotrophe varians* (Blume) Miq.	檀香科	寄生藤属	藤本	本地种
273	铁包金	*Berchemia lineata* (L.) DC.	鼠李科	勾儿茶属	灌木	本地种
274	马甲子	*Paliurus ramosissimus* (Lour.) Poir.	鼠李科	马甲子属	灌木	栽培种
275	雀梅藤	*Sageretia thea* (Osbeck) Johnst.	鼠李科	雀梅藤属	灌木	本地种
276	海南鼠李	*Rhamnus hainanensis* Merr. & Chun	鼠李科	鼠李属	攀缘灌木	特有种
277	角花胡颓子	*Elaeagnus gonyanthes* Benth.	胡颓子科	胡颓子属	攀缘灌木	本地种
278	白粉藤	*Cissus repens* Lamk. Encycl.	葡萄科	白粉藤属	藤本	本地种
279	毛叶白粉藤	*Cissus assamica* (Laws.) Craib	葡萄科	白粉藤属	藤本	本地种
280	翼茎白粉藤	*Cissus pteroclada* Hayata	葡萄科	白粉藤属	草本	本地种
281	光叶蛇葡萄	*Ampelopsis glandulosa* (Wall.) Momiy. var. *hancei* (Planch.) Momiy.	葡萄科	蛇葡萄属	藤本	本地种
282	乌蔹莓	*Causonis japonica* (Thunb.) Raf.	葡萄科	乌蔹莓属	藤本	本地种
283	厚叶崖爬藤	*Tetrastigma pachyphyllum* (Hemsl.) Chun	葡萄科	崖爬藤属	攀缘灌木	本地种
284	三叶崖爬藤	*Tetrastigma hemsleyanum* Diels & Gilg	葡萄科	崖爬藤属	藤本	本地种
285	飞龙掌血	*Toddalia asiatica* (L.) Lam.	芸香科	飞龙掌血属	攀缘灌木	本地种
286	柚子树	*Citrus maxima* (Burm.) Merr.	芸香科	柑橘属	乔木	栽培种
287	黄皮	*Clausena lansium* (Lour.) Skeels	芸香科	黄皮属	乔木	栽培种
288	假黄皮	*Clausena excavata* Burm. f.	芸香科	黄皮属	乔木	本地种
289	簕欓花椒	*Zanthoxylum avicennae* (Lam.) DC.	芸香科	花椒属	乔木	本地种
290	拟蚬壳花椒	*Zanthoxylum laetum* Drake	芸香科	花椒属	藤本	本地种
291	两面针	*Zanthoxylum nitidum* (Roxb.) DC.	芸香科	花椒属	灌木	本地种
292	九里香	*Murraya exotica* L. Mant.	芸香科	九里香属	乔木	本地种
293	翼叶九里香	*Murraya alata* Drake	芸香科	九里香属	灌木	本地种
294	酒饼簕	*Atalantia buxifolia* (Poir.) Oliv.	芸香科	酒饼簕属	乔木	本地种

（续）

序号	种名	拉丁名	科名	属名	生活型	植物来源
295	三桠苦	*Melicope pteleifolia* (Champion ex Bentham) T. G. Hartley	芸香科	蜜茱萸属	灌木	本地种
296	牛筋果	*Harrisonia perforata* (Blanco) Merr.	芸香科	牛筋果属	灌木	本地种
297	了哥王	*Wikstroemia indica* (Linn.) C. A. Mey	芸香科	荛花属	灌木	本地种
298	山橘树	*Glycosmis cochinchinensis* (Lour.) Pierre ex Engl.	芸香科	山小橘属	灌木	本地种
299	山小橘	*Glycosmis pentaphylla* (Retz.) Correa	芸香科	山小橘属	灌木	本地种
300	降真香	*Acronychia pedunculata* (L.) Miq.	芸香科	山油柑属	乔木	本地种
301	楝叶吴茱萸	*Tetradium glabrifolium* (Champion ex Bentham) T. G. Hartley	芸香科	吴茱萸属	乔木	本地种
302	大管	*Micromelum falcatum* (Lour.) Tanaka	芸香科	小芸木属	灌木	本地种
303	鸦胆子	*Brucea javanica* (L.) Merr.	苦木科	鸦胆子属	灌木	本地种
304	杜楝	*Turraea pubescens* Hellen	楝科	杜楝属	灌木	本地种
305	楝	*Melia azedarach* L.	楝科	楝属	乔木	本地种
306	麻楝	*Chukrasia tabularis* A. Juss.	楝科	麻楝属	乔木	本地种
307	米仔兰	*Aglaia odorata* Lour.	楝科	米仔兰属	灌木	本地种
308	山楝	*Aphanamixis polystachya* (Wall.) R. N. Parker	楝科	山楝属	乔木	本地种
309	倒地铃	*Cardiospermum halicacabum* L.	无患子科	倒地铃属	藤本	本地种
310	荔枝	*Litchi chinensis* Sonn.	无患子科	荔枝属	乔木	逸生种
311	龙眼	*Dimocarpus longan* Lour.	无患子科	龙眼属	乔木	逸生种
312	异木患	*Allophylus viridis* Radlk.	无患子科	异木患属	灌木	本地种
313	岭南酸枣	*Allospondias lakonensis* (Pierre) Stapf	漆树科	岭南酸枣属	乔木	本地种
314	厚皮树	*Lannea coromandelica* (Houtt.) Merr.	漆树科	厚皮树属	乔木	本地种
315	杧果	*Mangifera indica* L.	漆树科	杧果属	乔木	逸生种
316	野漆	*Toxicodendron succedaneum* (L.) O. Kuntze	漆树科	漆属	乔木	本地种
317	盐肤木	*Rhus chinensis* Mill.	漆树科	盐麸木属	乔木	本地种
318	毛八角枫	*Alangium kurzii* Craib	八角枫科	八角枫属	乔木	本地种
319	土坛树	*Alangium salviifolium* (L.f.) Wangerin	八角枫科	八角枫属	乔木	本地种
320	楤木	*Aralia elata* (Miq.) Seem.	五加科	楤木属	乔木	本地种
321	鹅掌柴	*Heptapleurum heptaphyllum* (L.) Y. F. Deng	五加科	鹅掌柴属	乔木	本地种
322	幌伞枫	*Heteropanax fragrans* (Roxb.) Seem.	五加科	幌伞枫属	乔木	本地种

（续）

序号	种名	拉丁名	科名	属名	生活型	植物来源
323	白簕	*Eleutherococcus trifoliatus* (L.) S. Y. Hu	五加科	五加属	藤状灌木	本地种
324	天胡荽	*Hydrocotyle sibthorpioides* Lam.	伞形科	天胡荽属	草本	本地种
325	光叶柿	*Diospyros diversilimba* Merr. & Chun	柿科	柿属	乔木	本地种
326	毛柿	*Diospyros strigosa* Hemsl.	柿科	柿属	乔木	本地种
327	鲫鱼胆	*Maesa perlarius* (Lour.) Merr.	紫金牛科	杜茎山属	灌木	本地种
328	蜡烛果	*Aegiceras corniculatum* (L.) Blanco	紫金牛科	蜡烛果属	灌木	本地种
329	矮紫金牛	*Ardisia humilis* Vahl	紫金牛科	紫金牛属	灌木	本地种
330	钝叶紫金牛	*Ardisia obtusa* Mez	紫金牛科	紫金牛属	灌木	本地种
331	密花山矾	*Symplocos congesta* Benth.	山矾科	山矾属	灌木	本地种
332	越南山矾	*Symplocos cochinchinensis* (Lour.) S. Moore	山矾科	山矾属	乔木	本地种
333	十棱山矾	*Symplocos poilanei* Guill.	山矾科	山矾属	乔木	本地种
334	水田白	*Mitrasacme pygmaea* R. Br.	马钱科	尖帽草属	草本	本地种
335	牛眼马钱	*Strychnos angustiflora* Benth.	马钱科	马钱属	灌木	本地种
336	白背枫	*Buddleja asiatica* Lour.	马钱科	醉鱼草属	灌木	本地种
337	滨木犀榄	*Olea brachiata* (Loureiro) Merrill ex G. W. Groff	木犀科	木犀榄属	灌木	本地种
338	扭肚藤	*Jasminum elongatum* (Bergius) Willd.	木犀科	素馨属	攀缘灌木	本地种
339	小萼素馨	*Jasminum microcalyx* Hance	木犀科	素馨属	攀缘灌木	本地种
340	青藤仔	*Jasminum nervosum* Lour.	木犀科	素馨属	攀缘灌木	本地种
341	倒吊笔	*Wrightia pubescens* R. Br.	夹竹桃科	倒吊笔属	乔木	本地种
342	药用狗牙花	*Tabernaemontana bovina* Lour.	夹竹桃科	狗牙花属	灌木	本地种
343	海杧果	*Cerbera manghas* L.	夹竹桃科	海杧果属	乔木	本地种
344	弓果藤	*Toxocarpus wightianus* Hook. & Arn.	萝藦科	弓果藤属	藤本	本地种
345	海岛藤	*Gymnanthera oblonga* (N. L. Burman) P. S. Green	萝藦科	海岛藤属	藤本	本地种
346	鲫鱼藤	*Secamone elliptica* R. Br.	萝藦科	鲫鱼藤属	灌木	本地种
347	南山藤	*Dregea volubilis* (L. f.) Benth. ex Hook. f.	萝藦科	南山藤属	藤本	本地种
348	崖县球兰	*Hoya liangii* Tsiang	萝藦科	球兰属	攀缘灌木	本地种
349	匙羹藤	*Gymnema sylvestre* (Retz.) Schult.	萝藦科	匙羹藤属	藤本	本地种
350	海巴戟	*Morinda citrifolia* L.	茜草科	巴戟天属	乔木	本地种
351	细叶巴戟天	*Morinda parvifolia* Bartl. & DC.	茜草科	巴戟天属	攀缘灌木	本地种

（续）

序号	种名	拉丁名	科名	属名	生活型	植物来源
352	羊角藤	*Morinda umbellata* L. subsp. *obovata* Y. Z. Ruan	茜草科	巴戟天属	攀缘灌木	本地种
353	希茉莉	*Hamelia patens* Jacq.	茜草科	长隔木属	灌木	栽培种
354	广东大沙叶	*Pavetta hongkongensis* Bremek.	茜草科	大沙叶属	乔木	本地种
355	细叶亚婆潮	*Hedyotis auricularia* L. var. *mina* Ko	茜草科	耳草属	草本	本地种
356	伞房花耳草	*Hedyotis corymbosa* (L.) Lam.	茜草科	耳草属	草本	本地种
357	松叶耳草	*Hedyotis pinifolia* Wall.	茜草科	耳草属	草本	本地种
358	丰花草	*Spermacoce pusilla* Wallich	茜草科	丰花草属	草本	本地种
359	阔叶丰花草	*Spermacoce alata* Aublet	茜草科	丰花草属	草本	外来归化种
360	风箱树	*Cephalanthus tetrandrus* (Roxb.) Ridsd. & Badh. F.	茜草科	风箱树属	灌木	本地种
361	鸡屎藤	*Paederia foetida* L.	茜草科	鸡屎藤属	藤本	本地种
362	九节	*Psychotria asiatica* Wall.	茜草科	九节属	灌木	本地种
363	海南龙船花	*Ixora hainanensis* Merr.	茜草科	龙船花属	灌木	本地种
364	墨苜蓿	*Richardia scabra* L.	茜草科	墨苜蓿属	草本	外来归化种
365	山石榴	*Catunaregam spinosa* (Thunb.) Tirveng.	茜草科	山石榴属	灌木	本地种
366	白花苦灯笼	*Tarenna mollissima* (Hook. & Arn.) Rob.	茜草科	乌口树属	灌木	本地种
367	小牙草	*Dentella repens* (L.) J. R. & G. Forst.	茜草科	小牙草属	草本	本地种
368	猪肚木	*Canthium horridum* Bl. Bijdr.	茜草科	鱼骨木属	灌木	本地种
369	楠藤	*Mussaenda erosa* Champ.	茜草科	玉叶金花属	攀缘灌木	本地种
370	玉叶金花	*Mussaenda pubescens* W. T. Aiton	茜草科	玉叶金花属	攀缘灌木	本地种
371	华南忍冬	*Lonicera confusa* (Sweet) DC.	忍冬科	忍冬属	藤本	本地种
372	艾纳香	*Blumea balsamifera* (L.) DC.	菊科	艾纳香属	草本	本地种
373	斑鸠菊	*Vernonia esculenta* Hemsl.	菊科	斑鸠菊属	草本	本地种
374	毒根斑鸠菊	*Vernonia cumingiana* Benth.	菊科	斑鸠菊属	草本	本地种
375	咸虾花	*Vernonia patula* (Dryand.) Merr.	菊科	斑鸠菊属	草本	本地种
376	戴星草	*Sphaeranthus africanus* L.	菊科	戴星草属	草本	本地种
377	地胆草	*Elephantopus scaber* L.	菊科	地胆草属	草本	本地种
378	一年蓬	*Erigeron annuus* (L.) Pers.	菊科	飞蓬属	草本	本地种
379	白花鬼针草	*Bidens pilosa* L.	菊科	鬼针草属	草本	外来归化种
380	藿香蓟	*Ageratum conyzoides* L.	菊科	藿香蓟属	草本	外来归化种

（续）

序号	种名	拉丁名	科名	属名	生活型	植物来源
381	败酱叶菊芹	*Erechtites valerianifolius* (Link ex Sprengel) Candolle	菊科	菊芹属	草本	本地种
382	假臭草	*Praxelis clematidea* Cassini	菊科	假臭草属	草本	外来归化种
383	薇甘菊	*Mikania micrantha* H. B. K.	菊科	假泽兰属	攀缘草本	外来归化种
384	金纽扣	*Acmella paniculata* (Wallich ex Candolle) R. K. Jansen	菊科	金纽扣属	草本	本地种
385	金腰箭	*Synedrella nodiflora* (L.) Gaertn.	菊科	金腰箭属	草本	外来归化种
386	白子菜	*Gynura divaricata* (L.) DC.	菊科	菊三七属	草本	本地种
387	阔苞菊	*Pluchea indica* (L.) Less.	菊科	阔苞菊属	灌木	本地种
388	光梗阔苞菊	*Pluchea pteropoda* Hemsl.	菊科	阔苞菊属	灌木	本地种
389	鳢肠	*Eclipta prostrata* L.	菊科	鳢肠属	草本	本地种
390	钻叶紫菀	*Symphyotrichum subulatum* (Michx.) G.L.Nesom	菊科	联毛紫菀属	草本	外来逸生种
391	李花蟛蜞菊	*Wollastonia biflora* (L.) Candolle	菊科	李花菊属	草本	本地种
392	南美蟛蜞菊	*Sphagneticola trilobata* (L.) Pruski	菊科	蟛蜞菊属	草本	外来归化种
393	豨莶	*Siegesbeckia orientalis* L.	菊科	豨莶属	草本	本地种
394	野茼蒿	*Crassocephalum crepidioides* (Benth.) S. Moore	菊科	野茼蒿属	草本	本地种
395	夜香牛	*Cyanthillium cinereum* (L.) H. Rob.	菊科	夜香牛属	草本	本地种
396	一点红	*Emilia sonchifolia* (L.) DC.	菊科	一点红属	草本	本地种
397	银胶菊	*Parthenium hysterophorus* L.	菊科	银胶菊属	草本	外来归化种
398	鱼眼草	*Dichrocephala integrifolia* (L. f.) Kuntze	菊科	鱼眼菊属	草本	本地种
399	飞机草	*Chromolaena odorata* (L.) R. M. King & H. Robinson	菊科	泽兰属	草本	外来归化种
400	金银莲花	*Nymphoides indica* (L.) O. Kuntze	龙胆科	莕菜属	草本	本地种
401	白花丹	*Plumbago zeylanica* L.	白花丹科	白花丹属	草本	本地种
402	田基麻	*Hydrolea zeylanica* (L.) Vahl	田基麻科	田基麻属	草本	本地种
403	宿苞厚壳树	*Ehretia asperula* Zoll. & Mor.	紫草科	厚壳树属	攀缘灌木	本地种
404	福建茶	*Carmona microphylla* (Lam.) G. Don	紫草科	基及树属	灌木	本地种
405	颠茄	*Atropa belladonna* L.	茄科	颠茄属	草本	栽培种
406	辣椒	*Capsicum annuum* L.	茄科	辣椒属	灌木	逸生种
407	白花曼陀罗	*Datura metel* L.	茄科	曼陀罗属	灌木	本地种

（续）

序号	种名	拉丁名	科名	属名	生活型	植物来源
408	少花龙葵	*Solanum americanum* Mill.	茄科	茄属	草本	本地种
409	假烟叶树	*Solanum erianthum* D. Don	茄科	茄属	灌木	本地种
410	海南茄	*Solanum procumbens* Lour.	茄科	茄属	攀缘灌木	本地种
411	水茄	*Solanum torvum* Swartz	茄科	茄属	灌木	本地种
412	苦蘵	*Physalis angulata* L.	茄科	酸浆属	草本	外来归化种
413	丁公藤	*Erycibe obtusifolia* Benth.	旋花科	丁公藤属	藤本	本地种
414	空心菜	*Ipomoea aquatica* Forsskal	旋花科	番薯属	草本	栽培种
415	五爪金龙	*Ipomoea cairica* (L.) Sweet	旋花科	番薯属	藤本	逸生种
416	紫心牵牛	*Ipomoea obscura* (L.) Ker-Gawl.	旋花科	番薯属	草本	本地种
417	土丁桂	*Evolvulus alsinoides* L.	旋花科	土丁桂属	草本	本地种
418	白鹤藤	*Argyreia acuta* Lour.	旋花科	银背藤属	藤本	本地种
419	头花银背藤	*Argyreia capitiformis* (Poiret) van Ooststroom	旋花科	银背藤属	藤本	本地种
420	篱栏网	*Merremia hederacea* (Burm. f.) Hall. f.	旋花科	鱼黄草属	藤本	本地种
421	山猪菜	*Merremia umbellata* subsp. *orientalis* (H.Hallier) van Ooststroom	旋花科	鱼黄草属	草本	本地种
422	掌叶山猪菜	*Merremia vitifolia* (Burm. f.) Hall. f.	旋花科	鱼黄草属	草本	本地种
423	宽叶母草	*Lindernia nummulariifolia* (D. Don) Wettstein	玄参科	母草属	草本	本地种
424	野甘草	*Scoparia dulcis* L.	玄参科	野甘草属	草本	外来归化种
425	美叶菜豆树	*Radermachera frondosa* Chun & How	紫葳科	菜豆树属	乔木	本地种
426	海南菜豆树	*Radermachera hainanensis* Merr.	紫葳科	菜豆树属	乔木	本地种
427	火焰木	*Spathodea campanulata* Beauv.	紫葳科	火焰树属	乔木	栽培种
428	猫尾木	*Markhamia stipulata* (Wall.) Seem.	紫葳科	猫尾木属	乔木	本地种
429	小驳骨	*Justicia gendarussa* N. L. Burman	爵床科	驳骨草属	草本	本地种
430	假杜鹃	*Barleria cristata* L.	爵床科	假杜鹃属	灌木	本地种
431	老鼠簕	*Acanthus ilicifolius* L.	爵床科	老鼠簕属	灌木	本地种
432	小花老鼠簕	*Acanthus ebracteatus* Vahl.	爵床科	老鼠簕属	灌木	本地种
433	枪刀药	*Hypoestes purpurea* (L.) R. Br.	爵床科	枪刀药属	草本	本地种
434	海康钩粉草	*Pseuderanthemum haikangense* C. Y. Wu & H. S. Lo	爵床科	山壳骨属	灌木	本地种
435	海南山牵牛	*Thunbergia fragrans* subsp. *hainanensis* (C.Y.Wu & H.S.Lo) H.P.Tsui	爵床科	山牵牛属	藤本	本地种

（续）

序号	种名	拉丁名	科名	属名	生活型	植物来源
436	山牵牛	*Thunbergia grandiflora* (Rottl. ex Willd.) Roxb.	爵床科	山牵牛属	藤本	本地种
437	碗花草	*Thunbergia fragrans* Roxb.	爵床科	山牵牛属	藤本	本地种
438	水蓑衣	*Hygrophila ringens* (L.) R. Brown ex Sprengel	爵床科	水蓑衣属	草本	本地种
439	小花十万错	*Asystasia gangetica* subsp. *micrantha* (Nees) Ensermu	爵床科	十万错属	草本	本地种
440	大青	*Clerodendrum cyrtophyllum* Turcz.	马鞭草科	大青属	灌木	本地种
441	龙吐珠	*Clerodendrum thomsonae* Balf. f.	马鞭草科	大青属	攀缘灌木	栽培种
442	豆腐柴	*Premna microphylla* Turcz.	马鞭草科	豆腐柴属	灌木	本地种
443	钝叶臭黄荆	*Premna serratifolia* L.	马鞭草科	豆腐柴属	灌木	本地种
444	苦郎树	*Volkameria inermis* L.	马鞭草科	苦郎树属	攀缘灌木	本地种
445	牡荆	*Vitex negundo* var. *cannabifolia* (Sieb. & Zucc.) Hand.-Mazz.	马鞭草科	牡荆属	灌木	本地种
446	山牡荆	*Vitex quinata* (Lour.) Wall.	马鞭草科	牡荆属	乔木	本地种
447	海榄雌	*Avicennia marina* (Forsk.) Vierh.	马鞭草科	海榄雌属	乔木	本地种
448	假败酱	*Stachytarpheta jamaicensis* (L.) Vahl.	马鞭草科	假马鞭属	草本	外来归化种
449	马缨丹	*Lantana camara* L.	马鞭草科	马缨丹属	灌木	外来归化种
450	裸花紫珠	*Callicarpa nudiflora* Hook. & Arn.	马鞭草科	紫珠属	灌木	本地种
451	水珍珠菜	*Pogostemon auricularius* (L.) Kassk.	唇形科	刺蕊草属	草本	本地种
452	广防风	*Anisomeles indica* (L.) Kuntze	唇形科	广防风属	草本	本地种
453	吊球草	*Hyptis rhomboidea* Mart. & Gal.	唇形科	山香属	草本	本地种
454	短柄吊球草	*Hyptis brevipes* Poit.	唇形科	山香属	草本	本地种
455	血见愁	*Teucrium viscidum* Bl.	唇形科	香科科属	草本	本地种
456	蜂巢草	*Leucas aspera* (Willd.) Link	唇形科	绣球防风属	草本	本地种
457	疏毛白绒草	*Leucas mollissima* Benth.var. *chinensis* Benth.	唇形科	绣球防风属	草本	本地种
458	龙舌草	*Ottelia alismoides* (L.) Pers.	水鳖科	水车前属	草本	本地种
459	水菜花	*Ottelia cordata* (Wall.) Dandy	水鳖科	水车前属	草本	本地种
460	黄花蔺	*Limnocharis flava* (L.) Buch.	泽泻科	黄花蔺属	草本	本地种
461	四孔草	*Cyanotis cristata* (L.) D. Don	鸭跖草科	蓝耳草属	草本	本地种
462	饭包草	*Commelina benghalensis* L.	鸭跖草科	鸭跖草属	草本	本地种
463	节节草	*Commelina diffusa* N. L. Burm.	鸭跖草科	鸭跖草属	草本	本地种

（续）

序号	种名	拉丁名	科名	属名	生活型	植物来源
464	谷精草	*Eriocaulon buergerianum* Koern.	谷精草科	谷精草属	草本	本地种
465	凤梨	*Ananas comosus* (L.) Merr.	凤梨科	凤梨属	草本	栽培种
466	香蕉	*Musa nana* Lour.	芭蕉科	芭蕉属	草本	栽培种
467	芭蕉	*Musa basjoo* Sieb. & Zucc.	芭蕉科	芭蕉属	草本	栽培种
468	姜黄	*Curcuma longa* L.	姜科	姜黄属	草本	栽培种
469	草豆蔻	*Alpinia katsumadai* Hayata	姜科	山姜属	草本	本地种
470	益智	*Alpinia oxyphylla* Miq.	姜科	山姜属	草本	本地种
471	美人蕉	*Canna indica* L.	美人蕉科	美人蕉属	草本	栽培种
472	尖苞柊叶	*Phrynium placentarium* (Lour.) Merr.	竹芋科	柊叶属	草本	本地种
473	再力花	*Thalia dealbata* Fraser	竹芋科	水竹芋属	草本	栽培种
474	竹芋	*Maranta arundinacea* L.	竹芋科	竹芋属	草本	栽培种
475	吊兰	*Chlorophytum comosum* (Thunb.) Baker	百合科	吊兰属	草本	栽培种
476	长花龙血树	*Dracaena angustifolia* Roxb.	百合科	龙血树属	灌木	本地种
477	山菅兰	*Dianella ensifolia* (L.) Redouté	百合科	山菅属	草本	本地种
478	山麦冬	*Liriope spicata* (Thunb.) Lour.	百合科	山麦冬属	草本	本地种
479	天门冬	*Asparagus cochinchinensis* (Lour.) Merr.	百合科	天门冬属	草本	本地种
480	沿阶草	*Ophiopogon bodinieri* Levl.	百合科	沿阶草属	草本	本地种
481	凤眼莲	*Eichhornia crassipes* (Mart.) Solme	雨久花科	凤眼莲属	草本	外来归化种
482	高葶雨久花	*Monochoria elata* Ridley	雨久花科	雨久花属	草本	本地种
483	雨久花	*Monochoria korsakowii* Regel & Maack	雨久花科	雨久花属	草本	本地种
484	鸭舌草	*Monochoria vaginalis* (Burm. F.) Presl ex Kunth	雨久花科	雨久花属	草本	本地种
485	小花肖菝葜	*Smilax micrandra* (T. Koyama) P. Li & C. X. Fu	菝葜科	菝葜属	攀缘灌木	本地种
486	菖蒲	*Acorus calamus* L.	天南星科	菖蒲属	草本	栽培种
487	大薸	*Pistia stratiotes* L.	天南星科	大薸属	草本	本地种
488	海芋	*Alocasia odora* (Roxburgh) K. Koch	天南星科	海芋属	草本	本地种
489	合果芋	*Syngonium podophyllum* Schott	天南星科	合果芋属	草本	栽培种
490	绿萝	*Epipremnum aureum* (Linden & Andre) Bunting	天南星科	麒麟叶属	藤本	栽培种
491	麒麟叶	*Epipremnum pinnatum* (L.) Engl.	天南星科	麒麟叶属	藤本	本地种
492	蜈蚣藤	*Pothos repens* (Lour.) Druce	天南星科	石柑属	藤本	本地种

（续）

序号	种名	拉丁名	科名	属名	生活型	植物来源
493	野芋	*Colocasia antiquorum* Schott	天南星科	芋属	草本	本地种
494	水烛	*Typha angustifolia* L.	香蒲科	香蒲属	草本	本地种
495	文殊兰	*Crinum asiaticum* var. *sinicum* (Roxb.ex Herb.) Baker	石蒜科	文殊兰属	草本	栽培种
496	细花百部	*Stemona parviflora* C. H. Wright	百部科	百部属	藤本	本地种
497	槟榔	*Areca catechu* L.	棕榈科	槟榔属	乔木	栽培种
498	刺葵	*Phoenix loureiroi* Kunth	棕榈科	刺葵属	乔木	本地种
499	白藤	*Calamus tetradactylus* Hance	棕榈科	省藤属	藤本	本地种
500	水椰	*Nypa fruticans* Wurmb	棕榈科	水椰属	灌木	本地种
501	王棕	*Roystonea regia* (Kunth) O. F. Cook	棕榈科	王棕属	乔木	栽培种
502	椰子	*Cocos nucifera* L.	棕榈科	椰子属	乔木	本地种
503	短穗鱼尾葵	*Caryota mitis* Lour.	棕榈科	鱼尾葵属	乔木	本地种
504	扇叶轴榈	*Licuala flabellum* Mart.	棕榈科	轴榈属	灌木	栽培种
505	露兜草	*Pandanus austrosinensis* T. L. Wu	露兜树科	露兜树属	草本	本地种
506	露兜树	*Pandanus tectorius* Sol.	露兜树科	露兜树属	乔木	本地种
507	荸荠	*Eleocharis dulcis* (N. L. Burman) Trinius ex Henschel	莎草科	荸荠属	草本	本地种
508	大藨草	*Actinoscirpus grossus* (L. f.) Goetghebeur & D. A. Simpson	莎草科	大藨草属	草本	本地种
509	飘拂草	*Fimbristylis dichotoma* (L.) Vahl	莎草科	飘拂草属	草本	本地种
510	水虱草	*Fimbristylis littoralis* Grandich	莎草科	飘拂草属	草本	本地种
511	三头水蜈蚣	*Kyllinga bulbosa* P. Beauvois	莎草科	水蜈蚣属	草本	本地种
512	单穗水蜈蚣	*Kyllinga nemoralis* (J. R. Forster & G. Forster) Dandy ex Hutchinson & Dalziel	莎草科	水蜈蚣属	草本	本地种
513	砖子苗	*Cyperus cyperoides* (L.) Kuntze	莎草科	莎草属	草本	本地种
514	异型莎草	*Cyperus difformis* L.	莎草科	莎草属	草本	本地种
515	风车草	*Cyperus involucratus* Rottboll	莎草科	莎草属	草本	逸生种
516	羽状穗砖子苗	*Cyperus javanicus* Houtt.	莎草科	莎草属	草本	本地种
517	茳芏	*Cyperus malaccensis* Lam.	莎草科	莎草属	草本	本地种
518	水毛花	*Schoenoplectiella mucronata* (L.) J.Jung & H.K.Choi	莎草科	萤蔺属	草本	本地种
519	毛果珍珠茅	*Scleria levis* Retz.	莎草科	珍珠茅属	草本	本地种

（续）

序号	种名	拉丁名	科名	属名	生活型	植物来源
520	白茅	*Imperata cylindrica* (L.) Beauv.	禾本科	白茅属	草本	本地种
521	地毯草	*Axonopus compressus* (Sw.) Beauv.	禾本科	地毯草属	草本	外来归化种
522	斑茅	*Saccharum arundinaceum* Retz.	禾本科	甘蔗属	草本	本地种
523	甜根子草	*Saccharum spontaneum* L.	禾本科	甘蔗属	草本	本地种
524	狗尾草	*Setaria viridis* (L.) Beauv.	禾本科	狗尾草属	草本	本地种
525	狗牙根	*Cynodon dactylon* (L.) Pers.	禾本科	狗牙根属	草本	本地种
526	弓果黍	*Cyrtococcum patens* (L.) A. Camus	禾本科	弓果黍属	草本	外来归化种
527	画眉草	*Eragrostis pilosa* (L.) Beauv.	禾本科	画眉草属	草本	本地种
528	粉单竹	*Bambusa chungii* McClure	禾本科	簕竹属	乔木	本地种
529	狼尾草	*Pennisetum alopecuroides* (L.) Spreng.	禾本科	狼尾草属	草本	本地种
530	象草	*Pennisetum purpureum* Schum.	禾本科	狼尾草属	草本	逸生种
531	类芦	*Neyraudia reynaudiana* (Kunth.) Keng	禾本科	类芦属	草本	本地种
532	龙爪茅	*Dactyloctenium aegyptium* (L.) Beauv.	禾本科	龙爪茅属	草本	本地种
533	马唐	*Digitaria sanguinalis* (L.) Scop.	禾本科	马唐属	草本	本地种
534	膜稃草	*Hymenachne amplexicaulis* (Rudge) Nees	禾本科	膜稃草属	草本	本地种
535	竹叶草	*Oplismenus compositus* (L.) Beauv.	禾本科	求米草属	草本	本地种
536	两耳草	*Paspalum conjugatum* Berg.	禾本科	雀稗属	草本	本地种
537	牛筋草	*Eleusine indica* (L.) Gaertn.	禾本科	穆属	草本	本地种
538	水蔗草	*Apluda mutica* L.	禾本科	水蔗草属	草本	本地种
539	铺地黍	*Panicum repens* L.	禾本科	黍属	草本	外来归化种
540	水稻	*Oryza sativa* Linn.	禾本科	稻属	草本	栽培种
541	野生稻	*Oryza rufipogon* Griff.	禾本科	稻属	草本	本地种
542	蔓生莠竹	*Microstegium fasciculatum* (L.) Henrard	禾本科	莠竹属	草本	本地种

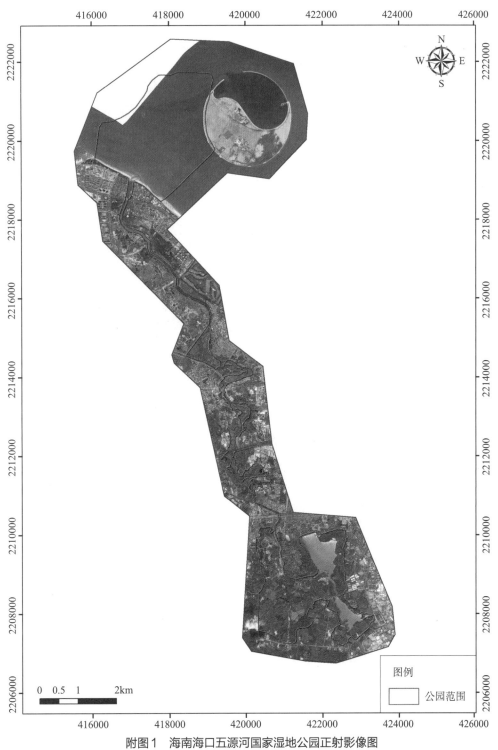

附图1　海南海口五源河国家湿地公园正射影像图

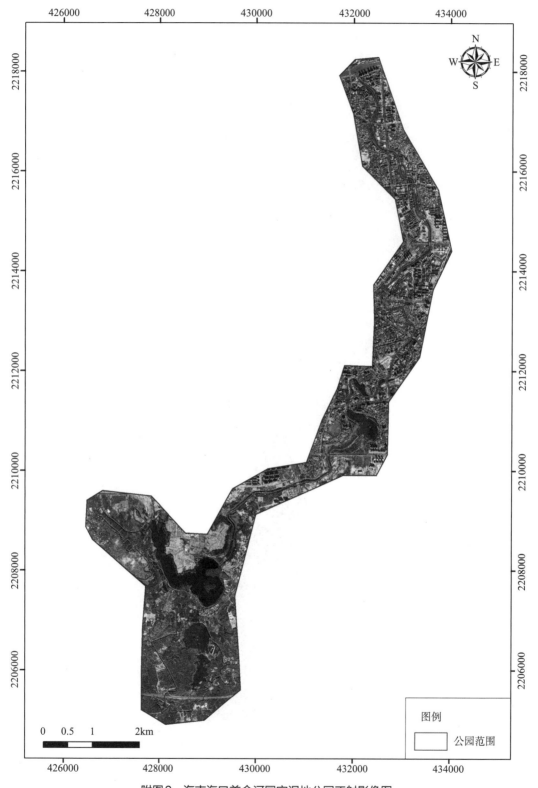

附图2　海南海口美舍河国家湿地公园正射影像图

附图3　海南东寨港国家级自然保护区正射影像图

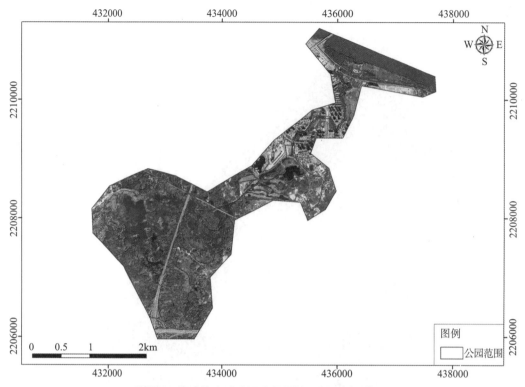

附图4　海南海口响水河省级湿地公园正射影像图

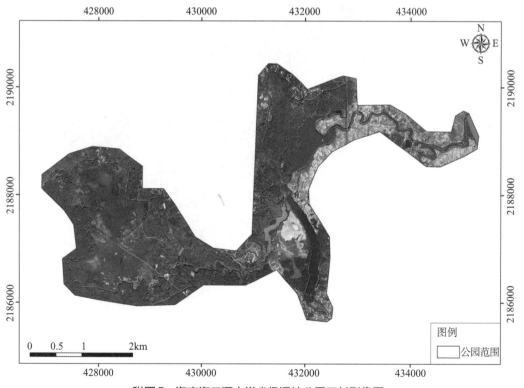

附图5　海南海口潭丰洋省级湿地公园正射影像图

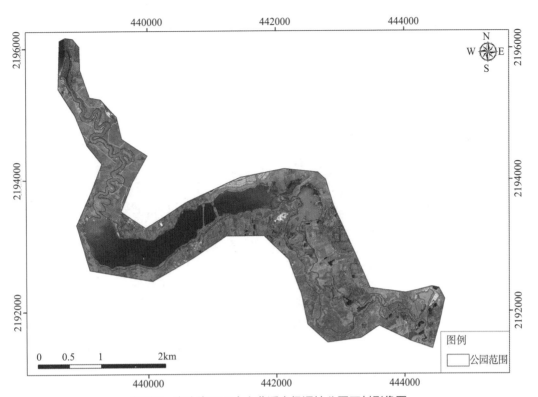

附图6　海南海口三十六曲溪省级湿地公园正射影像图

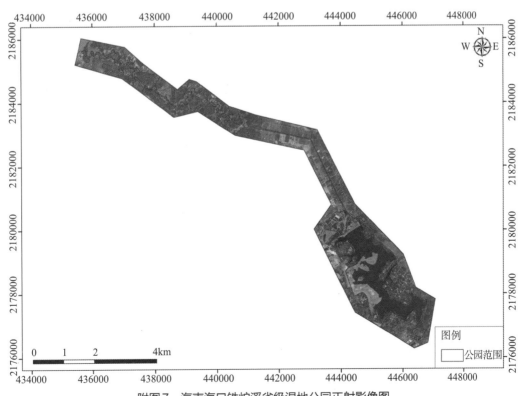

附图7　海南海口铁炉溪省级湿地公园正射影像图

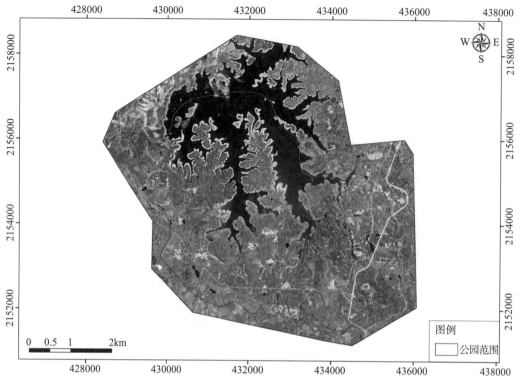

附图8 海南南丽湖国家湿地公园正射影像图